你问我答学工控

学会西门子
S7-300 PLC 应用

主　编　张振文
参　编　郭学洪　姜家勇　马高峰　张亮
　　　　汪前明　王佳　侯永恒　张伯虎

U0304215

中国电力出版社
CHINA ELECTRIC POWER PRESS

内 容 简 介

本书从实际应用和教学需要出发，采用问答形式，以西门子 S7-300 PLC 为例，由浅入深、循序渐进地介绍了 PLC 硬件模块及安装、创建和编辑项目、LAD 编程语言与编程、数字量控制系统梯形图设计方法、模拟量处理及闭环控制、结构化编程、通信与网络及应用实例。全书列举了大量应用实例，突出 PLC 应用能力的培养。

本书在编写过程中最大限度地降低学习难度，以提高读者的学习兴趣。全书层次分明，系统性强，注重理论联系实践，每章中都结合大量实例问题去讲解，便于读者学习。可作为电气自动化及相关专业技术人员和 PLC 初学者的入门读物及自学教材，也可作为电气类相关院校和培训学校师生的参考学习资料。

图书在版编目(CIP)数据

学会西门子 S7-300 PLC 应用/张振文主编. —北京：中国电力出版社，2015.3

（你问我答学工控）

ISBN 978-7-5123-6513-1

Ⅰ. ①学… Ⅱ. ①张… Ⅲ. ①plc 技术-问题解答 Ⅳ. ①TM571.6-44

中国版本图书馆 CIP 数据核字(2014)第 226582 号

中国电力出版社出版、发行

（北京市东城区北京站西街 19 号　100005　http://www.cepp.sgcc.com.cn）

汇鑫印务有限公司印刷

各地新华书店经售

*

2015 年 3 月第一版　2015 年 3 月北京第一次印刷

710 毫米×980 毫米　16 开本　26 印张　458 千字

印数 0001—3000 册　定价 59.00 元

前　言

随着微处理器、计算机和数字通信技术的飞速发展，计算机控制已扩展到了几乎所有的工业领域。现代社会要求制造业对市场需求作出迅速的反应，生产出小批量、多品种、多规格、低成本和高质量的产品，为了满足这一要求，生产设备和自动生产线的控制系统必须具有极高的可靠性和灵活性，PLC 编程正是顺应这一要求出现的，它是以微处理器为基础的通用工业控制装置。

S7-300 PLC 是西门子 PLC 的中端产品，其具有极高的可靠性、丰富的指令集和内置的集成功能、强大的通信能力和品种丰富的扩展功能，因此 S7-300 PLC 在各个行业中均有着非常广泛的应用基础。为了帮助更多技术人员快速掌握 S7-300 PLC 的基础知识和实际运用，特编写本书。

全书内容精炼、通俗易懂，详细讲解了 PLC 硬件模块及安装；创建和编辑项目；LAD 编程语言与编程；数字量控制系统梯形图设计方法；讲解模拟量处理及闭环控制；结构化编程；通信与网络；S7-300 应用实例等内容，书中实例部分设计时尽量考虑短小精悍，突出重点，每个编程实例都给出了较为详细的编程说明，以便于理解。

本书内容实用、重点突出、讲解透彻，每章中都结合大量实例问题去讲解，便于读者学习，本书可作为电气自动化及相关专业技术人员和PLC 初学者的入门读物及自学教材，也可作为电气类相关院校和培训学校师生的参考学习资料。

本书由张振文任主编，郭学洪、姜家勇、马高峰、张亮、汪前明、王佳、侯永恒、张伯虎参与了本书的编写工作。

由于作者水平和时间有限，书中还有很多不足之处，敬请广大读者谅解。

编　者

目　　录

1

概　述

问 1　什么是全集成自动化？

　　答：工业现代化的进程，对生产过程的自动控制和信息通信提出了更高的要求，工业自动化系统已经从单机的 PLC 控制发展到多 PLC 及人机界面（Human Machine Interface，HMI）的网络控制。目前，PLC 技术、网络通信技术和 HMI 上位监控技术已经广泛应用于"制造自动化"和"过程自动化"两大领域，包括钢铁、机械、冶金、石化、玻璃、水泥、水处理、垃圾处理、食品和饮料业、包装、港口、纺织、石油和天然气、电力、汽车等。

　　作为全球自动化领域技术、标准及市场的领导者，西门子公司一直致力于自动化和驱动产品及系统的不断创新。1996 年，西门子公司自动化与驱动集团提出了全集成自动化（Totally Integrated Automation，TIA）的概念，即用一种系统或者一个自动化平台完成原来由多种系统搭配起来才能完成的功能。SIMATIC 提供了一个可以包含当今自动化解决方案中全部所需组件的模块化系统，其系列产品具有高度一致的数据管理、统一的编程和组态环境及标准化的网络通信体系、结构，为从现场级到控制级的生产及过程控制提供了统一的全集成系统平台。

　　一致的数据管理使所有 SIMATIC 工具软件从一个全局共享的、统一的数据库中获取数据，它们具有统一的符号表和统一的变量名。例如，SIMATIC HMI 工具可以自动地识别和使用 STEP 7 中定义的变量，并可以与 STEP 7 的变量同步变化，这种统一的数据管理机制，不仅可以减少输入阶段的费用，还可以降低出错率，提高系统诊断的效率。

　　统一的编程和组态环境使得用户可以在 SIMATIC 管理器的统一界面下工作，在 STEP 7 中直接调用其他软件，对自动化系统中所有部件进行编程和组态。工程技术人员可以在一个平台下完成对 PLC 的编程，对 HMI 进行组态以及定义通信连接等操作，这样使整个系统的组态变得更为简单，同时也变得相当快捷，更多地降低了成本。

　　标准化的网络通信实现了从控制级到现场级协调一致的通信，PROFIBUS 总线、AS-Interface 总线及工业以太网等不同功能的网络涵盖了自动化系统几乎

1

所有的应用。对于不同厂商的部件，只要使用相同的标准（PROFIBUS、OPC 或微软标准），就可以确保它们相互兼容、无差错地实现信息的传输。

应用 TIA 解决方案，可以大大地简化系统的结构，减少大量接口部件，可以消除 PLC 与上位机之间、连续控制与逻辑控制之间、集中与分散之间的界限。

问 2　为什么说 SIMATIC 系统是集成、高效的工程组态工具？

答：SIMATIC 软件是通用的组态和编程环境，面向所有 SIMATIC 控制器、人机界面系统及过程控制系统。不管一个解决方案中有多少个控制器、驱动装置和 HMI 设备，SIMATIC 管理器都可以查看整个系统。SIMATIC 软件附带的大量工程组态工具，可为整个生产周期提供支持，包括系统组态、编程调试、现场测试和设备维护。

问 3　为什么说 SIMATIC 系统是功能齐全的智能诊断工具？

答：功能齐全的智能诊断工具可以快速、准确地获取故障诊断信息，能够以最低的人力成本快速地排除故障，从而避免代价较高的停机时间；智能诊断工具还可以在故障修复后提供提示信息。

问 4　如何体现 SIMATIC 系统是统一的通信协议？

答：SIMATIC 控制器采用了业界应用最为广泛的标准，包括工业以太网标准 PROFINET、PROFIBUS、AS-i 接口和互联网技术，所有 SIMATIC 组件使用统一的通信协议，因此，整个网络内信息流不受限制，即使跨越了不同网络边界的连接也可以非常容易地进行组态。任何连接到网络的编程设备和控制面板都可以访问 SIMATIC 控制器，从而实现从上层管理级到现场控制级之间的信息流透明化。

问 5　如何体现 SIMATIC 系统有基于自动化系统的故障安全功能？

答：SIMATIC 安全工程的组成包括故障安全 SIMATIC 控制器及安全集成产品范围内的 I/O 和工程模块。一旦发生故障，应用系统即可迅速地转入安全状态并维持在此状态下，从而尽可能地避免一切因机器或者设备故障所引起的事故和损失，保护人员、机器和环境的安全。

问 6　如何体现 SIMATIC 系统能实现无停工运行的冗余结构？

答：随着工厂对自动化程度要求的越来越高，所使用系统的可靠性要求也日趋重要。一方面，自动化系统故障或扰动会导致生产停止，从而导致巨大的停机损失；另一方面，需要付出高昂的重新启动成本。高可靠性自动化系统的冗余结构可以保证即使发生故障，生产过程也能继续进行，而且，这类系统可以在管理人员或维护人员不在场的情况下保证设备的运转。虽然容错系统的价格较高，但是相比于其可以节省的故障费用，完全可以忽略不计。

问7　如何体现 SIMATIC 系统具有智能技术和运动控制功能？

答： 利用 SIMATIC 智能技术和运动控制功能可以解决多种任务，例如：

（1）计数/测量。

1）计数脉冲高达 50kHz。

2）测量路径长度、转速、频率及周期。

3）定量给料。

（2）闭环控制。

1）温度控制、压力控制、流量控制。

2）步进控制器、脉冲控制器和连续控制器。

3）定设定值控制、跟踪控制、级联控制、比例控制和混合控制。

4）可预组态或者可灵活编程的控制结构。

5）控制器优化。

（3）凸轮控制。

1）由路径决定的切换。

2）由时间决定的切换。

3）动态微分操作。

（4）运动控制。

1）通过增量编码器或者绝对编码器实现位置检测。

2）通过快速横越/慢速行程进行定位或者通过控制进行定位。

3）电子齿轮。

4）凸轮盘。

5）多轴插补。

6）液压轴控制。

问8　什么是 SIMATIC 系统的等时同步模式？

答： 等时同步模式是指通过分布式 I/O、PROFIBUS 上的信号传输和等距 PROFIBUS 周期内的程序处理，实现信号采集和输出的同步。这样，系统就可以按固定的时间间隔采集和处理输入信号，并输出其输出信号，可以保证 SI-MATIC S7-300 和 WinAC RTX 具有精确的可重复性和确定的过程响应时间，以及通过分散的 I/O 设备处理等距的信号和同时发生的信号。由于所有过程都可以按完全相同的时序重复，因此，即使快速的过程也能被安全处理，等时系统功能可以满足运动控制、测量和控制等诸多领域。

问 9　SIMATIC 系统的 Web 服务器功能如何体现？

答：SIMATIC S7-300 CPU 可以实现 Web 服务器功能，并能通过工业以太网络从任意地点进行诊断。任意 Web 客户端，如 PC、多功能面板、PDA 都可以通过一个标准网络浏览器访问 PN-CPU 的诊断数据。因此，对 CPU 的访问不再限于只使用 STEP 7 的标准访问方式，根据企业各自的 IT 基本设施，该诊断也可以通过互联网实现。

集成于 CPU 中的 Web 服务器优点如下。

（1）启动和运行系统期间，从任意地点都可以轻易地访问 CPU 上的诊断信息。这提高了设备可用性，缩短了停机时间。

（2）无需其他硬件或软件，通过 CPU 中集成的 PROFINET 接口就可以访问网页。所有标准的网络浏览器（如 IE）都可以显示网页。

（3）最优化的显示，即使是分辨率较低的多功能面板和 PDA 也适用。

出于安全原因，为网络服务器提供了分级的安全机制。对于网络服务器只有读访问权限，即不能将数据通过 Web 机制写入 CPU。如果被授予读访问权限，则通过一个 SCALANCE S 模式保护 CPU 不接受未经允许的访问，如果不需要 CPU 的 Web 服务器功能，可以通过 STEP7 组态软件在组态过程中完全切断集成 Web 服务器。

问 10　SIMATIC 系统如何实现人机界面？

答：SIMATIC HMI 提供了面向操作员控制和监视的全面解决方案，用于对过程进行掌控，使机器和设备在最优状况下运行。SIMATIC 面板有移动型/固定型、触摸型/按键型等多种类型，可以在任何场合被集成到任何生产和自动化系统中去。

SIMATIC 面板使用开放式接口，可以与绝大多数的自动化系统行通信。与 SIMATIC 控制器的组合具有独特的优势：由于共用一个数据库，因此组态时无需进行协调，从而节省时间与成本；在运行过程中，SIMATIC 面板尤其支持系统诊断，从而提高了设备的可用性。

SIMATIC 面板的组态软件 WinCC Flexible 通过易用性和清晰的结构满足了不同性能等级面板的要求。

目前，基于西门子公司的 SIMATIC 自动化系统的研究与应用已经成为国内工业自动化领域的热门话题。本书将通过工程项目的设计实例使读者快速地掌握西门子公司的工业自动化系统的核心技术及其设计方法。

问 11　自动化生产线工程项目包括几个方面？

答：自动化生产线工程项目涵盖了 PLC 控制技术、网络通信技术和上位监控技术，工程项目可以分为三个层次，包括可编程序控制器单机控制系统、PROFIBUS－DP 现场总线网络控制系统和触摸屏上位监控系统。

问 12　可编程序控制器有什么作用？

答：可编程序控制器是工业自动化的基础平台，在工业现场中用于对大量的数字量和模拟量进行控制，如电磁阀的开闭，电动机的启停，温度、压力、流量的设定，产品的计数与控制等。

问 13　什么是可编程序控制器？其发展过程如何？

答：可编程序控制器的缩写为 PLC（Programmable Logical Controller），是将计算机技术、自动化技术和通信技术融为一体，专为在工业环境下应用而设计的控制设备。

20 世纪 60 年代，生产过程及各种设备主要由继电器控制系统进行控制，继电器控制简单、实用，但存在着明显的缺点：设备体积大，可靠性差，动作速度慢，功能少，难以实现较复杂的控制，特别是由于它是硬连线逻辑构成的系统，接线复杂，一旦动作顺序或者生产工艺发生变化，就必须重新进行设计、布线、装配和调试，因此通用性和灵活性较差。生产上迫切需要一种使用方便灵活、性能完善、工作可靠的新一代生产过程自动控制系统。

1968 年由美国通用汽车公司（GE）提出，1969 年由美国数字设备公司（DEC）研制成功了世界上第一台可编程序控制器，它具有逻辑运算、定时、计数等顺序控制功能，即 PLC。

20 世纪 80 年代后，由于计算机技术的迅猛发展，PLC 以通用微处理器为核心，具有函数运算、高速计数、中断技术、PID 控制等功能，并可与上位机通信，实现远程控制，称为 PC（Programmable Controller），即可编程序控制器，但由于 PC 已成为个人计算机的代名词，为了不与之混淆，人们习惯上仍将可编程序控制器称为 PLC。经过短短的几十年发展，PLC 已经成为自动化技术的三大支柱（PLC、机器人和 CAD/CAM）之一。

1982 年，国际电工委员会（IEC）制定了 PLC 的标准，在 1987 年 2 月颁布的第三稿中，对可编程序控制器的定义如下：可编程序控制器是一种数字运算操作的电子系统，专为在工业环境下应用而设计，它采用可编程序的存储器，用来在其内部存储执行逻辑运算、顺序控制、定时、计数和算术运算等操作命令，并通过数字式、模拟式的输入和输出，控制各种类型的机械或者生产过程，可编程序控制器及其有关的设备，都按易于与工业控制系统连成一个整体，易于扩充功能的原则而设计。

问 14 可编程序控制器有哪些特点？

答：（1）可靠性高，抗干扰能力强。微型计算机虽然具有很强的功能，但抗干扰能力差，工业现场的电磁干扰、电源波动、机械振动、温度和湿度的变化等都可以使一般通用微型计算机不能正常工作。而 PLC 是专为工业环境应用而设计的，故对于可能受到的电磁干扰、高低温及电源波动等影响，已在 PLC 硬件及软件的设计上采取了措施。例如，在硬件方面采用了模块式的结构，对易受干扰影响工作的部件（如 CPU、编程器、电源变压器等）采取了对电和磁的屏蔽措施，对 I/O 接口采用了光电隔离，对电源及 I/O 接口线路采用了多种滤波等；而在软件方面，采用故障检测、诊断、信息保护和恢复等手段，一旦发生异常，CPU 立即采取有效措施，防止故障扩大，使 PLC 的可靠性大大增强。

（2）结构简单，应用灵活。PLC 在硬件结构上采用模块化积木式结构，包括各种输入/输出信号模块、通信模块及一些特殊功能模块，品种齐全，针对不同的控制对象，可以方便、灵活地组合成不同要求的控制系统。硬件接线简单，一般不需要很多配套的外围设备。

（3）编程方便，易于使用。PLC 采用了与继电器控制电路有许多相似之处的梯形图作为主要的编程语言，程序形象直观，指令简单易学，编程步骤和方法易于理解和掌握，不需要具备专门的计算机知识，具有一定的电工和工艺知识的人员可以在短时间内学会。

（4）功能完善，适应性强。PLC 具有对数字量和模拟量很强的处理功能，如逻辑运算、算术运算、特殊函数运算等；具有常用的控制功能，如 PID 闭环回路控制、中断控制等；可以扩展特殊功能，如高速计数、电子凸轮、伺服电动机定位、多轴运动循环控制等；可以组成多种工业网络，实现数据传送、上位监控等功能。

问 15 可编程序控制器按照 I/O 点数容量可以分为几类？

答： 按照 PLC 的输入/输出点数、存储器容量和功能分类，可将 PLC 分为小型机、中型机和大型机。

(1) 小型机。小型 PLC 的功能一般以开关量控制为主，其输入/输出总点数一般在 256 点以下，用户存储器容量在 4KB 以下。现在的高性能小型 PLC 还具有一定的通信能力和模拟量处理能力。这类 PLC 的特点是价格低廉，体积小巧，适用于单机或者小规模生产过程的控制。西门子公司的 S7-200 系列 PLC 属于小型机。

(2) 中型机。中型 PLC 的输入/输出总点数为 256～1 024，用户存储器容量为 2～64KB。中型 PLC 不仅具有开关量和模拟量的控制功能，还具有更强的数字计算能力，它的网络通信功能和模拟量处理能力更强大。中型机的指令比小型机更丰富，适用于复杂的逻辑控制系统及连续生产过程的过程控制场合。西门子公司的 S7-300 系列 PLC 属于中型机。

(3) 大型机。大型 PLC 的输入/输出总点数在 1 024 点以上，用户存储器容量为 32KB 甚至可达几兆字节。大型 PLC 的性能已经与工业控制计算机相当，具有非常完善的指令系统，具有齐全的中断控制、过程控制、智能控制和远程控制功能，网络通信功能十分强大，向上可以与上位监控机通信，向下可以与下位计算机、PLC、数控机床、机器人等通信。大型机适用于大规模过程控制、分布式控制系统和工厂自动化网络。西门子公司的 S7-400 系列 PLC 属于大型机。

以上的划分没有十分严格的界限，随着 PLC 技术的飞速发展，某些小型 PLC 也具有中型或大型 PLC 的功能，这也是未来 PLC 的发展趋势。

问 16 可编程序控制器按照结构形式可以分为几类？

答： 根据 PLC 结构形式的不同，PLC 主要可分为整体式和模块式两类。

(1) 整体式结构。整体式结构的 PLC 将其基本部件，如 CPU、输入/输出部件、电源等集中于一体，安装在一个标准机壳内，构成 PLC 的一个基本单元（主机）。为了扩展输入/输出点数，主机上设有标准端口，通过扩展电缆可与扩展模块相连，以构成 PLC 不同的配置。整体式结构的 PLC 体积小，成本低，安装方便。小型 PLC 一般为整体式结构。西门子公司的 S7-200 系列 PLC 属于整体式结构。

(2) 模块式结构。模块式结构的 PLC 由一些独立的标准模块构成，如 CPU 模块、输入模块/输出模块、电源模块、通信模块和各种特殊功能模块等。用户

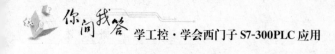

可根据控制要求选用不同档次的 CPU 和各种模块，将这些模块插在机架上或者基板上，构成需要的 PLC 系统。模块式结构的 PLC 配置灵活，装配和维修方便，便于功能扩展。大中型 PLC 通常采用这种结构。西门子公司的 S7-300 系列 PLC 属于模块式结构。

问 17 可编程序控制器按照使用情况可以分为几类？

答： 按照使用情况分类，PLC 可分为通用型和专用型。

（1）通用型。通用型 PLC 可供各种工业控制系统选用，通过不同的配置和应用软件的编写可满足不同的需要。

（2）专用型。专用型 PLC 是为某些控制系统专门设计的 PLC，如数控机床专用型 PLC。西门子公司也有专为数控机床设计的 PLC。

问 18 可编程序控制器的硬件由哪些部分组成？

答： 整体式和模块式两种可编程序控制器，具有不同的结构形式。整体式 PLC 的结构组成如图 1-1 所示，模块式 PLC 的结构组成如图 1-2 所示。

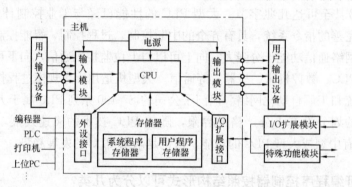

图 1-1　整体式 PLC 的结构组成

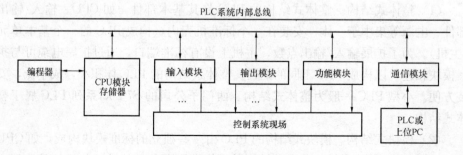

图 1-2　模块式 PLC 的结构组成

不管是哪种类型的 PLC，其硬件组成都包括 CPU、存储器、输入/输出模块、电源、通信接口、I/O 扩展接口等部分。

问 19　可编程序控制器中央处理器（CPU）的作用是什么？

答：与一般的计算机控制系统相同，CPU 是 PLC 的控制中枢，PLC 在 CPU 的控制下有条不紊地协调工作，实现对现场各个设备的控制。CPU 的主要任务如下。

（1）接收并存储用户程序和数据。

（2）以扫描的方式通过输入单元接收现场的状态或数据，并存入相应的数据区。

（3）诊断 PLC 内部的硬件故障和编程中的语法错误等。

（4）执行用户程序，完成各种数据的处理、传送和存储等功能。

（5）根据数据处理的结果，通过输出单元实现输出控制、报表打印或者数据通信等功能。

问 20　可编程序控制器存储器的作用是什么？

答：PLC 的存储器包括系统存储器和用户存储器两部分。

（1）系统存储器用来存放由 PLC 生产厂家编写的系统程序，并固化在 ROM 内，它使 PLC 具有基本的智能功能，能够完成 PLC 设计者规定的各项工作。

（2）用户存储器一般分为程序存储器区和数据存储器区两部分。程序存储器区用来存放用户所编写的各种用户程序，数据存储器区用来存储输入/输出状态、逻辑运算结果及数值数据等。程序存储器根据所选用的存储器单元类型的不同，可以是 RAM（要有掉电保护）、EPROM 或者 Flash Memory（闪存）等存储器，其内容可以由用户随意修改或增删；用户存储器容量的大小关系到用户程序容量的大小和内部可使用的硬件资源的多少，是反映 PLC 性能的重要指标之一。

问 21　可编程序控制器输入/输出模块的作用是什么？

答：输入/输出模块是 PLC 与外界连接的接口，根据处理信号类型的不同，分为数字量（开关量）输入/输出模块和模拟量输入/输出模块。数字量信号只有通（"1"信号）和断（"0"信号）两种状态，而模拟量信号则是随时间连续变化的量。

（1）数字量输入模块用来接收按钮、选择开关、行程开关、限位开关、接近

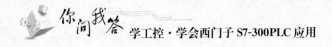

开关、光电开关、压力继电器等开关量传感器的输入信号。

（2）数字量输出模块用来控制接触器、继电器、电磁阀、指示灯、数字显示装置和报警装置等输出设备。

（3）模拟量输入模块用来接收压力、流量、液位、温度、转速等各种模拟量传感器提供的连续变化的输入信号。

（4）模拟量输出模块用来控制电动调节阀、变频器等执行设备，进行湿度、流量、压力、速度等 PID 回路调节，可实现闭环控制。

问 22　可编程序控制器电源的作用是什么？

答：PLC 配有一个专用的开关式稳压电源，将交流电源转换为 PLC 内部电路所需的直流电源，使 PLC 能正常工作。对于整体式结构的 PLC，电源部件封装在主机内部；对于模块式结构的 PLC，电源部件一般采用单独的电源模块。

此外，传送现场信号或驱动现场执行机构的负载电源需要另外配置。

问 23　可编程序控制器 I/O 扩展接口的作用是什么？

答：I/O 扩展接口用于将扩展单元与主机或者 CPU 模块相连，以增加 I/O 点数或者增加特殊功能，使 PLC 的配置更加灵活。

问 24　可编程序控制器通信接口的作用是什么？

答：PLC 配有多种通信接口，通过这些通信接口，它可以与编程器、监控设备或者其他的 PLC 相连接。当与编程器相连时，可以编辑和下载程序；当与监控设备相连时，可以实现对现场运行情况的上位监控；当与其他 PLC 相连时，可以组成多机系统或连成网络，实现更大规模的控制。

问 25　可编程序控制器智能单元的作用是什么？

答：为了增强 PLC 的功能，扩大其应用领域，减轻 CPU 的负担，PLC 厂家开发了各种各样的功能模块，以满足更加复杂的控制功能的需要。这些功能模块一般有自己的 CPU，具有自己的系统软件，能独立完成一项专门的工作。功能模块主要用于时间要求苛刻、存储器容量要求较大的过程信号处理任务，如需要调节位置的位置闭环控制模块，对高速脉冲进行计数和处理的高速计数模块等。

问 26 可编程序控制器外部设备的作用是什么？

答： PLC 还可配有编程器、可编程终端（触摸屏等）、打印机、EPROM 写入器等其他外部设备。其中，编程器供用户进行程序的编写、调试和监视功能的使用，许多 PLC 厂家为自己的产品设计了计算机辅助编程软件，将其安装在微型计算机上，再配备相应的接口和电缆，则该微型计算机就可以作为编程器使用了。

问 27 可编程控制器的工作特点是什么？

答： 尽管可编程序控制器是在继电器控制系统基础上产生的，其基本结构与微型计算机大致相同，但其工作过程却与二者有较大差异，PLC 工作的主要特点是采用循环扫描方式。

问 28 PLC 的循环扫描工作过程是什么？

答： 一个 PLC 的循环扫描工作过程主要包括 CPU 自检、通信处理、读取输入、执行程序和刷新输出几个阶段，如图 1-3 所示。

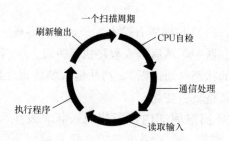

图 1-3　PLC 的扫描周期

问 29 CPU 自检阶段如何运行？

答： CPU 自检阶段包括 CPU 自诊断测试和复位监视定时器。

在自诊断测试阶段，CPU 检测 PLC 各模块的状态，如果出现异常将进行诊断及处理，并输出故障信号，这将有助于及时发现或者提前预报系统的故障，提高系统的可靠性。

监视定时器又称为看门狗定时器（WatchDog Timer，WDT），它是 CPU 内部的一个硬件时钟，是为了监视 PLC 的每次扫描时间而设置的。CPU 运行前设定好规定的扫描时间，每个扫描周期都要监视扫描时间是否超过规定值。如果程序运行正常，则在每次扫描周期的内部处理阶段对 WDT 进行复位（清零），这样可以避免 PLC 在执行程序的过程中进入死循环，或者由于 PLC 执行非预定的程序而造成系统故障，从而导致系统瘫痪；如果程序运行失常进入死循环，则 WDT 得不到按时清零而触发超时溢出，CPU 将输出报警信号或者停止工作。采用 WDT 技术是提高系统可靠性的有效措施。

问 30 通信处理阶段如何运行？

答：在通信处理阶段，CPU 与带微处理器的智能模块通信，响应编程器键入的命令，更新编程器的显示内容。在与智能模块通信处理阶段，CPU 检查智能模块是否需要服务，如果需要，则读取智能模块的信息并存放在缓冲区中，供下一个扫描周期使用。

问 31 读取输入阶段如何运行？

答：CPU 在执行用户程序时，使用的输入值不是直接从实际输入端得到的，运算的结果也不直接送到实际输出端，而是在内部存储器中设置了两个暂存区，一个是输入暂存区或称为输入映像寄存器区，一个是输出暂存区或称为输出映像寄存器区。

在读取输入阶段，PLC 扫描所有输入端子，并将各输入端的通/断状态存入相对应的输入映像寄存器中，然后转入程序执行阶段。在当前的扫描周期内，用户程序依据输入信号的状态（通或断），均从输入映像寄存器中去读取，而不管此时外部输入信号的状态是否变化。

注意：在一个循环扫描周期内，即使输入状态发生变化，输入映像寄存器的内容也不会发生改变，输入端状态的变化只能在下一个循环扫描周期的读取输入阶段才被读入，这样保证在一个循环扫描周期内使用相同的输入信号状态。

问 32 执行程序阶段如何运行？

答：PLC 的用户程序由若干条指令组成，指令在存储器中按顺序排列。当 PLC 处于运行模式执行程序时，CPU 对用户程序按顺序进行扫描。如果程序用梯形图表示，则按先上后下、从左至右的顺序逐条执行程序程序指令，每扫描到一条指令，所需要的输入信号的状态均从输入映像寄存器中去读取，而不是直接使用现场输入端子的通/断状态。在执行用户程序过程中，根据指令进行运算或处理，每一次运算的中间结果都立即写入相应的存储单元或输出映像寄存器中，它们的状态可以被后面将要扫描到的指令所使用。

注意：对输出端子的处理结果，不是立即去驱动外部负载，而是将其先写入输出映像寄存器中，待输出刷新阶段再集中送到输出锁存器中，驱动外部负载。

问 33　刷新输出阶段如何运行？

答：执行完用户程序后，进入刷新输出阶段，PLC 将输出映像寄存器中的通/断状态同时送入输出锁存器中，通过输出端子向外输出控制信号，驱动用户输出设备或者负载，实现控制功能。

在刷新输出阶段结束后，CPU 将进入下一个扫描周期。

问 34　PLC 的扫描周期包括几个阶段？

答：一个循环扫描工作过程主要包括读取输入、执行程序、处理通信请求、自诊断检查和刷新几个阶段，整个过程所需的时间称为扫描周期。

PLC 的扫描周期是一个较为重要的指标，它决定了 PLC 对外部变化的响应时间。在 PLC 的一个扫描周期中，读取输入和刷新的时间是固定的，一般只需要 1～2ms，而程序执行时间则因程序的长短不同而不同，所以扫描周期主要取决于用户程序的长短和扫描速度。一般 PLC 的扫描周期为 10～100ms，对一般的工业设备（改变状态的时间约为数秒以上）通常没有什么影响。

问 35　输入/输出映像寄存器的作用是什么？

答：PLC 对输入/输出信号的处理采用了将信号状态暂存在输入/输出映像寄存器中的方式，由于 PLC 的工作过程可见，在 PLC 的程序执行阶段，即使输入信号的状态发生了变化，输入映像寄存器的状态也不会发生变化，要等到下一个扫描周期的读取输入阶段才能改变。等到一个循环周期结束后，CPU 集中的将暂存在输出映像寄存器中的输出信号全部输送给输出锁存器，这才成为实际的 CPU 输出。

问 36　PLC 采用输入/输出映像寄存器的优点是什么？

答：(1) 在 CPU 一个扫描周期中，输入映像寄存器向用户程序提供一个始终一致的过程信号映像，这样保证 CPU 在执行用户程序过程中数据的一致性。

(2) 在 CPU 扫描周期结束时，将输出映像寄存器的最终结果输出给外部设备，避免了输出信号的抖动。

(3) 由于输入/输出映像寄存器区位于 CPU 的系统存储器区，访问速度比

13

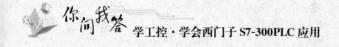

直接访问信号模块要快，缩短了程序执行时间。

（4）抗干扰能力强。在 CPU 扫描周期中，仅在开始的很短时间内读取输入模块的状态值，存入输入映像寄存器，以后输入模块的干扰信号不会影响 CPU 程序的执行。即使在某个扫描周期有干扰侵入，并造成输出值错误，由于扫描周期远小于执行器的机电时间常数，因此当它还没有来得及执行瞬时发生错误的动作，下一个扫描周期正确的输出就会将其纠正，使 PLC 的可靠性显著提高。

2

SIMATIC S7-300 系列 PLC 硬件模块及安装

问 1 SIMATIC S7-300 系列 PLC 的结构和作用是什么？

答：SIMATIC S7-300 属于通用中型 PLC，采用模块化、无风扇结构，适用于自动化工程中的各种应用场合。SIMATIC S7-300 具有品种繁多的 CPU 模块、信号模块和功能模块，根据应用对象不同，可选用不同型号和不同数量的模块。本章主要介绍各种硬件模块结构及其安装规范和方法。

问 2 SIMATIC S7-300 系列 PLC 总体结构包括哪些部分？

答：SIMATIC S7-300 为中型模块化 PLC，如图 2-1 所示，它主要适用于自动化工程中对控制性能要求较高的场合，其系统构成如图 2-2 所示，主要由机壳（又称导轨 RACK）、电源模块（PS）、中央处理单元模块（CPU）、接口模块（IM）、信号模块（SM）、功能模块（FM）等组成。S7-300 系列 PLC 可以通过 MPI 网络接口直接与编程器（PG）、操作员面板（OP）和其他 S7 系列 PLC 相连。

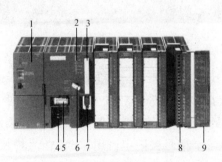

图 2-1　S7-300 系列 PLC 总体结构

1—电源模块；2—状态和故障指示灯；3—存储器卡（CPU313 以上）；
4—DC 24V 连接器；5—后备电池；6—模式开关；7—MPI 多点接口；
8—前连接器；9—前盖

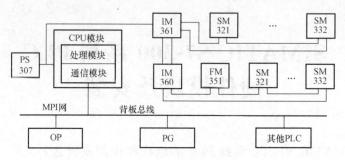

图 2-2　S7-300 系统构成图

问 3　机架的功能是什么？

答：机架用来安装和固定 PLC 的各类模块，S7-300 的机架是特制的不锈钢或者铝制导型板（即导轨），其外形如图 2-3 所示。S7-300 的机架长度有 160、482、530、830、2000mm 五种。用户可根据需要进行选择。电源模块、CPU 模块及其他信号模块可方便地安装在机架上，包括 PS 电源模块、CPU 模块和 IM 接口模块，每个机架最多只能安装八个模块，CPU 模块和每个信号模块都带有总线连接器，安装时先将总线连接器装在 CPU 模块上，并固定在机架上，然后依次将各模块装入，并通过背板总线将各模块从物理上和电气上连接起来。

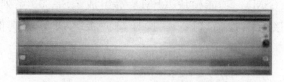

图 2-3　S7-300 机架外形图

除了装有 CPU 模块的主机架（中央机架 CR）外，最多可以增加三个扩展机架（ER），四个机架最多可以安装 32 个模块。机架的最左边为 1 号槽，最右边为 11 号槽，主机架的 1 号槽安装电源模块，2 号槽安装 CPU 模块，3 号槽安装 IM 接口模块，以上三个槽号被固定占用，SM 信号模块、FM 功能模块和通信处理模块可安装在 4～11 号槽，位置不固定。

问 4　IM 接口模块的功能是什么？

答：接口模块 IM 用于多机架配置时连接主机架和扩展机架，S7-300 的接口模块有三种型号：IM 360、IM 361 和 IM 365。

使用 IM 360/IM 361 接口模块可以扩展三个机架。IM 360 适用于机架 0

（中央机架 CR）的接口，通过连接电缆 368 将数据从 IM 360 传送到 IM 361。在使用时要注意，IM 360 与 IM 361 之间的最大传送距离是 10m。

IM 361 适用于机架 1 到机架 3 的接口，由 DC 24V 电源供电，通过 S7-300 背板总线的最大电流输出为 0.8A。使用连接电缆 368 可将数据从 IM 360 传送到 IM 361 或者从 IM 361 传送到 IM 361。在使用时要注意，IM 361 与 IM 361 之间的最大传送距离是 10m。

IM 365 适用于机架 0 和机架 1 预先装配好的配对模块，它的总电流为 1.2A，其中每个机架最多可使用 0.8A。长度为 1m 的连接电缆已经固定连接好，只能在机架 1 中安装信号模块。IM 365 不能将通信总线连接到机架 1 上，即不能在机架 1 中安装具有通信总线功能的功能模块。

问5 PS 电源模块的功能是什么？

答： 电源模块是构成 PLC 控制系统的重要组成部分，它是将市电电压（AC 120V/230V）转换成 DC 24V 的工作电压，为 S7-300 的 CPU 和 24V 直流负载电路（如信号模块、传感器、执行器等）提供电源。

问6 电源模块可以分为几类？

答： 根据供电方式的不同，S7-300 系列 PLC 的电源模块分为 PS305 和 PS307 系列。其中 PS305 电源模块为直流供电，PS307 为交流供电。根据输出电流的大小不同，PS307 系列电源模块又分为 PS307（2A）、PS307（5A）和 PS307（10A）。

问7 PS307 电源模块的特点是什么？

答： PS307 系列电源模块外形如图 2-4 所示，其面板布置如图 2-5 所示，它输入交流电源，输出直流电源。PS307 系列电源模块具有防短路和开路保护功能，有可靠的隔离特性，符合 EN 60950 标准，可用作负载电源，连接额定输入电源为单相 50/60Hz 的 AC 120/230V，输出电压为 DC 24V。

PS307 系列电源模块的输出电压为 DC 24V，可安装在 S7-300 PLC 的专用导轨上，其额定输出电流为 2、5、10A。PS307 系列电源模块除了额定输出电流不同外，它们的工作原理和各种参数基本相同，其内部框架图如图 2-6 所示。

PS307 系列电源模块的输入和输出之间采用可靠隔离，输出正常电压 DC 24V 时，绿色 LED 亮；若输出过载时，LED 闪烁；输出电流过大［PS307（2A）的电流大于 2.6A，PS307（5A）的电流大于 6.5A，PS307（10A）的电流大于 13A］时，电压突降，之后自动恢复；输出短路时，LED 熄灭，输出电

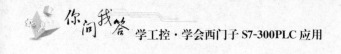

压为 0V，待消除短路故障后，电压自动恢复输出；如果输入端欠电压时，LED熄灭，自动关闭输出电压，待欠电压排除后，电压自动恢复输出。

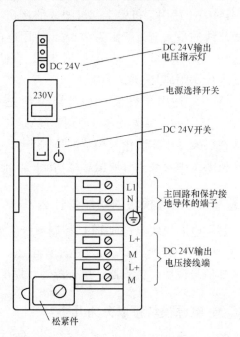

图 2-4　PS307 电源模块外形图　　　　图 2-5　PS307（2A）电源模块面板布置图

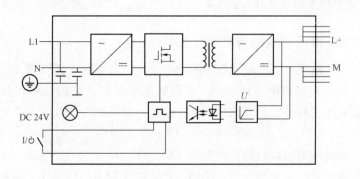

图 2-6　PS307 电源模块内部框架图

问 8　如何选用电源模块？

答：一个实际的 S7-300 PLC 系统，在确定所有的模块后，要选择合适的电源模块，所选定电源模块的输出功率应大于 CPU 模块、所有 I/O 模块及其他模块消耗功率之和，考虑某些执行单元的功率时，最好还要留有 30% 左右的余量。在具体产品设计时，应仔细研究各个模块的输入电压、输出电压及输出电流、输出功率等参数，最后确定电源模块的型号、规格，当同一电源模块既要为主机单元供电又要为扩展单元供电时，从主机单元到最远扩展单元的线路压降必须小于 0.25V。

问 9 CPU 模块的功能是什么？

答： CPU 模块又称为中央处理单元模块，它是控制系统的核心，主要负责系统的中央控制、存储并执行程序，通过 MPI 与其他中央处理器或编程装置实现通信功能。

问 10 CPU 模块型号及性能指标是什么？

答： S7-300 的 CPU 模块主要分为 CPU 31x 和 CPU 31xC 两大系列。CPU 31x 包括 CPU 312、CPU 312PN/DP、CPU 313、CPU 314、CPU 314 IFM、CPU 315、CPU 315-2 DP、CPU 315-2 PN/DP、CPU 316-2 DP、CPU 317-2 DP、CPU 317-2 PN/DP、CPU 318-2 DP、CPU 319-3 PN/DP 等 CPU 模块；CPU 31xC 包括 CPU 312C、CPU 313C、CPU 313C-2 PtP、CPU 313C-2 DP、CPU 314C-2 PtP、CPU 314C-2 DP 等 CPU 模块。

S7-300 的 CPU 模块又分不紧凑型、标准型、故障安全型、技术功能型。

（1）CPU 312C、CPU 313C、CPU 313C-2 PtP、CPU 313C-2 DP、CPU 314C-2 PtP、CPU 314C-2 DP 为紧凑型 CPU 模块，各 CPU 均有计数、频率测量和脉冲宽率调制功能，脉宽调制频率最高为 2.5kHz。CPU 313C-2 PtP 和 CPU 314C-2 PtP 集成有点对点通信接口；CPU 313C-2 DP 和 CPU 314C-2 DP 有集成的数字 I/O 接口和两个 PROFIBUS-DP 主站与从站接口，通过 CP 各 CPU 可以扩展一个 DP 主站。紧凑型 CPU 模块的主要技术指标见表 2-1。

表 2-1　　紧凑型 CPU 模块的主要技术指标

型号	工作存储器/KB	装载存储器/MB	计数器/定时器数量	数字量通道(I/O)	模拟量通道(I/O)	数字量点数(I/O)	模拟量点数(I/O)
CPU 312C	32	4	128/128	266/262	64/64	10/6	—
CPU 313C	64	8	256/256	1016/1008	253/250	24/16	4/2
CPU 313C-2 PtP	64	8	256/256	1016/1008	248/248	16/16	—
CPU 313C-2 DP	64	8	256/256	8192/8192	512/512	16/16	—
CPU 314C-2 PtP	96	8	256/256	1016/1008	253/250	24/16	4/2
CPU 314C-2 DP	96	8	256/256	8192/8192	512/512	24/16	4/2

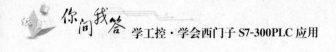

（2）CPU 312、CPU 313、CPU 314、CPU 315、CPU 315-2 DP、CPU 315-2 PN/DP、CPU 316-2 DP、CPU 317-2 DP、CPU 317-2 PN/DP、CPU 318-2 DP、CPU 319-3 PN/DP 为标准型 CPU 模块，几种常见的 CPU 模块主要技术指标见表 2-2。

表 2-2　　　　　　　　标准型 CPU 模块的主要技术指标

型号	工作存储器	装载存储器/MB	计数器/定时器数量	数字量通道(I/O)	模拟量通道(I/O)	支持机架数
CPU 312	16KB	4	128/128	266/262	64/64	1
CPU 314	96KB	8	256/256	1024/1024	256/256	4
CPU 315-2 DP	128KB	8	256/256	16 384/16 384	1024/1024	4
CPU 315-2 PN/DP	256KB	8	256/256	16 384/16 384	1024/1024	4
CPU 317-2 DP	512KB	8	512/512	65 536/65 536	4096/4096	4
CPU 317-2 PN/DP	1MB	8	512/512	65 536/65 536	4096/4096	4
CPU 319-3 PN/DP	1.4MB	8	2048/2048	65 536/65 536	4096/4096	4

（3）CPU 312FM、CPU 314FM 为户外紧凑型 CPU 模块，它们可以在恶劣的环境下使用，CPU 314FM 适用于中等规模的程序量和中等的指令执行速度的系统。

（4）CPU 315F-2 DP、CPU 315F-2 PN/DP、CPU 317F-2 DP、CPU 317F-2 PN/DP 为故障安全型 CPU 模块，主要技术指标见表 2-3。

表 2-3　　　　　　　　故障安全型 CPU 模块的主要技术指标

型号	工作存储器	装载存储器	计数器/定时器数量	数字量通道(I/O)	模拟量通道(I/O)	支持机架数
CPU 315F-2 DP	192KB		256/256	16 384/16 384	1024/1024	
CPU 315F-2 PN/DP	256KB	8MB	256/256	16 384/16 384	1024/1024	4
CPU 317F-2 DP	1MB		512/512	65 536/65 536	4096/4096	
CPU 317F-2 PN/DP	1MB		512/512	65 536/65 536	4096/4096	

（5）CPU 315T-2 DP、CPU 317T-2 DP 为技术功能型 CPU 模块，主要技术指标见表 2-4。

表 2-4　　　　　　　　技术功能型 CPU 模块的主要技术指标

型号	工作存储器/KB	装载存储器/MB	计数器/定时器数量	数字量通道(I/O)	模拟量通道(I/O)	支持机架数
CPU 315T-2 DP	128	8	256/256	16 384/16 384	1024/1024	1
CPU 317T-2 DP	512		512/512	65 536/65 536	4096/4096	

问 11 CPU 模块面板与状态显示的含义是什么？

答： S7-300 的 CPU 模块内的元件封装在一个牢固而紧凑的塑料机壳内，面板上有状态和故障指示 LED、模式选择开关和通信接口等，CPU 模块面板如图 2-7 所示。存储器卡插座可以插入多达数兆字节（MB）的 FLASH EPROM 微存储器卡（简称 MMC），用于掉电后程序和数据的保存。

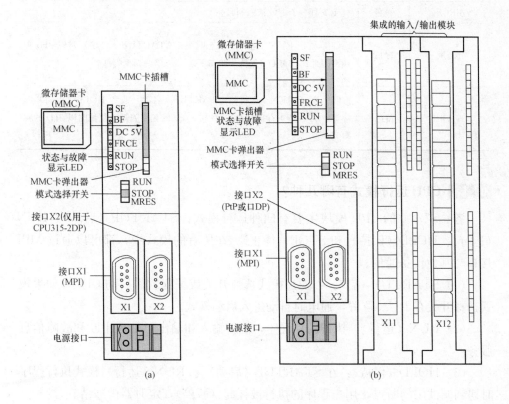

图 2-7 S7-300 的 CPU 模块面板图

(a) CPU 312、CPU 314、CPU 315-2 DP 的面板；(b) CPU 31xC 的面板

大多数 CPU 没有集成的输入/输出模块，有的 CPU 的 LED 要多一些，有的 CPU 只有一个 MPI 接口，老式 CPU 模块的模式选择开关是可以拔出来的钥匙开关，有的 CPU 模块还有后备电池盒。

CPU 模块面板上的状态与故障显示 LED 亮时表示一定的含义，其含义见表 2-5。

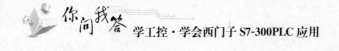

表 2-5   状态与故障显示 LED 的含义

LED 标志	颜色	亮时表示的含义
SF	红色	硬件或者软件错误
BF	红色	总线错误（仅用于带 PROFIBUS-DP 硬件接口的 CPU 模块），集成有两个 DP 接口的 CPU 模块有两个对应的 LED（BF1 和 BF2）
DC 5V	绿色	CPU 和 S7-300 总线的 DC5V 电源正常
FRCE	黄色	至少有一个 I/O 被强制时亮
RUN	绿色	CPU 处于 RUN（运行）状态时亮；ATARTUP（启动）时以 2Hz 的频率闪烁；HOLD（保持）状态下以 0.5Hz 的频率闪烁
STOP	黄色	CPU 处于 RUN（运行）、STARTUP（启动）或者 HOLD（保持）时常亮；CPU 请求存储器复位时以 0.5Hz 的频率闪烁；复位时以 2Hz 的频率闪烁

问 12   **CPU 运行模式有哪几种？**

答：S7-300 的 CPU 模块主要有四种运行模式：STARTUP（启动）、RUN（运行）、HOLD（保持）和 STOP（停止）。在所有的模式中，都可以通过 MPI 接口与其他设备通信。

（1）STARTUP（启动）：通过模式选择开关或编程软件启动 CPU，如果模式选择开关在 RUN 位置，通电时自动进入启动模式。

（2）RUN（运行）：执行用户程序，刷新输入和输出，处理中断和故障信息服务。

（3）HOLD（保持）：在 STARTUP（启动）和 RUN（运行）模式执行程序时遇到调试用的断点，用户程序的执行被挂起（暂停），定时器被冻结。

（4）STOP（停止）：CPU 模块通电后自动进入 STOP 模式，在该模式下不执行用户程序，可以接收全局数据和检查系统。

对于老式的 CPU 还有一种 RUN-P 模式，允许在运行时读出和修改程序；仿真软件 PLCSIM 的仿真 CPU 也有 RUN-P 模式。某些监控功能只能在 RUN-P 模式下运行。

问 13   **CPU 模式设置的意义是什么？**

答：模式选择开关用来设置 CPU 当前的运行方式，其设置意义见表 2-6。

表 2-6　　　　　　　　　　　　　模式选择开关设置意义

位置	含　义	功能描述
RUN	RUN 模式	CPU 执行用户程序。可以通过编程软件读出用户程序，但是不能修改用户程序
STOP	STOP 模式	CPU 不执行用户程序，通过编程软件可以读出和修改用户程序
MRES	CPU 存储器复位模式	将模式选择开关从 STOP 状态拨向 MRES 模式位置时，可以复位存储器，使 CPU 回到初始状态。工作存储器、RAM 装载存储器中的用户程序和地址区被清除，全部存储器位、定时器、计数器的数据均被删除，即复位为零，包括有保持功能的数据恢复为默认设置，MPI（多点接口）的参数被保留。如果有 Flash 存储卡，CPU 在复位后将其里面的用户程序和系统参数复制到工作存储器区

问 14　CPU 模块的接口有几种？

答： CPU 模块通过相应的接口可以与其他模块进行通信，这些接口主要有 MPI 接口、PROFIBUS-DP 接口、PROFINET 接口、PtP 接口等。

问 15　MPI 接口的功能是什么？

答： 多点接口 MPI（Multipoint Interface）是用于连接 CPU 和 PG/OP 的接口，或者作为 MPI 网络中的通信接口。S7-300 系列的 CPU 模块均配有 MPI 接口，图 2-7 中的 X1 就是 MPI 接口，它是编程端口，可以接入 PG/PC（编程器或者个人计算机）、OP（操作员接口）等其他支持 MPI 通信的设备。通常情况下，MPI 的数据传输速率为 187.5kbit/s。如果与 S7-200 系列 PLC 进行 MPI 通信时，需要设置其数据传输速率为 19.2kbit/s。对于 CPU 315-2PN/DP、CPU 317 和 CPU 319-3 PN/DP 而言，MPI 的数据传输速率最高可达 12Mbit/s。

编程器 PG 可以自动检测到 CPU 模块 MPI 接口的正确参数，并建立连接。

注意：在运行模式，只能将编程器 PG 连接到 MPI 子网，而其他站（如 OP、TP 等）在 PLC 处于运行模式时，就不能连接到 MPI 子网。否则，干扰可能导致传送数据损坏或全部数据包丢失。

问 16　PROFIBUS-DP 接口的功能是什么？

答： PROFIBUS（Process Field Bus）是应用于单元级和现场级的控制网络，PROFIBUS-DP 接口主要用于连接分布式 I/O，对于后缀为"DP"的 CPU 模块至少有一个 DP 接口，图 2-7（a）中的 X2 就是 DP 接口。

PROFIBUS-DP 接口可以组态为主站，也可以组态为从站，运行的最大数据传输速率为12Mbit/s。组态为主站模式时，CPU会通过 PROFIBUS-DP 接口传送其总线参数。例如，编程器 PG 可以接收正确的参数并自动连接到 PROFIBUS 子网。

问 17 **PROFINET 接口的功能是什么？**

答：PROFINET 是一种基于以太网的、开放的、用于自动化的工业以太网标准，可以集成 PROFINET 接口的 CPU 模块与工业以太网建立连接，也可以将通过 MPI 或 PROFINET 组态的 CPU 模块连接到工业以太网中，对于后缀为"PN"的 CPU 模块均集成了 PROFINET 接口。

问 18 **PtP 接口的功能是什么？**

答：使用 CPU 模块的 PtP（点对点）接口可以连接带串口的外部设备，如条形码阅读器、打印机等。在全双工模式（RS422）下，最大数据传输速率为19.2kbit/s；在半双工模式（RS485）下，最大数据传输速率为38.4kbit/s。在CPU PtP 接口中安装了 ASCII 驱动程序，3964（R）协议或 RK512 协议（仅限CPU 314C-2 PtP），其报文格式是公开的。

问 19 **SM 信号模块包括哪些？**

答：SM 信号模块是输入/输出模块（I/O 模块）的统称，其外形如图 2-8 所

(a)　　　　　　　　　　　　(b)

图 2-8　SM 信号模块外形图

（a）数字量输入/输出模块；（b）模块量输入/输出模块

示，它包括数字量输入/输出模块和模拟量输入/输出模块，即数字量输入模块、数字量输出模块、数字量输入/输出模块、模拟量输入模块、模拟量输出模块、模拟量输入/输出模块，这些模块使不同的过程信号电平与 S7-300 的内部信号电平相匹配。

问 20 **数字量输入模块的功能是什么？**

答：数字量输入模块又称为开关量输入模块，用来连接外部的机械触点和电子数字式传感器，该模块可以将外部数字信号的电平转换为 PLC 内部的信号电平。

数字量输入模块根据使用电源的不同分为数字量直流输入模块（直流 12V或者 24V）和数字量交流输入（交流 $100\sim120V$ 或者 $200\sim240V$）模块两种，其电路原理图如图 2-9 所示。

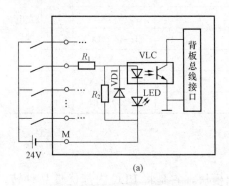
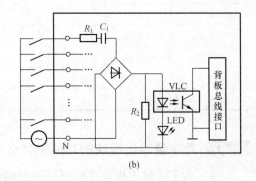

图 2-9　数字量输入模块电路原理图
(a) 数字量直流输入模块电路图；(b) 数字量交流输入模块电路图

图 2-9 中只画了一路输入电路，M 和 N 是同一输入组内各输入信号点的公共点，LED 显示该输入点是否与外接信号连接，当外接触点接通时，光电耦合器 VLC 中的发光二极管点亮，光敏三极管饱和导通，LED 点亮，当外接触点断开时，光电耦合器 VLC 中的发光二极管熄灭，光敏三极管截止，信号经背板总线接口传送给 CPU 模块。

在图 2-9 (a) 中，当外接触点接通时，直流电源经 R_1、R_2 和 VDI 形成 3V左右的稳定电压供给光电耦合器 VLC；图 2-9 (b) 中，R_1 和 C_1 用于隔离输入信号中的直流成分，R_2 用来限流，交流成分经桥式整流电路转换形成 3V 左右的稳定电压供给光电耦合器 VLC。

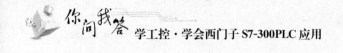

问 21 数字量输入模块的主要技术参数包括哪些？

答：SM321 为 S7-300 系列 PLC 的数字量输入模块。根据使用对象的不同，SM321 又分多种规格型号，其主要技术参数见表 2-7。

表 2-7　　　　　　　　SM321 数字量输入模块主要技术参数

型号	额定负载电压 L+(DC)/V	背板总线最大消耗电流/mA	所需前连接器/针	时钟同步	数字量输入点数	额定输入电压	通道间每组数量	隔离方式
6ES7 321-1BH02-0AA0	24	10	20	×	16	24V(DC)	16	
6ES7 321-1BH50-0AA0	24	10	20	×	16	24V(DC)	16	
6ES7 321-1BL00-0AA0	24	15	40	×	32	24V(DC)	16	
6ES7 321-1BH10-0AA0	24	110	20	√	16	24V(DC)	16	光电耦合
6ES7 321-7BH01-0AB0	24	130	20	√	16	24～48V(DC)	16	
6ES7 321-1CH00-0AA0	24	100	40	×	16	24～48V(DC)	1	
6ES7 321-1CH20-0AA0	48	40	20	×	16	48～125V(DC)	8	
6ES7 321-1FH00-0AA0	—	29	20	×	16	120/230V(DC)	4	

问 22 数字量输出模块的功能是什么？

答：数字量输出模块又称为开关量输出模块，它是将 PLC 内部优良品种转换成现场执行机构的各种开关信号。该模块用于驱动电磁阀、接触器、小功率电动机、灯和电动机启动器等负载。

问 23 数字量输出模块可以分为几种？

答：数字量输出模块按照使用电源（用户电源）的不同，分为直流输出模块、交流输出模块和交直流输出模块三种；按照输出电路所使用的开关器件不同，又分为晶体管输出、晶闸管（可控硅）输出和继电器输出。其中晶体管输出方式的模块只能带直流负载，晶闸管输出方式的模块只能带交流负载，继电器输出方式的模块交流和直流的负载都能带。

问 24 直流输出模块（晶体管输出方式）是怎样工作的？

答：PLC 某 I/O 点直流输出模块电路如图 2-10 所示，图中一个带三角形符号的小方框表示输出元件，VD 表示稳压管，输出信号经过光电耦合器 VLC 送给输出元件，输出元件的饱和导通状态和截止状态相当于触点的接通和断开，当某端需要输出时，CPU 控制锁存器的对应位为 1，通过背板总线接口控制 VLC 输出，输出元件导通输出，相应的负载接通，同时输出指示灯 LED 亮，表示该输出端有输出；当某端不输出时，锁存器相应位为 0，VLC 光电隔离耦合器没有输出，输出元件截止，使负载失电，此时 LED 指示灯灭，负载所需直流电源由用户提供。

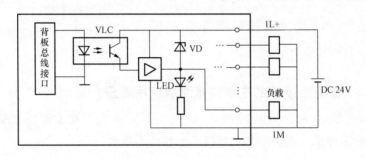

图 2-10 晶体管输出电路

问 25 交流输出模块（晶闸管输出方式）是怎样工作的？

答： PLC 某 I/O 点交流输出模块电路如图 2-11 所示，小方框内的光敏晶闸管和双向晶闸管等组成固态继电器（SSR），SSR 的输入功耗低，输入信号电平与 CPU 内部的电平相同，同时又实现了隔离，并且有一定的带负载能力。

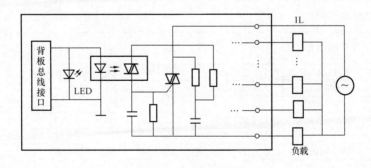

图 2-11 晶闸管输出电路

问 26 交直流输出模块（继电器输出方式）是怎样工作的？

答： PLC 某 I/O 点交直流输出模块电路如图 2-12 所示，它的输出驱动是微

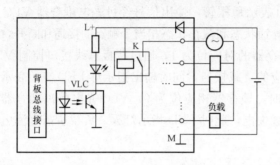

型硬件继电器 K，当某端需要输出时，CPU 控制锁存器的对应位为 1，通过背板总线接口控制 VLC 输出，使模块中对应的硬件继电器 K 的线圈通电，其常开触点闭合，使外部的负载工作；当某端不输出时，锁存器相应位为 0，硬件继电器 K 的

图 2-12　继电器输出电路

线圈失电，其常开触点断开。

问 27　数字量输出模块的主要技术参数包括哪些？

答：SM322 为 S7-300 系列 PLC 的数字量输出模块，根据使用对象的不同，SM322 又分多种型号规格，其主要技术参数见表 2-8。

表 2-8　　　　　　　　　**SM322 数字量输出模块主要技术参数**

型　　号	额定负载电压/V	背板总线最大消耗电流/mA	所需前连接器/针	数字量输出点数	通道间每组数量	隔离方式
6ES7 322-1BH01-0AA0	L+(DC) 24	80	20	16	8	
6ES7 322-1BH10-0AA0	L+(DC) 24	70	20	16	8	
6ES7 322-1BL00-0AA0	L+(DC) 24	110	40	32	8	
6ES7 322-8BF00-0AB0	L+(DC) 24	70	20	8	8	
6ES7 322-5GH00-0AB0	L+(DC) 24；24/28	100	40	15	1	
6ES7 322-1CF00-0AA0	L+(DC) 24；48~125	100	40	8	4	
6ES7 322-1BF01-0AA0	L+(DC) 24	40	20	8	4	
6ES7 322-1FF01-0AA0	L1(AC) 230	100	20	8	4	光电耦合
6ES7 322-5FF00-0AB0	L1(AC) 230	100	40	8	1	
6ES7 322-1FH00-0AA0	L1(AC) 230	200	20	16	8	
6ES7 322-1FL00-0AA0	L1(AC) 230	190	20	32	8	
6ES7 322-1FH01-0AA0	L+(DC) 24	40	20	8	2	
6ES7 322-1HF01-0AA0	L+(DC) 120 L1(AC) 230	40	40	8	1	
6ES7 322-5HF01-0AB0	L+(DC) 24 L1(AC) 230	100	40	8	1	
6ES7 322-1HH01-0AA0	L+(DC) 120 L1(AC) 230	100	20	8	8	

问 28 数字量输入/输出模块的功能是什么？主要技术参数包括哪些？

答： SM323/SM327 为 S7-300 系列 PLC 的数字量输入/输出模块，可用于连接标准开关、二线制接近开关（BERO）、电磁阀、接触器、小功率电动机、灯和电动机启动器等。SM323/SM327 的输入及输出的额定电压均为 DC 24V，输入电流为 7mA，最大输出电流为 0.5A，每组总输出电流为 4A。输入电路和输出电路通过光电耦合器与背板总线相连，输出电路为晶体管型，有电子保护功能。SM323/SM327 也分多种规格型号，其主要技术参数见表 2-9。

表 2-9   SM323/SM327 数字量输入/输出模块主要技术参数

型　　号	额定负载电压 L+（DC）/V	背板总线最大消耗电流/mA	所需前连接器/针	数字量输入/输出点数	通道间每组数量	隔离方式
6ES7 323-1BH01-0AA0		80	20	8/8	8	
6ES7 323-1BL00-0AA0	24	80	40	16/16	16	光电耦合
6ES7 327-1BH00-0AB0		60	20	16/8	—	

问 29 模拟量输入模块的功能是什么？

答： 模拟量输入模块用于将输入的模拟量信号转换成为 CPU 内部处理的数字信号，其内部主要由内部电源、多路开关、ADC（A/D 转换器）、光电隔离和逻辑电路等组成，如图 2-13 所示。输入的模拟量信号一般是模拟量变送器输出的标准直流电压、电流信号。

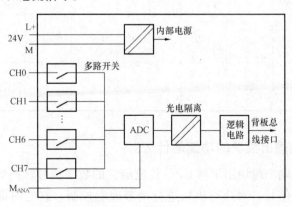

图 2-13   模拟量输入模块内部结构图

　　八个模拟量输入通道共用一个 ADC，通过多路开关切换被转换通道。模拟量输入模块的各个通道（CH）可以分别使用电流输入或者电压输入，并选用不同的量程。各个输入通道的 ADC 转换和转换结果的存储与传送是顺序进行的，每个模拟量通道的输入信号是被依次轮流转换的，各个通道的转换结果被保存到各自的存储器，直到被下一次的转换值覆盖。

问30　模拟量输入模块的主要技术指标包括哪些?

　　答：SM331 为 S7-300 系列 PLC 的模拟量输入模块，目前 SM331 有多种型号规格可供用户选用，它们的主要技术参数见表 2-10。

表 2-10　　　　　　　SM331 模拟量输入模块主要技术参数

型号	额定负载电压 L+(DC) /V	背板总线最大消耗电流/mA	所需前连接器/针	时钟同步	模拟量输入点数	用于电阻测量的模拟量输入点数	测量原理	最大转换位数和极性
6ES7 331-7KF02-0AB0	24	50	20	×	8	4	积分式	15 位，单极性
6ES7 331-7HF01-0AB0	24	60	20	√	8	—	瞬时值转换	14 位，单极性/双极性
6ES7 331-7KF01-0AB0	24	90	40	×	8	8	积分式	13 位
6ES7 331-7KB02-0AB0	24	50	20	×	2	1	积分式	15 位，单极性/双极性
6ES7 331-7PF01-0AB0	24	100	40	×	8	8	积分式	16 位
6ES7 331-7PF11-0AB0	24	100	40	×	8	—	积分式	16 位
6ES7 331-7NF00-0AB0	—	130	40	×	8	—	积分式	15 位，单极性/双极性
6ES7 331-7NF10-0AB0	24	100	40	×	8	—	积分式	15 位，单极性/双极性

问31　模拟量输出模块的功能是什么?

　　答：模拟量输出模块用于将 CPU 传送给它的数字信号转换成相应比例的电压信号或者电流信号，对执行机构进行调节或者控制。它的内部主要由内部电源、光电隔离、DAC 等组成，如图 2-14 所示。

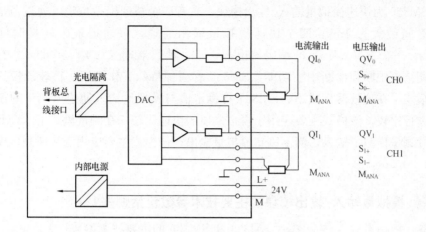

图 2-14　模拟量输出模块内部结构图

问 32　模拟量输出模块的主要技术指标有哪些?

答: SM332 为 S7-300 系列 PLC 的模拟量输出模块,目前 SM332 有多种规格型号可供用户选用,它们的主要技术参数见表 2-11。

表 2-11　　　　　　　　　　　　　　SM332 模拟量输出模块主要技术参数

型　　号	额定负载电压 L+(DC) /V	背板总线最大消耗电流/mA	所需前连接器/针	模拟量输出点数	最大转换位数	每通道转换时间 /ms	可编程诊断	输出类型
6ES 332-5HB01-0AB0		60	20	2	12	0.8		
6ES 332-5HD01-0AB0		60	20	4	12	0.8		电压、电流
6ES 332-5HF00-0AB0	24	100	40	8	12	0.8	√	
6ES 332-7ND02-0AB0		100	20	4	16	0.8/1.6		

问 33　模拟量输入/输出模块的功能是什么?

答: 模拟量输入/输出模块用于连接模拟量传感器和执行器。SM334 和 SM335 为 S7-300 系列 PLC 的模拟量输入/输出模块,SM334 有两种类型:一种有四个模拟输入和两个模拟输出,其输入、输出精度为 8 位;另一种也是四个模拟输入和两个模拟输出,不同的是其输出的精度为 12 位。SM334 模块输入测量范围为 0~10V 或者 0~20mA,输出范围为 0~10V 或者 0~20mA。

31

SM335 为快速模拟量输入/输出模块，它有四个快速模拟量输入通道，基本转换时间最大为 1ms；四个快速模拟量输出通道，每通道最大转换时间为 0.8ms；一个 10V/25mA 的编码器电源；一个计数器输入（24V/500Hz）；有循环周期结束中断和诊断中断功能。SM335 有两种特殊工作模式：比较器模式和测量模式。在比较器模式下，SM335 将设定值与模拟量输入通道所测量的模拟量值进行比较，该模式主要应用于模拟量值的快速比较；在测量模式下，SM335 将连续测量模拟量输入，而不刷新模拟量输出，该模式主要应用于快速测量模拟量值（<0.5ms）。

问 34 **模拟量输入/输出模块的主要技术参数包括哪些？**

答：模拟量输入/输出模块 SM334 和 SM335 的主要技术参数见表 2-12。

表 2-12　　模拟量输入/输出模块 SM334 和 SM335 的主要技术参数

型　　号	额定负载电压 L+(DC)/V	背板总线最大消耗电流/mA	所需前连接器/针	模拟量输入/输出点数	最大转换位数	可编程诊断	输出类型
6ES 334-0CE01-0AA0		55	20	4/2	8	×	电压、电流
6ES 334-0KE00-0AB0	24	55	20	4/2	12	×	电压
6ES 335-7HG01-0AB0		75	40	4/4	14	√	电压、电流

问 35 **FM 功能模块包括哪些？其功能是什么？**

答：S7-300 系列 PLC 的 FM 功能模块主要包括高速计数器模块、温度模块、定位模块、位置编码器模块、闭环控制模块和称重模块等。

FM350-1 是单通道计数器模块，可以检测高达 500kHz 的脉冲，有连续计数、单向计数、循环计数三种工作模式；有三种特殊功能：设定计数器、门计数器和用门功能控制计数器的启/停，达到基准值、过零点和超限时可以产生中断；有三个数字量输入、两个数字量输出。FM350-1 可以在 IM 153-1、IM 153-2 和 S7-300 系统中使用。

FM350-2 是 8 通道智能计数器模块，可用于计数和测量任务，它能够直接连接 24V 增量式编码器、方向元件、启动器和 NAMUR 传感器，可与 PLC 的比较值进行比较（比较数取决于工作模式），当达到比较值时，通过内置的数字量输出进行输出响应。FM350-2 有三种工作模式：计数、测量和比例，其中计数分为连续计数、单次计数和循环计数；测量分为频率测量、速度测量和周期测量。FM350-2 可以在 IM 153-1、IM 153-2 和 S7-300 系统中使用。

CM35 是 8 通道智能计数器模块，可以执行通用的计数和测量任务，也可以用于最多为 4 轴的简单定位控制。CM35 有四种工作方式：加计数或者减计数、8 通道定时器、8 通道周期测量和 4 轴简易定位。八个数字量输出点用于对模块的高速响应输出，也可以由用户程序指定输出功能，计数频率每通道最高达 10kHz。

FM351 是一种用于包装、印刷、木材加工、机床等行业的直线、回转轴定位控制的双通道定位模块。每通道四个数字量输出，可用于快速进给/慢速驱动的电动机控制。

FM352 高速电子凸轮控制器是机械式凸轮控制器的低成本替代产品，它有 32 个凸轮轨迹、13 个集成的 DO，采用增量式编码器或者绝对式编码器。

FM352-5 高速布尔处理器可以进行快速的二进制控制及提供最快速的切换处理，它集成了 12 点数字量输入和 8 点数字量输出。指令集包括位指令、定时器、计数器、分频器、频率发生器和移位寄存器指令。一个通道用于连接 24V 增量式编码器，一个 RS-422 串口用于连接增量式或者绝对式编码器。

FM353 是在高速机械设备中使用的步进电动机定位模块，它可以满足从简单的点对点定位，到对响应、速度有极高要求的复杂运动模式，它将脉冲传送到步进电动机的功率驱动器，通过脉冲数量控制移动距离，用脉冲的频率控制移动速度。FM353 具有长度测量、变化率限制、运行中设置实际值，以及通过高速输入使定位运动启动或者停止等特殊功能。

FM354 是在高速机械设备中使用的伺服电动机智能定位模块，用于从点对点定位任务，到对响应、速度要求极高的复杂运动方式，它用模块驱动接口（-10～+10V)控制驱动器，利用编码器检测的轴位置来修正输出电压。FM354 与 FM353 的工作模式和定位功能相同。

FM357 可以针对四种旋转轴或者直线轴提供智能型运动控制功能，如同步、处理的插补。四个测量回路用于连接伺服轴、步进驱动器或者外部主轴，它可以通过联动运动或者轴线图表进行轴同步，也可以通过外部主信号实现，采用编程或者软件加速的运动控制和可转换的坐标系统，有高速再启动的特殊急停程序，有点动、增量进给、参考点、手动数据输入、自动、自动单段等工作方式。

SM338 超声波位置编码器模块，用带有启/停接口的超声波传感器进行位置

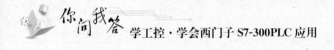

检测，具有无磨损、保护等级高、精度稳定不变等特点。该模块最多接四个传感器，每个传感器最多有四个测量点，测量点数最多为八个。

SM338POS 为位置输入模块，它可以提供三个绝对值编码器（SSI）和 CPU 之间的接口，将 SSI 的信号转换为 S7-300 的数字值，也可以为编码器提供 DC 24V 电源。此外，可以提供两个内部数字输入点将 SSI 位置编码器的状态锁住，可以在位置编码区域内处理对时间要求很高的应用。

FM355 闭环控制模块有四个闭环控制通道，有自优化温度控制算法和 PID 算法，用于压力、流量、液位等控制。FM355 的四个单独闭环控制通道，可以实现定值控制、串级控制、比例控制和三分量控制，几个控制器可以集成到一个系统中使用，有自动、手动、安全、跟随、后备这几种操作。FM355 分为两种类型：FM355C 和 FM355S。FM355C 是有四个模块输出端的连续控制器；FM355S 是有八个数字输出点的步进或者脉冲控制器。

FM355-2 是适用于温度闭环控制的四通道闭环控制模块，可以方便地实现在线自动优化温度控制，包括加热、冷却控制，以及加热、冷却的组合控制。FM355 也有两种类型：FM355-2C 是有四个模拟量输出端的连续控制器；FM355-2S 是有八个数字输出端的步进或者脉冲控制器。

SIWAREX U 称重模块是紧凑型电子秤，测定料仓和贮斗的料位，对吊车载荷进行监控，对传送带载荷进行测量或者对工业提升机、轧机超载进行安全防护等；SIWAREX M 称重模块是有校验功能的电子称重和配料单元，可以组成多料称重系统，安装在易爆区域。

问 36 CP 通信处理模块的功能是什么？

答：通信处理器模块用于 PLC 之间、PLC 与计算机和其他智能设备之间的通信，可以将 PLC 接入 PROFIBUS-DP、AS-i 和工业以太网，或者用于实现点对点通信等。S7-300 系列 PLC 有多用途的通信处理器模块，如 CP 340、CP 340-5 DP、CP 343-5 FMS 等。其中，既有为装置进行点对点通信设计的模块，也有为 PLC 上网到西门子的低速现场总线 SINEC L2 和高速 SINEC H1 网而设计的网络接口模块。

问 37 SIMATIC S7 系统的安装步骤是什么？

答：安装 SIMATIC S7 系统，通常可按图 2-15 所示的步骤进行。

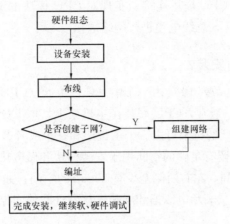

图 2-15 SIMATIC S7 系统的安装步骤

问38 硬件组态的概念是什么？

答： 在 S7-300 系列 PLC 系统中的硬件组态（Hardware Configuration）实质就是将 PLC 的一些外围模块（如 SM 信号模块、PS 电源模块、FM 功能模块、CP 通信处理模块等）与 CPU 模块组合在一起，使其能完成某一具体任务的过程。

S7-300 系列 PLC 某系统的硬件组态如图 2-16 所示，在图中使用一台编程器

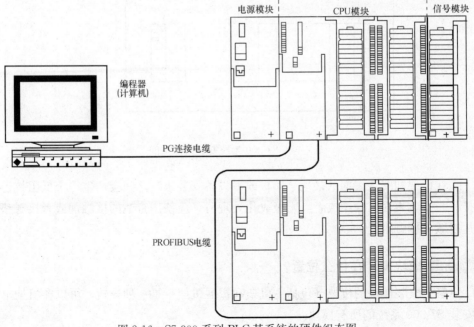

图 2-16 S7-300 系列 PLC 某系统的硬件组态图

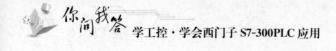

通过 PG 连接电缆与 CPU 模块连接，实现对 CPU 模块的编程；几个 CPU 模块相互间通过 PROFIBUS 总线电缆进行网络通信。

问 39　机架应如何安装？

答：一台 S7-300 系列 PLC 由一个中央处理单元（CPU）和一个或者多个扩展模块（FM）组成。通常，CPU 安装在主机架上，FM 安装在扩展机架上，即一台 S7-300 系列 PLC 的机架可由一个主机架和一个或者多个扩展机架组成。

安装机架时，应留有足够的空间用于安装模块和做散热处理。例如，模块上下至少有 40mm 的空间，左右两侧至少有 20mm 的空间，如图 2-17 所示。图 2-17 中的①表示电线槽，②表示电线槽和屏蔽连接器件间的间隙。

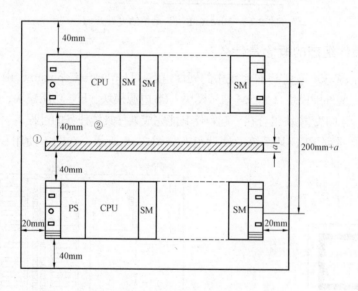

图 2-17　S7-300 系统安装所需空间

在机架和安装表面（接地金属板或者设备安装板）之间会产生一个低阻抗连接。当安装表面已涂漆或者经阳极氧化处理时，应使用合适的接触剂或者接触垫片以减少接触阻抗。

问 40　模块安装在什么位置？

答：安装模块的机架（包括主机架和扩展机架）是一种导轨，可以在机架上安装 S7-300 系统的所有模块。

问 41 模块的安装方向有几种？

答：S7-300 系统的安装方向有两种：水平安装和垂直安装。通常，水平安装允许的环境温度为 0～60℃，垂直安装允许的环境温度为 0～40℃。不管安装方向如何，CPU 和电源模块必须安装在机架的左侧（水平）或者底部（垂直）。

问 42 如何确定模块的安装位置？

答：用户可以根据实际需求选择采用单机架或者多机架进行模块安装。对于结构紧凑、需要节约空间、只使用一个 CPU 模块或者所需处理的信号比较少时，通常采用单机架就能完成硬件组态；如果所需处理的信号量比较多或者机架上没有足够的插槽，建议采用多机架进行硬件组态。

采用单机架安装模块时，各模块的安装位置如图 2-18 所示，在安装时要注意：在 CPU 右侧安装的模块不能超过八个，并且安装在单机架上所有模块的 S7 背总线上的总电流不能超过 0.8A（安装 CPU 312、CPU 312C 和 CPU 312 IFM）或者 1.2A（除安装 CPU 312、CPU 312C 和 CPU 312IFM 之外）。

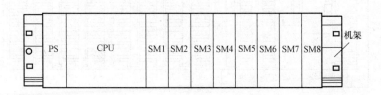

图 2-18 单机架的模块安装位置

采用多机架安装模块时，需要使用接口模块（IM）将这些机架进行有机组合，除 CPU 312、CPU 312IFM、CPU 312C 和 CPU 313 外，其他型号的 S7-300 系列 CPU 都能够使用多机架。使用多机架安装模块时，各模块的安装位置如图 2-19 所示，在安装时应注意：CPU 模块必须安装在机架 0 上，机架的槽 1 安装电源模块，槽 2 安装 CPU 模块，槽 3 安装接口模块，槽 4 至槽 11 安装信号模块、功能模块和通信处理模块。每个机架上最多只能安装八个信号模块，并且这些模块只能从槽 4 开始进行安装。另外，每个机架总线上所消耗的总电流不能超过 1.2A。

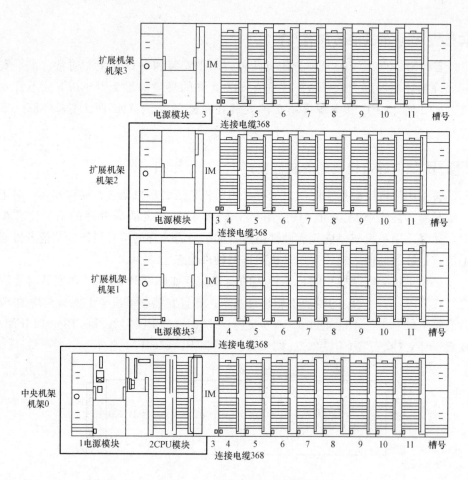

图 2-19　多机架的模块安装位置

问 43　模块的安装步骤是什么？

答：固定好导轨后，在导轨上安装模块时，应从导轨的左侧开始，先安装电源模块，再安装 CPU 模块，最后按顺序安装接口模块、功能模块、通信模块、信号模块。模块的安装步骤如图 2-20 所示。

问 44　如何对模块进行标签？

答：模块安装好，应给每一个模块指定槽号。通常槽 1 为电源模块，槽 2 为 CPU 模块，槽 3 为接口模块（IM），槽 4 至槽 11 为信号模块。槽号标签在 CPU 中，对模块指定槽号的方法如图 2-21 所示，先将相应的槽号放在每个模板的前

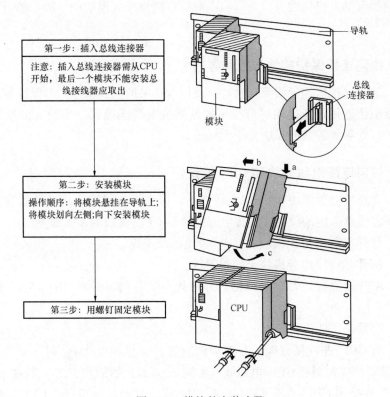

第一步：插入总线连接器

注意：插入总线连接器需从CPU
开始，最后一个模块不能安装总
线接线器应取出

第二步：安装模块

操作顺序：将模块悬挂在导轨上；
将模块划向左侧；向下安装模块

第三步：用螺钉固定模块

图 2-20　模块的安装步骤

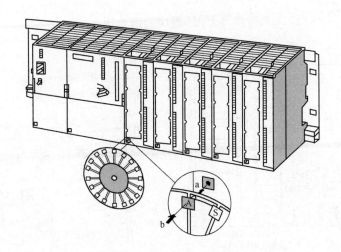

图 2-21　将槽号插入模块中

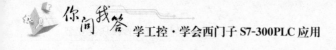

面，再将螺钉插入模块的开口处（a），最后将槽号压入模块中（b），槽号从轮子上断开。

问 45 **如何连接保护接地导线和导轨？**

答：连接保护接地导线至导轨，应使用 M6 保护导线螺栓。为保证保护接地导线的低阻抗连接，应使用尽可能短的低阻抗电缆连接到一个较大的接触表面上，保护接地导线的截面积应大于 $10mm^2$。

问 46 **如何连接电源模块和 CPU 模块？**

答：在连接电源模块和 CPU 模块之前，应先检查线路电压选择器开关是否设置于所需线路电压的位置。连接电源模块和 CPU 模块的步骤如下。

（1）打开 PS307 电源模块及 CPU 模块的前盖板。

（2）松开 PS307 电源模块上的松紧件。

（3）剥开电源线（大约 11mm），并将其连接到 PS307 的 "L1""N" 的接地导线端子。

（4）旋紧松紧件。

（5）对 CPU 进行接线时，分两种情况进行（见图 2-22）：对于 CPU 31xC 型号的 CPU，应先剥开 CPU 电源线（大约 11mm），然后将 PS307 的端子 "M" 和 "L＋" 连接到 CPU 的端子 "M" 和 "L＋"；对于其他型号的 CPU，插入连接器，并拧紧即可。

（6）盖上 PS307 电源模块及 CPU 模块的前盖板。

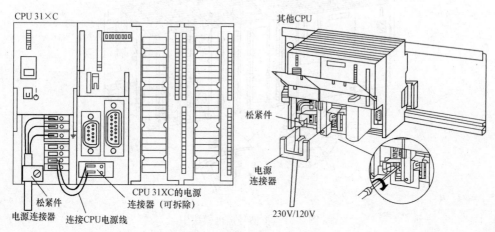

图 2-22　连接电源模块和 CPU 模块

问 47 如何连接前连接器接线？

答：前连接器用于连接系统中的传感器和执行器到 S7-300 PLC。根据针数的不同，前连接器分为 20 针和 40 针两种类型；按连接方式的不同，又可分为弹簧负载型端子和螺钉型端子两种类型。对于 CPU 31xC 和 32 通道信号模块，需要使用 40 针前连接器。

（1）对于 20 针的前连接器接线通常使用以下步骤：①将电缆的捆扎带穿入前连接器。②如果需要，将电缆从模块的底部引出来，从端子 20 开始，一直到端子 1 穿过前连接器；如果不需要，则从端子 1 开始，一直到端子 20 穿过前连接器。③拧紧未使用的端子。④将电缆捆扎带抽紧，从左侧拉出捆扎带的尾部，使结构紧凑。

（2）对于 40 针的前连接器接线通常使用以下步骤：①如果需要将电缆从模块的底部引出来，从端子 40 或者端子 20 开始，从端子 39、19、38、18 等穿过接线连接器，直到到达端子 21 和端子 1；如果不需要，则从端子 1 或者端子 21 开始，从端子 2、22、3、23 等穿过接线连接器，直到到达端子 20 和端子 40。②拧紧未使用的端子。③将电缆线穿入捆扎带。④将电缆捆扎带抽紧，从左侧拉出捆扎带的尾部，使结构紧凑。

问 48 如何将前连接器插入模块？

答：前连接器接好线后，可按图 2-23 所示步骤将其插入模块。注意，将前连接器插入模块中时，可以在前连接器中安装一个编码机构，以保证下次替换模块时不会出现差错。

问 49 如何安装参考电位接地或者浮动参考电位 S7-300？

答：在一个参考电位接地的 S7-300 组态中，通过接地或者接地导线的方法消除产生的电流干扰。为此，可根据使用的 CPU，通过一根跳接线或者接地滑块（CPU 312 IFM 及 CPU 31xC 除外）来实现，如图 2-24 所示。

使用跳接线实现参考电位接地时，不能将跳接线从 CPU 上拆下，为了建立浮动参考电动势，需将 CPU 的端子 M 与功能地上的跳接线去掉，如果没有安装跳接线，那么 S7-300 的参考电位是通过 RC 电路和导轨与保护性接地导体内部相连接的，这样能够将寄生的高频电流放电并将静电放掉。

使用接地滑块实现浮动参考电位时，可以用螺钉旋具将 CPU 上的接地骨块向前推动到位，如图 2-24（b）所示。

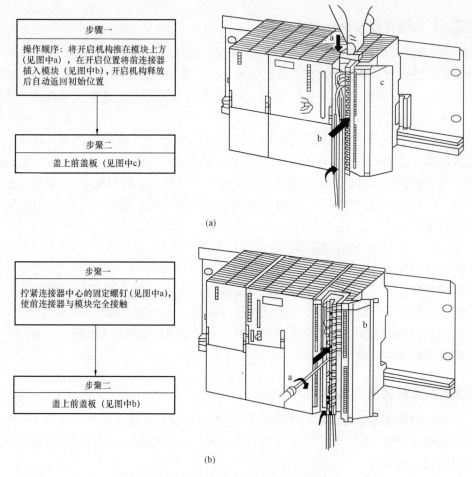

图 2-23 前连接器插入模块的操作步骤

（a）20 针前连接器插入模块；（b）40 针前连接器插入模块

问 50 **绝缘或者非绝缘模块如何安装？**

答：在交流负载电路或者有单独参考电位的直流负载电路中可使用绝缘模块，在使用带有绝缘模块的结构中，控制回路的参考电位 M 和负载回路的参考电位是电绝缘的；在使用非绝缘模块的结构中，控制回路的参考电位 M 和负载回路的参考电位是非电绝缘的。

问 51 **如何安装接地？**

答：低电阻接地连接可以减少短路或者系统故障时的电击危险，低阻抗连接

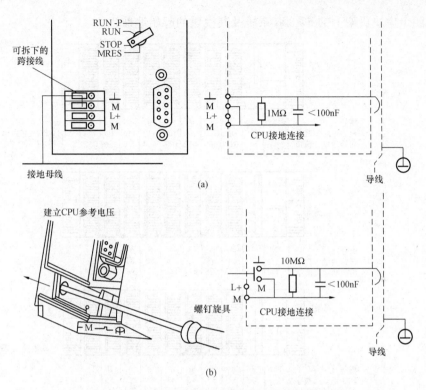

图 2-24 参考电位接地

（a）用跳接线实现参考电位（M）接地；（b）用接地滑块实现参考电位（M）接地

可以降低干扰对系统的影响或者干扰信号的发射。因此，有效的电缆屏蔽和设备屏蔽极其重要。

电缆屏蔽接地需要将电缆屏蔽的两端连接至接地或者功能性接地，这样可以很好地抑制高频干扰，如果只是将屏蔽的一端接地，只能衰减低频干扰，两个接地点之间的电位差可能会造成等电位电流流过两端连接的屏蔽层，在这种情况下，应在两接地点之间另外安装一个等电位导体。

所有防护等级为 Class Ⅰ 的设备及所有大型金属部分都必须保护接地，这是确保系统用户免遭电击的唯一方式，并且还可以用来消除外部电源线及连接到 I/O 设备电缆的信号线的干扰。

问 52 如何安装基于槽定义的模块寻址？

答：基于槽定义的模块寻址为默认设置，即 STEP 7 为每个槽号都指定一个确定的模块起始地址。数字模块或者模拟模块有不同的地址，图 2-25 所示为安

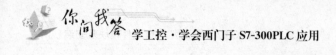

装在四个模块机架上的 S7-300 系统及其模块的起始地址。

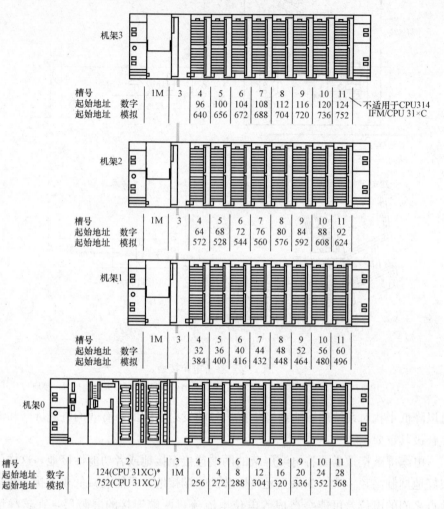

机架3												
槽号		1M	3	4	5	6	7	8	9	10	11	不适用于CPU314 IFM/CPU 31×C
起始地址	数字			96	100	104	108	112	116	120	124	
起始地址	模拟			640	656	672	688	704	720	736	752	

机架2												
槽号		1M	3	4	5	6	7	8	9	10	11	
起始地址	数字			64	68	72	76	80	84	88	92	
起始地址	模拟			572	528	544	560	576	592	608	624	

机架1												
槽号		1M	3	4	5	6	7	8	9	10	11	
起始地址	数字			32	36	40	44	48	52	56	60	
起始地址	模拟			384	400	416	432	448	464	480	496	

机架0												
槽号		1	2	3	4	5	6	7	8	9	10	11
起始地址	数字		124(CPU 31XC)*	1M	0	4	8	12	16	20	24	28
起始地址	模拟		752(CPU 31XC)/		256	272	288	304	320	336	352	368

图 2-25 S7-300 槽和相应的模块起始地址

注意：对于 CPU 314 IFM 和 CPU 31xC，用户不能将模块插入模块机架 3 的 11 号槽中，该地址已经预留给集成的 I/O。

问 53 **如何安装信号模块寻址?**

答：一个数字模块的输入或者输出地址由字节地址和位地址组成，其中字节地址取决于其模块起始起址，位地址是印在模块上的数码号，图 2-26 所示为一块数字量模块插在 4 槽（模块起始地址是 0）中。由于在此机架上没有接口模块，因此没有设置 3 号槽。由于第一块数字量模块插在 4 号槽，因此随后的数字量模块，其起始地址每一槽增加 4。

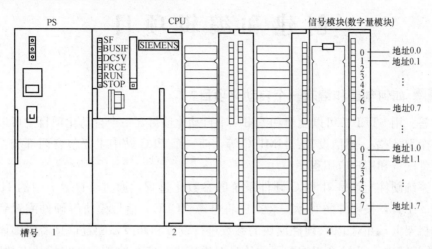

图 2-26　4 号槽中数字量模块的 I/O 地址

模拟量输入通道或者输出通道的地址总是一个字地址，其中通道地址取决于模块的起始地址。图 2-27 所示为一块模拟量模块插在 4 号槽（模块起始地址是256）。由于在此机架上没有接口模块，因此没有设置 3 号槽。由于第一块模拟量模块插在 4 号槽，因此随后的模拟量模块，其起始地址每一槽增加 16。

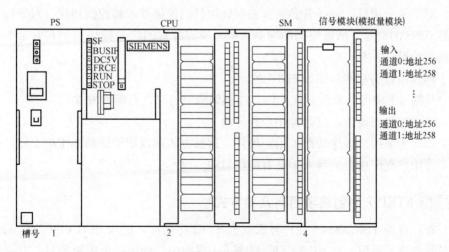

图 2-27　4 号槽中模拟量模块的 I/O 地址

创 建 和 编 辑 项 目

问1 如何创建和编辑一个自动化项目？

答： 用 STEP 7 可以创建和编辑一个自动化项目，一个自动化项目中可以包含多个 PLC 站、通信设备、HMIPC 等，而一个 PLC 站中主要包含两部分：系统硬件配置和用户应用程序。

系统硬件配置是对 PLC 硬件系统的参数化过程，通过 STEP 7 中的 HW-Config 工具，按硬件的实际安装次序将电源、CPU、信号模块等硬件配置到相应的机架上，并对 PLC 硬件模块的参数进行设置和修改，配置信息需要编译下载到 CPU 中，CPU 会根据配置的信息对模块进行实时监控，如果模块有故障，CPU 就产生报警。

用户应用程序为按项目生产工艺设计开发的逻辑和设备控制程序块。

问2 STEP 7 创建项目的步骤是什么？

答： 在成功安装 STEP 7 后，就可以用 STEP 7 创建新项目。

对于每个项目，设计者必须提前明确项目的控制要求和控制规模，对所需控制器 CPU 的型号、所需组态的网络构架、所需配置的信号模块类型和数量等做出初步的设计方案。

创建项目的基本步骤如图 3-1 所示。

从图 3-1 中可以看出，在实际创建和编辑项目时，有两种方式。

（1）先组态硬件，然后编用户程序块。

（2）先编用户程序块而不组态硬件，这种方式建议用于维修和维护工作。例如，将用户程序块集成到一个已有的项目中。

问3 STEP 7 中创建项目有几种方式？

答： 首先在 Windows 用户界面双击 STEP 7 图标，进入 SIMATIC Manager 项目管理器主视窗。在 SIMATIC Manager 界面中，创建一个控制项目，有以下两种方式。

（1）通过向导功能：通过向导功能可以创建一个最简单的项目，项目中包含

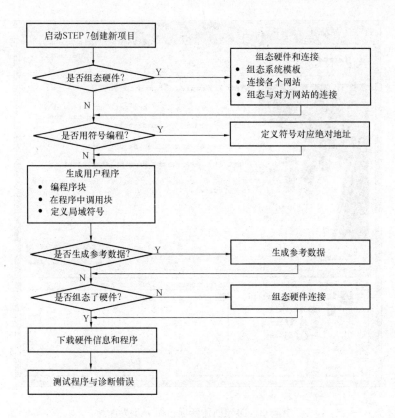

图 3-1 创建项目的基本步骤

一个 PLC 站，PLC 站内包括 CPU、OB 块的信息。

（2）直接创建：直接创建将产生一个空项目，用户需要手动添加项目框架中的各项内容。

问 4 **通过向导功能创建新项目的步骤是什么？**

答：打开 SIMATIC Manager 项目管理器，在"File"菜单下选择"'New Project'Wizard…"命令，会弹出新建项目向导对话框，按向导提示，分四步完成项目创建。

（1）向导介绍。在向导创建新项目第一步的界面（见图 3-2）中，如果选中"Display Wizard on starting the SIMATIC Manager"复选框，则在每次开启 SIMATIC Manager 时，都会显示向导功能界面。单击"Preview"按钮，可以显示/隐藏对话框下方的预览窗口。

单击"Next"按钮，进入下一步。

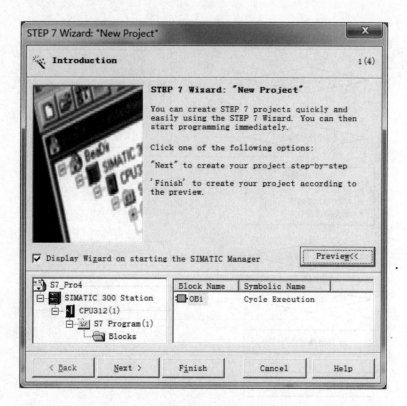

图 3-2　向导创建新项目第一步界面

（2）选择 CPU 类型。在向导创建新项目第二步的界面（见图 3-3）中，选择项目中所需的 CPU 类型、CPU 配置类型及订货号，必须与实际安装的 CPU 硬件相匹配。CPU 选定后，自动会默认配置 MPI 地址为 2，并在显示框中显示 CPU 的基本特性。

单击"Next"按钮，进入下一步。

（3）添加 OB 组织块。在向导创建新项目第三步界面（见图 3-4）中，根据项目需要可以添加 OB 组织块（也可以后续在程序中添加），配置的 CPU 必须具有所选择 OB 块的功能，否则不能运行。选择要使用的编程语言：语句表（STL）、梯形图（LAD）、功能块（FBD）。

单击"Next"按钮，进入下一步。

（4）定义项目名称。在向导创建新项目第四步界面（见图 3-5）中，在"Project name"文本框中输入自定义项目名称，单击"Finish"按钮，自动生成一个新项目，并在 SIMATIC 管理器中显示该项目的结构。

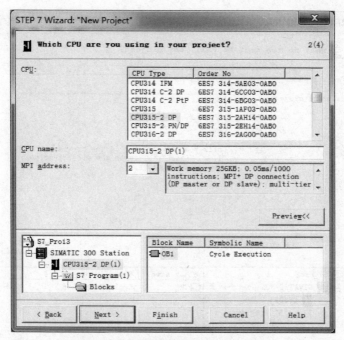

图 3-3 向导创建新项目第二步界面

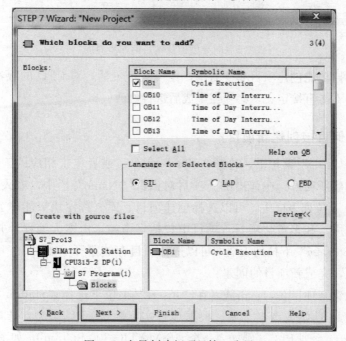

图 3-4 向导创建新项目第三步界面

图 3-5 向导创建新项目第四步界面

使用向导功能创建项目非常简单，但设置不灵活，对 CPU 的版本号、项目存储路径等不能直接定义，必须在生成后进行修改。

问5 如何直接创建新项目？

答：在"File"菜单下，选择"New"命令，或者单击相应的工具栏按钮，可以直接创建新项目。在弹出的新项目对话框"Name"栏中，输入项目名称；在"Type"下拉列表框中，可以选择创建项目、库（程序块只能作为库函数被其他项目调用）和多重化项目（项目中包括多个站，由多人编程合并为一个项目）；在"Storage"下拉列表框中可以选择项目存储路径，如图 3-6 所示。单击"OK"按钮，完成新项目的创建。

选择创建新项目名，右击或者在"Insert"菜单下选择"Station"命令，可以插入一个 PLC 站或者多个站。根据项目实际硬件 CPU 类型，选择 PLC 站，如采用 S7-300 系列 PLC，则插入一个"SIMATIC 300 Station"，如图 3-7 所示。

图 3-6 直接创建新项目界面

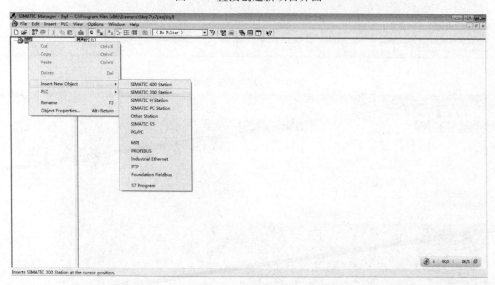

图 3-7 在新项目中插入 PLC 站界面

问 6 如何进行系统硬件的配置？

答：项目创建好之后，还没有信号模块和通信网络信息，必须进行硬件

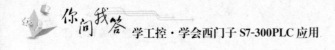

配置。

选择 PLC 站，双击右侧"Hardware"图标，进入硬件配置界面，如图 3-8 所示。

（1）硬件配置窗：用于用户系统硬件组态的工作显示窗。

（2）硬件目录窗：按"PROFIBUS DP""SIMATIC 300""SIMATIC 400"等子目录划分，包含所有与 PLC 站相关的硬件信息条目，包括订货号、版本信息等。

如找不到所需的实际硬件条目，需要更新硬件目录，如图 3-9 所示。

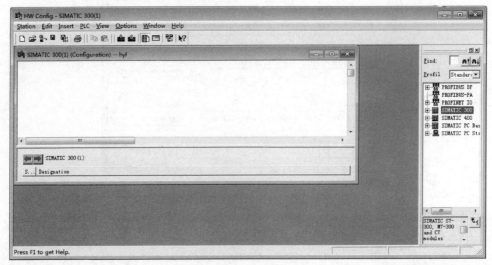

图 3-8　硬件配置界面

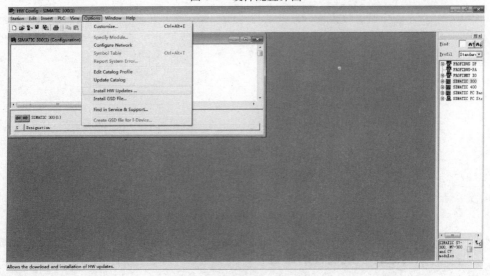

图 3-9　更新硬件目录

在硬件配置界面，打开"Options"菜单，选择"Install HW Updates…"命令，在弹出的窗口中可以选择从网络更新硬件目录（需要连接到互联网，自动登录到西门子官方网站下载），或者从磁盘中更新硬件目录（需要有 HW Updates 最新文件），如图 3-10 所示。

图 3-10　从网络或者磁盘更新硬件目录

（3）显示硬件配置信息窗：选择与实际硬件相符的硬件条目，拖放到硬件配置窗中进行配置，在显示选择硬件信息窗中会显示机架中所插入模块的详细信息，如模块订货号、版本、地址分配等。

硬件配置完后，需要保存、编译，系统会生成一个"System data"文件，可以在项目下面 PLC 站的"…/Blocks"中看到，和程序块放在一起。

在快速菜单中选择下载命令，可以将硬件编译后信息下载到 PLC 中。

问7 **S7-300 系列 PLC 主机架的配置规则是什么？**

答：（1）1 号槽位只能放置电源模块，由于 S7-300 系列 PLC 采用导轨安装，不带有背板总线可以不进行配置。

（2）2 号槽位只能放置 CPU 模块，不能空缺。

（3）3 号槽位只能放置接口模块，如果系统只有一个主机架，没有扩展机架，则主机架上不需要配置接口模块，但槽位需要预留。

（4）从 4 号槽位至 11 号槽位，可以放置最多八个各类信号模块、功能模块或者通信模块，与模块宽窄无关。如果系统超过八个模块，需要系统扩展（可采用中央扩展方式或者分布式扩展方式）。

（5）模块之间用 U 型连接器连接，中间不能有空槽，要保证连续。

通过 PROFIBUS-DP 现场总线，分布式扩展三个 ET 200M 从站，如图 3-11 所示。

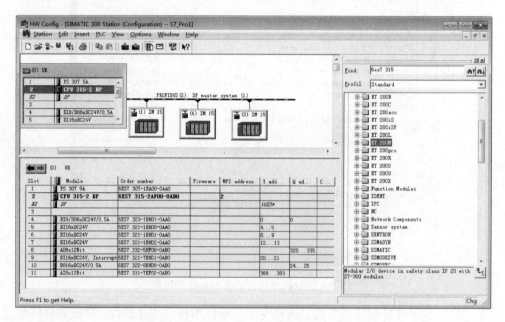

图 3-11　主机扩展三个 ET 200M 从站示意图

问 8　**S7-300 系列 PLC 配置基本步骤是什么？**

答：（1）从硬件目录中选择 S7-300 机架，双击或用鼠标拖放添加到硬件配置窗中，会出现一个 UR 机架。机架中带有 11 个槽位，按实际系统需求及上述配置规则，配置 CPU 和其他各模块。

（2）在 2 号槽位中添加 CPU 模块。在硬件目录中选择 CPU，其型号和固件版本都要与实际硬件一致，双击或者拖放到相应的槽位。

（3）配置各模块。同样，在硬件目录中选择各信号模块，其订货号要与实际硬件一致，双击或者拖放到相应的槽位（4 号槽位至 11 号槽位）。在配置过程中，STEP 7 可以自动检查配置的正确性。当在硬件目录中选择一个模块时，机架中允许插入该模块的槽位会变成绿色，而不允许该模块插入的槽位颜色无变化。如果使用鼠标拖放方法将选择的模块拖放到允许插入的槽位或者禁止插入的槽位时，鼠标指针会用不同的图标分别显示。

问 9　如何进行 CPU 参数的配置？

答：双击机架中需要配置的 CPU，弹出 CPU 属性对话框，按照参数类别显示为不同的标签。根据需要可以配置 CPU 的各种参数（以 CPU 315-2 DP 为例）。

问 10　CPU 属性的常规界面包括哪些内容？

答：选择"General"标签，进入常规界面（General），如图 3-12 所示。

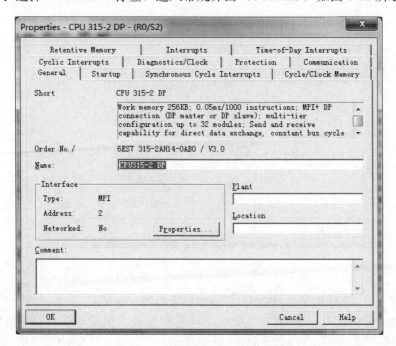

图 3-12　CPU 参数配置常规界面

常规界面中显示一些 CPU 的特性描述。在接口参数设置中，单击"Porperties"按钮，可以设置 MPI 接口参数，如 MPI 地址、通信速率等。

问 11 CPU 属性的启动界面包括哪些内容?

答：选择"Startup"标签，进入启动界面（Startup），如图 3-13 所示。在该界面主要设置 CPU 的启动特性参数。

（1）"Startup if preset configuration does not match actual configuration"复选框决定当硬件配置信息与实际硬件不匹配时，CPU 是否正常启动，如果不选中该复选框，则信息不匹配时，CPU 启动后进入停止模式。

（2）在"Startup after Power On"选项组中选择上电 CPU 的启动特性，大多数 S7-300 系列 PLC 的 CPU 中只有"Warm restart"（部分新 CPU 带有"Cold restart"）。S7-300 系列 PLC 的 CPU 支持三种方式（见图 3-13）。

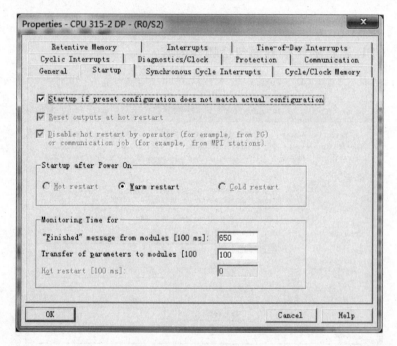

图 3-13　CPU 参数配置启动界面

（3）在"Monitoring Time for"选项组中有两个参数："'Finished' message from modules [100ms]"表示上电后，CPU 收到各个模块已准备就绪的信号的最长时间；"Transfer of parameters to modules [100ms]"表示 CPU 把参数分配到各个模块的最长时间。

注意：

灰色选项表示不支持此项 CPU 参数设置（大部分不适合 S7-300 系列 PLC

的 CPU)。

问 12 **CPU 属性的循环/时钟寄存器界面包括哪些内容?**

答: 选择 "Cycle /Clock Memory" 标签,进入循环/时钟寄存器界面(Cycle/Clock Memory),设置与 CPU 循环扫描相关的参数及 CPU 集成时钟寄托存器,如图 3-14 所示。主要循环/时钟寄存器参数及选项如下。

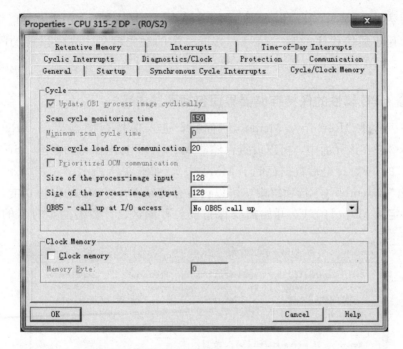

图 3-14 CPU 参数配置循环/时钟寄存器界面

(1) "Scan cycle monitoring time",设定程序循环扫描的监控时间,默认为 150ms,如果超过这个时间,CPU 就会进入停机状态,通信处理、连续中断程序、程序故障等都会增加 CPU 的扫描时间。对于 S7-300 系列 PLC CPU,可以在 OB80 中处理超时故障。

(2) "Scan cycle load from communication",用于限制通信在一个循环扫描周期中所占的比例。

(3) "OB85-call up at I/O access",表示 OB85 用于处理 I/O 访问故障,这里可以选择设置出现 I/O 访问故障时 CPU 不同的响应模式。

(4) "Clock Memory",为 CPU 内部集成的功能,将八个固定频率的方波时钟信号输出到一个标志存储区的字节中,字节中每一位对应的频率和周期见表 3-1。

表 3-1 设置时钟寄存器表

时钟寄存器的位	7	6	5	4	3	2	1	0
频率/Hz	0.5	0.62	1	1.25	2	2.5	5	10
周期/s	2	1.6	1	0.8	0.5	0.4	0.2	0.1

如果选择 M10，则 M10.5 为 1s 的方波信号，M10.7 为 2s 的方波信号。则 M10 可用于通信程序的触发信号、数据采集的触发信号、故障报警的闪烁信号灯。

问 13 **CPU 属性的保持存储器界面包括哪些内容？**

答：选择"Retentive Memory"标签，进入保持存储器界面（Retentive Memory）。在该界面中，可以设置存储器 M、C、T 掉电保持的范围（S7-300 系列 PLC 的 CPU 掉电后数据存储于 MMC 中），如图 3-15 所示。

在"Retentivity"选项组中，可以设置存储器 M、C、T 的保持功能，分别可以指定从 M0、T0、C0 开始需要保持的位存储区、计数器的定时器的数目，

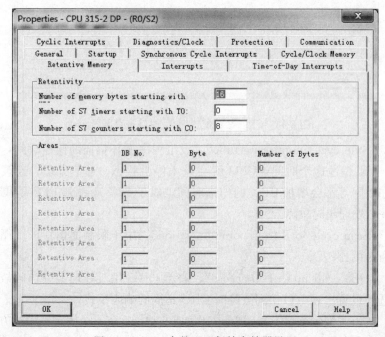

图 3-15 CPU 参数配置保持存储器界面

默认 M 存储器为 16，表示系统掉电后，或者 CPU 从 STOP 切换到 RUN 时，从 M0 到 M16，共 16 个字节中存储的过程值保持，其他没有设置为保持的位存储区被初始化为 0。

在"Areas"选项组中，带有 MMC 的 S7-300 系列 PLC 的 CPU 和 S7-400 系列 PLC 的 CPU（需要带有备份电池）中所有 DB（除 DB 属性中选择"No Retain"外）都具有掉电保持功能，不需要设置。

问 14 CPU 属性的诊断/时钟界面包括哪些内容？

答： 选择"Diagnostics/Clock"标签，进入诊断/时钟界面（Diagnostics/Clock）。在该界面中，可以设置系统诊断功能及时钟同步功能，如图 3-16 所示。

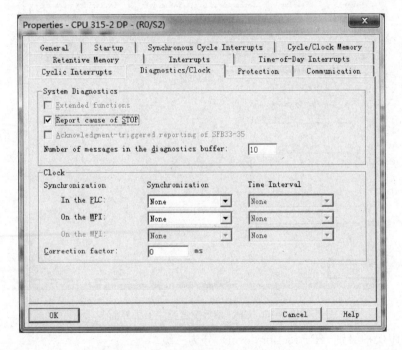

图 3-16　CPU 参数配置诊断/时钟界面

在"System Diagnostics"选项组中，选中"Report cause of STOP"复选框，CPU 将停机原因上传到设定的 HMI 中，同时停机信息进入 CPU 的诊断缓存区。

在"Clock"选项组中，通过时钟同步"Synchronization"选项可以设置 CPU 在 PLC 站内部或者 MPI 网络上作为时钟主站（Master），还是作为时钟从站（Slave），或者不使用同步时钟功能（None）。如果通过以太网同步其他站点的时钟信息，在主动方"In the PLC"下拉列表框中选择"Master"选项，并设

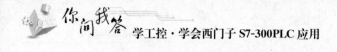

置同步间隔，在以太网模块中激活时钟同步选项；在被动方"In the PLC"下拉列表框中选择"Slave"选项，同样激活以太网模块中时钟同步选项，运行后时钟信号自动通过主站按设定的间隔同步从站的时钟信号。

"Correction factor"为校正因子，用于校正系统时钟的误差。

问 15 **CPU 属性的程序保护界面包括哪些内容？**

答：选择"Protection"标签，进入程序保护界面（Protection）。在该界面中，可以设置不同的程序保护级别和口令，并设置运行模式，如图 3-17 所示。

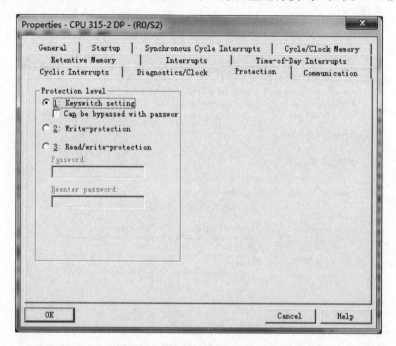

图 3-17　CPU 参数配置程序保护界面

程序保护级别（Protection level）分为三级。

（1）"Keyswitch setting"为默认级别。根据 CPU 模块上的模式选择开关决定保护方式，在 RUN-P 或者 STOP 模式下没有限制，在 RUN 模式下只能读而不能写。是否选中"Can be bypassed with password"复选框，决定 S7-300 系列PLC 的 CPU 是否忽略口令保护。

（2）"Write-protection"为写保护。不管模式开关位置，只能读。写操作需要设置口令。

（3）"Write-/read protection"为读/写保护，不管模式开关位置，都禁止读写操作，需要设置口令。运行模式（Mode）有两种方式。

1）选中"Process Mode"单选按钮，设备处在运行阶段。在该模式下，系统的测试功能受到限制，不能实现断点测试和单步运行。

2）选中"Test Mode"单选按钮，设备处于调试阶段。在该模式下，所有测试功能都可以实现，但会增加 CPU 扫描时间。

问 16 **CPU 属性的通信界面包括哪些内容？**

答：选择"Communication"标签，进入通信界面（Communication）。在该界面中，可以调协不同的通信方式，占用 CPU 通信资源等参数，如图 3-18 所示。

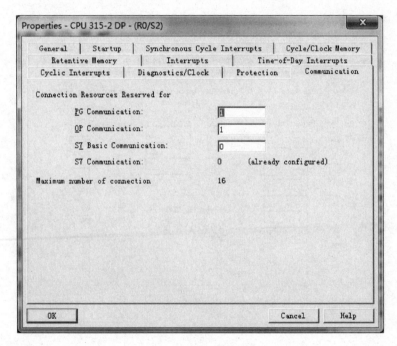

图 3-18 CPU 参数通信界面

带 MMC 卡的 S7-300 系列 PLC 的 CPU 属性界面中，可以分配 CPU 的通信连接资源，在"Maximum number of connection"文本框中显示该 CPU 可提供的最大通信连接资源数，包括编程器（PG）、操作面板（OP）、S7 基本通信及 S7 通信。可以根据实际需要输入参数，预留连接资源。

问 17 CPU 属性的中断界面包括哪些内容?

答: 选择 "Interrupts" 标签,进入中断界面 (Interrupts)。在该界面中,可以设置硬件中断、时间延时中断、异步故障中断等中断优先级,并设置过程映像区分区参数,如图 3-19 所示。

(1)"Hardware Interrupts"。硬件中断由实际 I/O 模块触发,OB40~OB47 为硬件的组织块,在 I/O 模块的配置中,可以选择某个信号触发某个中断组织块,S7-300 系列 PLC 的 CPU 只能触发 OB40。

可以在 "Priority" 文本框中为每一个中断分配不同的优先级,而禁用的中断块,优先级为 0。S7-300 系列 PLC 的 CPU 不能修改优先级。

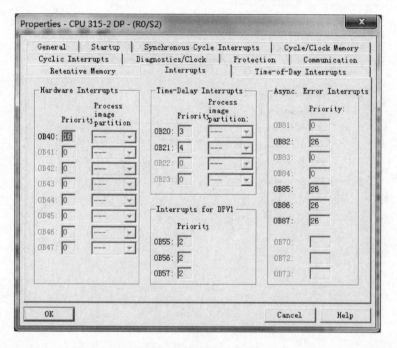

图 3-19　CPU 参数配制中断界面

在 "Process image partition" 下拉列表框中,可以选择更新设定的过程映像区分区。在 OB 调用时,更新于 OB 调用相关的 I/O 信号,程序以当前的 I/O 状态执行操作,默认设置为未更新过程映像区分区。

(2)"Time-Delay Interrupts"。当某一事件产生时,延时中断组织块 OB20~OB23 经过设定的延时时间后被执行,同时更新设定的过程映像区分区,延时中断的触发条件由用户程序定义,必须通过系统函数 SFC32 实现,取消延时中断用 SFC33 实现，查询延时中断的状态用 SFC34 实现。

（3）"Async. Error Interrupts"。设定异步中断 OB81～OB87 的优先级，S7-300 系列 PLC 的 CPU 不能修改优先级。

（4）"Interrupts for DPV1"。设定与 PROFIBUS-DP V1 中断相关的 OB55～OB57 的优先级。

问 18 CPU 属性的日期中断界面包括哪些内容?

答: 选择"Time-of-Day Interrupts"标签，进入日期中断界面（Time-of-Day Interrupts）。在该界面中，可以设置日期中断的开始时间和执行方式，如图 3-20 所示。

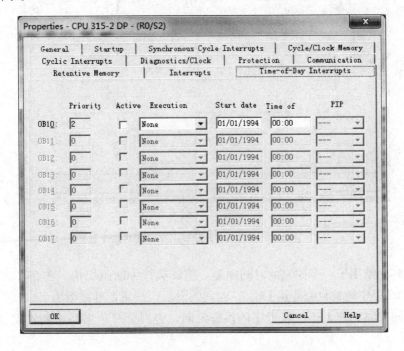

图 3-20 CPU 参数配制日期中断界面

选中"Active"复选框，可以激活相应的日期中断 OB，并可为 OB 选择开始触发的日期，日期以 CPU 的内部时钟信息为基准。OB 执行方式（Execution）有多个选项：不执行、只执行一次或者按特定的时间隔（如每分钟、每小时、每天、每周或者每年）执行。

通过在程序中调用系统函数 SFC28、SFC29、SFC30、SFC31，可以设置、取消、激活和查询日期时间中断。

问 19 **CPU 属性的循环中断界面包括哪些内容?**

答: 选择"Cyclic Interrupts"标签,进入循环中断界面(Cyclic Interrupts)。在该界面中,可以设置循环中断的优先级和时间间隔,如图 3-21 所示。

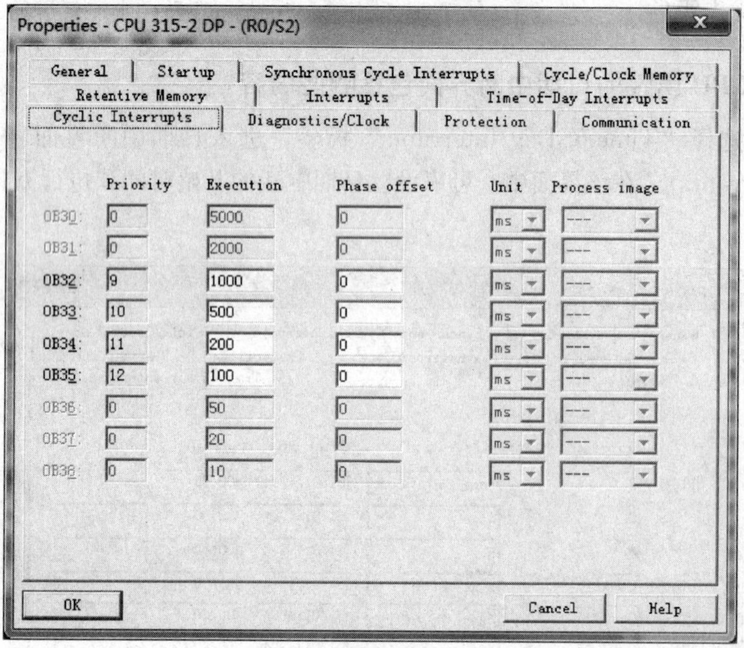

图 3-21 CPU 参数配制循环中断界面

循环中断用于一个固定的时间间隔,循环执行中断组织块,在 S7-300 系列 PLC 的 CPU 中通常只能使用 OB35,时间间隔可以设置,其范围为 1~60 000ms,设定时间间隔必须大于中断程序的执行时间,否则会产生循环中断错误(调用 OB80)。

(1)"Execution":OB 执行的时间间隔。

(2)"Phase offset":循环中断执行的延时时间。某时刻多个中断同时被调用时,只能按照它们的优先级来执行。使用延时时间可以调整循环中断的执行时间。

在用户程序中,通过循环中断可以用来实现数据采集、PID 回路调节等功能。

问 20 **如何设置数字量 I/O 模块的逻辑地址？**

答：在机架上插入数字量模块时，系统会自动为每个模块分配逻辑地址，不会冲突。在实际应用中，可以按用户自定义，修改模块的逻辑地址。

双击模块，弹出模块属性对话框，如图 3-22 所示。

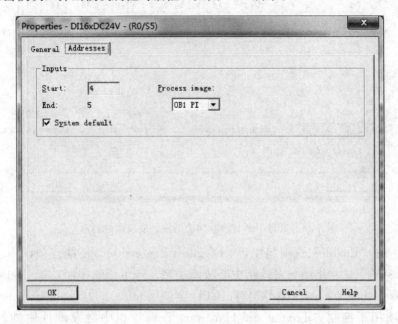

图 3-22 模块属性对话框

（1）"General"：选择该标签，会显示模块的具体参数说明和订货号。

（2）"Addresses"：选择该标签，会显示模块的逻辑地址。

（3）"System default"：系统缺省选项。如果取消选中该复选框，则用户可以重新设置逻辑地址。如果修改后的模块与其他模块地址冲突，系统会自动提示地址冲突信息，修改无效。

S7-300 系列 PLC 的 CPU，不能修改过程映像区分区，但可以选择模块更新的过程映像区分区。

问 21 **如何设置数字量输入模块参数化？**

答：用于高性能的输入模块带有中断和诊断功能，如 6ES7 321-7BH01-0AB0 模块。双击模块，弹出模块属性对话框，如图 3-23 所示。选择 "Inputs"标签，主要参数选项如下。

65

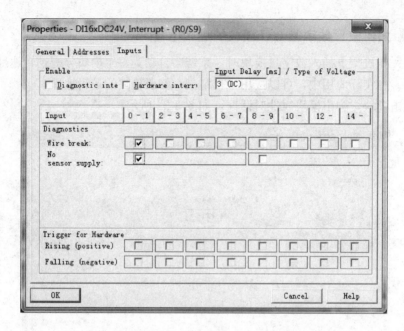

图 3-23　带有中断和诊断功能的输入模块属性对话框

（1）在"Enable"选项组中，"Diagnostic interrupt"使能选项，用于控制"Diagnostics"选项组中触发诊断中断故障类型及产生诊断中断功能。如果使能诊断中断，出现监控的故障类型时，CPU 会调用 OB82。"Hardware interrupt"使能选项用于控制"Trigger for Hardware"选项组中触发硬件中断的事件功能。

（2）在"Input"选项组中，通过方向箭头，选择模块输入通道。

（3）在"Diagnostics"选项组中，选择是否激活断线（Wire break）和丢失负载电压（No load voltage L＋）诊断功能。

（4）在"Trigger for Hardware"选项组中，选择触发硬件中断的信号源，可以选择通道号，选择上升沿、下降沿产生硬件中断。

（5）在"Input Delay/Type of Voltage"选项组，选择每个输入通道的输入延时时间，时间越长，信号越不容易受到干扰，但会影响响应时间。

问 22　如何设置数字量输出模块参数化？

答： 有些数字量输出模块带有诊断功能，可以进行参数化设置，如 6ES7 322-8BH00-0AB0 模块。双击模块，弹出模块属性对话框，如图 3-24 所示。选择"Outputs"标签，主要参数选项如下。

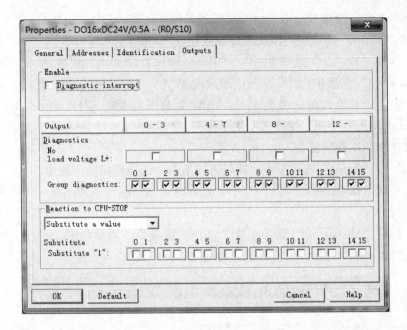

图 3-24　带有诊断功能的输出模块属性对话框

（1）在"Enable"选项组中，"Diagnostic interrupt"使能选项用于控制"Diagnostics"选项组中触发诊断中断故障类型及产生诊断中断功能，如果使能诊断中断，出现监控的故障类型时，CPU 会调用 OB82。

（2）在"Output"选项组中，通过方向箭头，选择模块输出通道。

（3）在"Diagnostics"选项组中，选择是否丢失负载电压（No load voltage L+）诊断功能。

（4）在"Reaction to CPU-STOP"，如果诊断事件出现，模块按下列设定输出。

1）KLV（Keep last valid value）：CPU 停止，模块输出保持上次有效值。

2）SV（Substitute avalue）：CPU 停止，模块输出使用替代值，需要设置，默认替代值为"0"；选中某位后，替代值为"1"。

问 23　如何设置模拟量输入模块参数化？

答：模拟量输入模块可以连接多种传感器，首先对不同的传感器需要在模块上跳线进行匹配，其次在 STEP 7 硬件配置中需要进行参数化，如 6ES7 331-7KF02-0AB0 模块。

在"Addresses"标签中，设置模块逻辑地址（模拟量模块输入值不需要过程映像区处理，通常开始地址位于过程映像区外）。

在"Inputs"标签中，模块需要参数化设置，如图 3-25 所示。

（1）在"Enable"选项组中，"Diagnostic Interrupt"使能选项用于控制"Diagnostics"选项组中触发诊断中断故障类型及产生诊断中断功能，如果使能诊断中断，出现监控的故障类型时，CPU 会调用 OB82。"Hardware Interrupt When Limit Exceeded"使能选项用于控制"Trigger for Hardware"选项组中触发硬件中断的事件功能。

（2）在"Input"选项组中，通过方向箭头，选择模块输入通道。

（3）在"Diagnostics"选项组中，选择是否激活断线（Wire Break）和组态诊断功能。

（4）在"Measuring"选项组中，选择测量类型、测量范围、量程卡跳线位置匹配（A/B/C/D）、输入信号积分时间（以频率显示）。

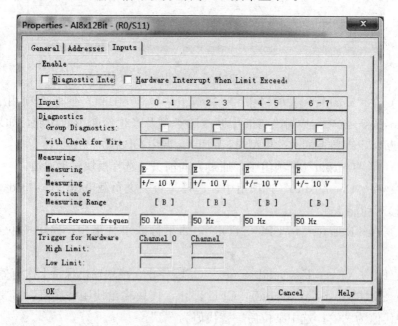

图 3-25　模拟量输入模块参数化设置属性对话框

（5）在"Trigger for Hardware"选项组中，设置输入信号的上限和下限，当超过这个设定范围时，会产生一个硬件中断，CPU 会调用 OB40，只有通道 0 和通道 1 具有此功能。

问 24　**如何设置模拟量输出模块参数化？**

答： 模拟量输出模块只能连接电压和电流负载，设置参数化比较简单，如 6ES7 332-5HF00-0AB0 模块，参数化界面如图 3-26 所示。

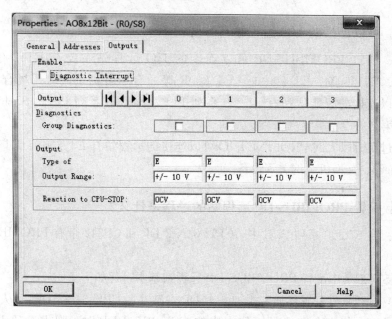

图 3-26　模拟量输出模块参数化设置属性对话框

（1）在"Enable"选项组中，"Diagnostic Interrupt"使能选项用于控制"Diagnostics"选项组中触发诊断中断故障类型及产生诊断中断功能，如果使能诊断中断，出现监控的故障类型时，CPU 会调用 OB82。

（2）在"Output"选项组中，通过方向箭头，选择模块输入通道。

（3）在"Diagnostics"选项组中，选择是否激活组诊断功能。

（4）在"Output"选项组中，选择测量类型（不激活、电压、电流）、测量范围。

（5）在"Reaction to CPU-STOP"选项组中，如果事件出现，模块按下列设定输出。

1）OCV（Output Have no Current or Voltage）：CPU 停止，模块不输出。

2）KLV（Keep Last Valid Value）：CPU 停止，模块输出保持上次有效值。

问 25　**分布式 I/O 如何连接到主 CPU 上？**

答： 远程分布式 I/O 扩展可以通过现场总线，将 I/O 站连接到主 CPU 上。

远程分布式 I/O 扩展通常在中央机架上安装电源、CPU、通信处理器 CP，或者安装一定数量的信号模块等。根据项目实际需要，通过带有通信接口的 CPU 连接各 I/O 站（一般采用 PROFIBUS-DP 或者 PROFINET-IO），并由通信处理器 CP 连接其他主站或上位机（HMI 远程站）。

问 26　可以连接的 I/O 远程站有哪些？

答：通过 PROFIBUS-DP 可以连接的 I/O 远程站主要有 ET 200S、ET 200iSP、ET 200M、ET 200eco、ET 200R 等适合于各种不同应用场合的远程站；可以连接的智能从站有 S7-200 系列 PLC、S7-300 系列 PLC、S7-400 系列 PLC、第三方设备等。

通过实时以太网 PROFINET-IO 可以连接的远程站有 ET 200S、ET 200M、ET 200eco、交换机、网关等设备。

问 27　配置 PROFIBUS-DP 远程站的过程是什么？

答：在 S7-300 系列 PLC 中，CPU 31X-2 DP 和 CP342 带有 PROFIBUS-DP 接口。

在 STEP 7 中配置 PROFIBUS-DP 远程站基本过程如下。

（1）打开硬件配置界面，添加一个 DP 主站（如 CPU 315-2 DP）。从硬件条目中拖放一个机架，在 2 号槽位中拖放 CPU 315-2 DP 时，弹出新建 PROFI-BUS-DP 网络对话框，如图 3-27 所示。单击 "New" 按钮，新建一条网络，配置主站地址（默认地址为 2），并设置通信速率及 PROFIBUS 参数，配置好后会出现一条代表 PROFIBUS-DP 总线的网络。

（2）在硬件目录中的 PROFIBUS-DP 子目录下选择所需的 DP 从站并拖放到总线上，如配置 ET 200M、驱动设备等，如图 3-28 所示。

配置的从站站地址必须与实际设定的站地址一致。单击每个从站，为从站配置相应的 I/O 模块（如 ET 200M 站）或与主站的通信接口区（如驱动设备），通过 CPU 集成的 DP 接口、通信处理器 CP 扩展远程站，模块的 I/O 地址占用 I、Q 区。

如果使用 S7-300 系列 PLC 的通信处理器 CP 342-5 作为主站，则需要调用通信函数 FC1、FC2 与从站建立通信接口区。

注意：与通过实时以太网 PROFINET-IO 配置远程站的基本步骤类似，需要配置 CPU 及各个站点的 IP 地址。

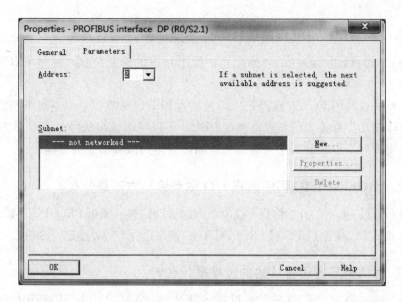

图 3-27　硬件配置 DP 主站界面

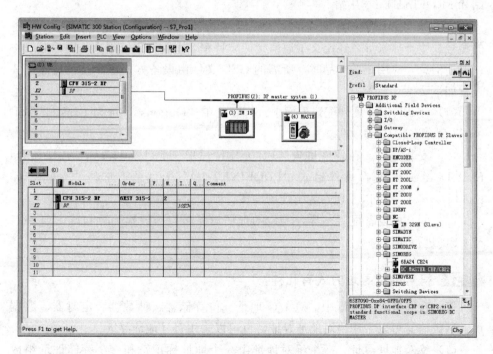

图 3-28　硬件配置 DP 从站界面

问 28　PROFIBUS-DP 网络远程 I/O 站点诊断方法有几种？

答：（1）通过 OB86 的开始信息，读出站点的诊断信息（通过 PROFIBUS 地址）。

（2）通过调用 FC125 或者 FB125 读写远程 I/O 站点信息。通过 FC125 可以读出故障的站点和丢失的站点；通过 FB125 不仅可以读出故障站点和丢失站点，还可以实现对 I/O 模块每个通道进行诊断，并进行故障信息的评估。

问 29　PROFINET-IO 网络远程 I/O 站点诊断方法是什么？

答：通过 OB86 的开始信息，读出站点的诊断信息（通过 PROFINET 设备号），不能使用 FC125 或者 FB125 对 PROFINET-IO 网络远程 I/O 站点进行诊断。

问 30　添加第三方设备从站的过程是什么？

答：通过添加 GSD 文件，可以在 STEP 7 中安装第三方 PROFIBUS-DP 从站和 PROFINET-IO 从站。

GSD 文件为设备描述文件，该文件包含了与设备有关的固有信息，如设备的型号、生产厂家等，还定义了通信支持波特率、上行和下行报文长度等通信协议描述信息，应用相关产品时，所需的 GSD 文件由设备方提供，设备具体安装过程如下。

（1）在 STEP 7 硬件配置界面中，打开菜单"Options"，选择"Install GSD File"命令安装 GSD 文件。

（2）安装完后，在硬件目录"PROFIBUS-DP"子目录下选择"Additional Field Devices"，或在硬件目录"PROFINET-IO"子目录下选择"Additional Field Devices"，可以发现安装的现场设备。

（3）同从站设备配置一样，安装的现场设备可以拖放作为分布式 I/O 站点与 CPU 进行通信。

问 31　符号地址寻址方式有几种？

答：在 STEP 7 编程中，对 I/O 地址、位存储器、计数器、定时器、数据块、函数块等可以采用绝对地址寻址，也可以采用符号地址寻址。

（1）绝对地址寻址。一个绝对地址由一个地址标识符和一个存储地址组成（如 Q1.1，I0.0，M2.2，T10，FB21）。

（2）符号地址寻址。给绝对地址赋予符号名。

注意：在符号名中不允许使用两个连续的下划线。

STEP 7 可自动地将符号地址转换成所需的绝对地址。如果要用符号名访问服数组、结构、数据块、局域数据、逻辑块及用户定义的数据类型，必须首先将符号名赋给绝对地址，然后才能对这些数据进行符号寻址。

符号寻址允许使用具有一定含义的符号地址来替代绝对地址，将短的符号和长的注释结合起来使用，可以使编程更简单，程序文件更合理易懂。

在程序编辑界面中，执行菜单命令"View"→"Display"→"Symbolic Representation"，可以在绝对地址和符号地址两种表达方式之间进行切换；执行激活菜单命令"View"→"Display"→"Symbolic Representation"，可以显示该符号的绝对地址及注释。

问 32 地址符号名有几种？有什么区别？

答： 地址符号名有两种：共享符号名和局域符号名。两者区别见表 3-2。

表 3-2　　　　　　　　　　　　　　共享符号名和局域符号名区别

地址符号名	共享符号名	局域符号名
有效性	在整个用户程序中有效 可以被所有的块使用 在所有的块中含义相同 在整个用户程序中是唯一的	只在定义的块中有效 相同的符号可在不同的块中用于不同的目的
允许使用的字符	字母、数字及特殊字符 除 0xOO、OxFF 及引导意外的强调号 如果使用特殊字符，则符号须写在引号内	字母 数字 下划线（__）
使用范围	I/O 信号（I，IB，IW，ID，Q，QB，QW，QD） I/Q 输入与输出（PI、PQ） 存储位（M，MB，MW，MD） 定时器（T）/计数器（C） 逻辑块（FB，FC，SFB，SFC） 数据块（DB） 用户定义数据类型（UDT） 变量表（VAT）	块参数（输入，输出及输入/输出参数） 块的静态数据 块的临时数据
符号定义位置	在符号表中定义	在块的变量声明表中定义

问 33 共享符号名如何生成？

答： 共享符号在符号表中定义。

当生成 S7 程序时，一个（空的）符号表（""对象）会自动生成，符号名不能长于 24 个字符。一张符号表最多可容纳 16 380 个符号。符号表只对用户程序

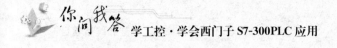

所连接的模板有效，如果想在几个 CPU 中使用同样的符号，必须确保各符号表中的内容是相配的（如拷贝该符号表）。

问 34 符号输入有几种方式？

答：符号输入有以下三种方式。

（1）通过对话框。在程序输入窗口中打开一个对话框，定义新的符号或对已有的符号重新定义。这种方法最好用于对单个符号的定义。例如，编程时发现少了一个符号或想更正某个符号。这种方法不用于显示整张符号表。

输入程序时定义符号的步骤如下。

1）确认在块的编辑窗口中激活了符号表达方式（执行菜单命令"View"→"Display"→"Symbolic Representation"）。

2）在程序指令中选中要对其进行符号赋值的绝对地址。

3）执行菜单命令"Edit"→"Symbol"。

4）填写对话框并关闭。用"OK"确认输入并且确保输入的是一个符号。

被定义的符号输入到符号表中，任何导致符号不唯一的输入都将被拒绝并显示错误信息。

（2）直接在符号表中。直接在符号表中输入符号及其绝对地址。这种方法用于编辑大量符号或者定义符号为项目生成符号表的情况。在屏幕上显示已经赋值的符号，可以更容易地观察这些符号。

以下两种方式可以打开符号编辑界面。

1）在"SIMATIC Manager"界面中，单击 PLC 站，在"CPU"→"S7 Program"下，双击"Symbols"图标，进入符号表编辑界面。

2）在程序块编辑界面中，执行菜单命令"Options"→"Symbol Table"，可打开符号表编辑界面。

（3）从其他表格编辑器中引入符号表。可以用表格编辑器来生成符号数据（如MS Excel），然后将该文件引入符号表。共享符号表编辑界面如图 3-29 所示。

符号表中的每一行数据可以按照符号、地址、数据类型或者注释进行按字母的分类。

1）"Symbol"列：定义符号名称。

2）"Address"列：指定相应的绝对地址。

3）"Data type"列：自动显示绝对地址的数据类型。

4）"Comment"列：可以定义注释。

在"Symbol"列和"Address"列中，如果输入地址或者符号名相同，以红

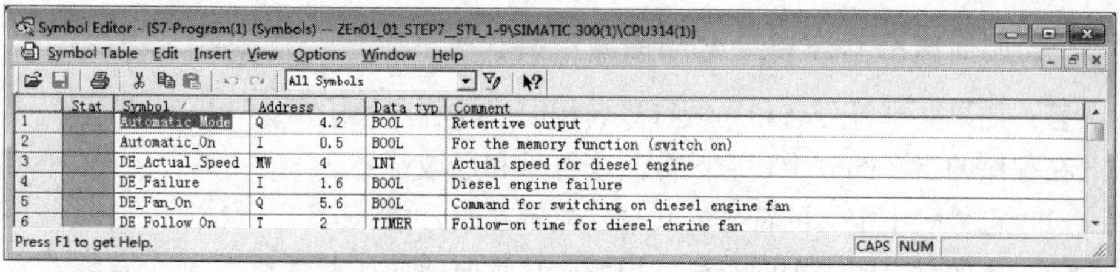

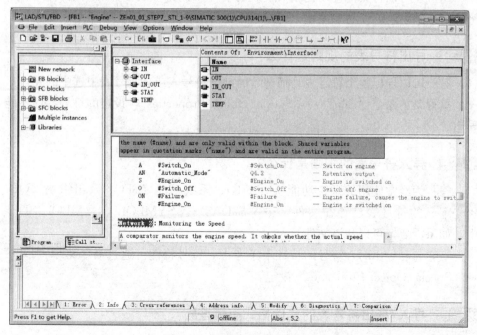

图 3-29　共享符号表编辑界面

色高亮标出相同的行。

在程序中访问数组、结构体、时钟等复合数据类型变量时，必须使用符号名寻址，这些数据必须在数据块或者在局域数据区 L 中定义。

问 35　局域符号名的特点是什么？

答：局域符号名只能在一个程序块中使用。

局域符号名寻址和共享符号名寻址方式相同。使用局域符号名访问数组、结构体等复合数据类型与共享符号的表示方式也相同。变量的从属关系使用符号"."隔开，如图 3-30 所示。

图 3-30　局域符号表编辑界面

问 36 如何区分共享符号名和局域符号名?

答: 如果共享符号名和局域符号名相同,在程序块中不会产生地址冲突。

在程序的指令部分中,应区分共享符号和局域符号。

(1) 符号表中定义的符号(共享)显示在引号内。

(2) 块变量声明表中的符号(局域)显示时前面加上"♯"。

以 LAD、FBD 或者 STL 方式输入程序时,不必输入引号或者"♯",语法检查会自动增加这些字符。

如果一个符号在符号表和变量声明表中都使用了,那么编程时必须明确地输入标志着共享符号的代码(引号)。因为在此情况下,如果没有相应的代码符号一律解释为块定义(局域变量)。

如果符号地址中包含空格,则也需要在此符号地址上加上共享符号的代码。

问 37 如何导入/导出符号表?

答: 用户可以导出当前的符号表到一个文本文件,可以用任意的文本编辑器进行编辑。

用户还可以将其他应用程序中生成的表导入到符号表中并继续编辑。例如,将 S5 程序转换为 S7 程序之后,将 STEP 5/ST 中生成的符号赋值表导入进来。

问 38 导出符号表的规则是什么?

答: 可以导出整个符号表、筛选后的部分符号表或者符号表中选中的几行。

执行菜单命令"Edit"→"Special Object Properties",设定的符号特性不能导出。

问 39 导入符号表的规则是什么?

答: 为经常使用的系统功能块(SFB)、系统功能(SFC)及组织块(OB)预先定义的符号表已存在文件"…\ S7DATA \ SYMBOL \ SYMBOL. SDF"中,如果需要,可以从该文件导入。

当导入和导出时,符号的特性不予考虑,符号特性可通过命令菜单"Edit"→"Special Object Properties"设定。

问 40 导入/导出符号表的文件格式有哪些?

答: 下列文件格式可从符号表中被导入或者导出。

（1）ASCII 文件格式（ * . asc）。

（2）数据交换格式（ * . dif），可以在 Microsoft Excel 中打开、编辑并存储 DIF 文件。

（3）系统数据格式（ * . sdf），使用 SDF 文件格式可以向或者从 Mi-crosoft Acceess 应用程序导入或者导出数据。可以在 Microsoft Access 中打开、编辑并存储 SDF 文件。在 Microsoft Access 中，选择文件格式 "Text（带分隔符）"，使用双引号（"）作为文本分隔符，使用逗号（,）作为单元分隔符。

（4）赋值表格式（ * . seq），当导出符号表到一个 SEQ 文件时，如果注释多于 40 个字符，则第 40 个字符以后的注释将被截去。

问 41 **程序块包含哪些文件？**

答：一个 PLC 站的所有程序块都存储于 "S7 Program" 目录下的 "Blocks" 文件夹中，主要包括以下文件。

（1）系统数据块（System Data Blocks，SDB）。

（2）逻辑程序块（OB，FB，FC）。

（3）数据块（DB）。

（4）用户定义数据类型（UDT）。

（5）变量表（VAT）。

问 42 **系统数据块有何功能？如何建立？**

答：系统数据块（SDB）中含有系统信息（系统组态，系统参数），这些系统数据块是当用户进行硬件组态时提供数据并生成的，如图 3-31 所示。

系统数据占用 CPU 的装载存储器空间，CPU 在运行时通过系统数据识别外围设备是否与实际配置的数据相匹配。

不同序号的 SDB 表示不同类型的硬件配置和应用。例如，SDB 0 由硬件配置编译后生成；SDB 1 由硬件配置编译或者由 CPU 重新启动后生成等。每次新的编译都将覆盖原有的编译信息。

注意：系统数据作为硬件配置的重要信息，必须要编译下载到 CPU 中，如果有些硬件配置编译后生产错误的系统数据，下载后 CPU 不能运行，需要重新配置编译下载（有时需要删除系统数据）。

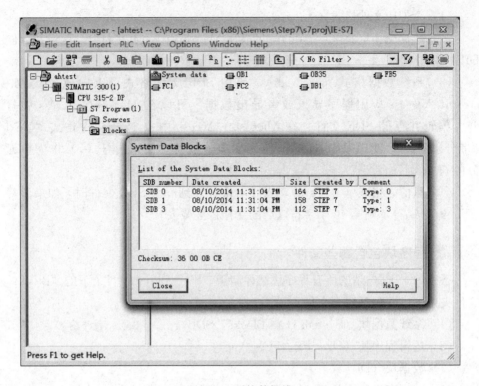

图 3-31　系统数据块

问 43　逻辑程序块有何功能？如何建立？

答：逻辑程序块需要用户下载到 S7 CPU 中用于执行自动控制任务，这些可装载的程序块包括逻辑程序块（OB，FB，FC）和数据块（DB），通过 OBI 组织块来调用执行用户程序。

在"SIMATIC Manager"界面中，单击 PLC 站，选择"CPU"→"S7 Program"→"Blocks"。右击，弹出下拉菜单，选择"Insert New Object"标签，选择插入所需的程序块。也可以通过执行菜单命令"Insert"→"S7 Block"，选择插入所需的程序块，如图 3-32 所示。

插入所需逻辑程序块后，如插入 FC2，双击 FC2，进入程序编辑界面，如图 3-33 所示。

编程编辑界面主要划分为三个区。

（1）编程指令集区：适用于 LAD、FBD 编程语言，可以用鼠标拖放选择的指令到编程区。STL 指令需要手动输入。

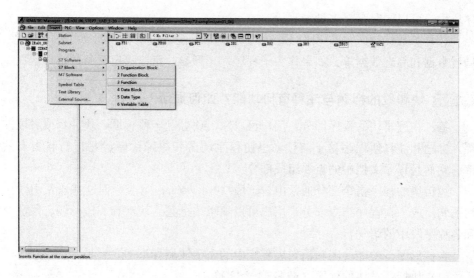

图 3-32 插入逻辑程序块

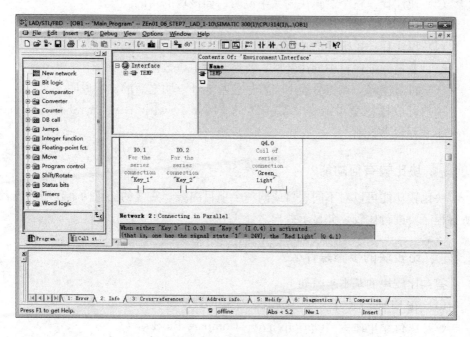

图 3-33 程序编辑界面

通过"View"菜单，选择不同的命令，会显示不同的编程语言指令，如 LAD、STL、FBD。

（2）编程区：可以选择 LAD、STL、FBD 编程语言进行编程。在同一个程

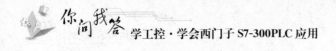

序块中，可以同时存在多种编程语言。

（3）参数接口区：在 FB、FC 中，可以声明程序块的输入形参、输出形参、局域数据和静态数据等。如果作为子程序，无形参，可以不定义参数接口区。

问 44　块和段的标题与注释有何功能？如何显示？

答：在逻辑块的程序部分，用户可以输入块标题、段标题、块注释或者段注释。标题和注释使程序易于阅读，也使程序调试和故障诊断容易进行且更有效率。它们是程序文档中的重要组成部分。

逻辑块的程序指令部分通常由若干段（Network）组成，而这些段又由一系列语句组成。在程序指令部分，用户可以编辑块标题、块注释、段标题、段注释和各程序段中的语句行。

在梯形图、功能块图和语句表程序中的文字注释如下。

（1）块标题：块的标题（最多 64 个字符）。

（2）块注释：整个逻辑块的文字说明，如该块的目的。

（3）段标题：段的标题（最多 64 个字符）。

（4）段注释：单个段的功能说明。

（5）变量详细窗口中的注释栏：所声明的本块数据的说明。

（6）符号注释：在符号表中当符号名及地址声明之后的文字说明。

用户可以执行菜单命令 "View" → "Display with" → "Symbol Information"，显示这些注释。

问 45　块比较有何功能？

块比较功能可以对不同项目或同一个项目离线、在线的任意两个程序块或者所有程序块进行比较，并显示差异之处。

问 46　比较块的步骤是什么？

答：比较块的基本步骤如下。

（1）在 SIMATIC 管理器中选择要比较的块文件夹或者单个块。

（2）执行菜单命令 "Options" → "Compare Blocks"。

（3）在弹出的 "Compare Blocks" 对话框中选择比较类型（在线/离线或 Path1/Path2）。

（4）选择 Path1/Path2 比较：在 SIMATIC 管理器中选择要比较的块文件夹或者单个块，块将自动地输入到对话框中。

（5）如果要进行比较，使能检查框。

（6）如果要比较程序代码，选择"Compare code"，一旦该功能有效，也可以在下一个检查框指定比较用不同编程语言生成的程序块（如 STL、FBD 等）。

（7）单击对话框中的"OK"按钮，在另一个对话框中显示比较结果。

注意：当离线块文件夹与在线块文件夹进行比较时，只比较下载的块（如 OB、FB 等）。

问 47 再接线的功能是什么？

答： 在实际应用中，如果输入模块发生故障，需要将信号重新接入到备用模块上；或个别信号点接线发生变化时，则需要更改程序中的模块地址。通过再接线功能可以方便地修改地址。

问 48 哪些内容可以被再接线？

答： 下列程序块和地址可以被再接线。

（1）输入、输出地址区。

（2）位存储器、定时器、计数器。

（3）功能、功能块。

问 49 进行再接线的步骤是什么？

答： 进行再接线的基本步骤如下。

（1）在 SIMATIC 管理器中，选择含有要再接线的单个块的"Blocks"文件夹。

（2）执行菜单命令"Options"→"Rewire"。

（3）在弹出的再接线对话框的表中输入所需要的替代（旧地址/新地址）。

（4）如果再接线的地址是区域（字节、字、双字），选择选项"All accesses within the specified address area（指定地址区域内的所有口）"。例如，输入 IW0 和 IW4 作为地址区域，地址 I0.0～I1.7 被再接线为 I4.0～I5.7。要进行再接线的区域的地址（如 I0.1）不能够在表中再单独输入。

（5）单击"OK"按钮确认。这样就启动了再接线过程，在再接线完成后，可以在弹出的对话框中指定是否要查看关于再接线的信息文件。该信息文件包含"旧地址"和"新地址"的列表，还对每个块列出了对其所作的接线处理的个数。

注意：再接线块时，不能存在新块，否则过程将中断。当再接线功能块（FB）时，实例数据块将自动赋值给再接线 FB，实例 DB 不能改变，即仍保持原有的 DB 号。

问 50 程序库函数的功能是什么?

答: 程序库用于存放 SIMATIC S7/M7 中可多次使用的程序部件,这些程序部件可从已有的项目中复制到程序库中,也可以直接在程序库中生成,该程序库与其他项目无关。

编程指令集函数库(Libraries)中包含 STEP 7 提供的功能、功能块及系统功能、系统功能块。用户可以将自己编写的功能、功能块添加到函数库中。

问 51 如何生成程序库?

答: 生成程序库的方法与生成项目的方法一样,执行菜单命令"File"→"New",弹出如图 3-34 所示的对话框,选择"Libraries"标签,在"Name"文本框中输入函数库名,在"Type"下拉列表框中选择"Library"选项,在"Storage location"中设置存储路径,单击"OK"按钮确认后生成函数库,将用户编写的 FC、FB 拖放到库中即可。

对于新生成的程序库,其目录在菜单命令"Option"→"Customize"中的"General"标签中设置。

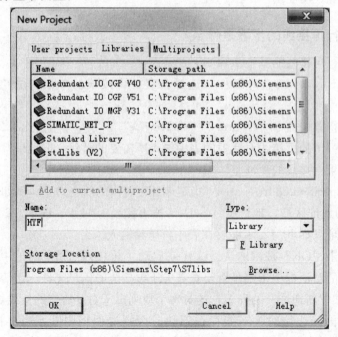

图 3-34 生成程序库

问 52　**如何打开程序库？**

答： 执行菜单命令"File"→"Open"打开一个已存在的程序库，然后选择对话框中的程序库名，打开程序库窗口。

问 53　**如何复制程序库？**

答： 用户可执行菜单命令"File"→"Save as"，将一个程序库存在另一个名下来复制程序库。执行菜单命令"Edit"→"Copy"，可复制程序库中的某一部分，如程序、块、源文件等。

问 54　**如何删除程序库？**

答： 执行菜单命令"File"→"Delete"，可删除一个项目或者删除一个程序库。

问 55　**程序库一致性检查的功能是什么？**

答： 如果必须使用或者扩展单个块的接口或代码，会导致时间标记冲突。同样，时间标记冲突会造成调用块和被调块或者基准块之间的不一致，从而带来繁重的修正工作。

"检查块的一致性"功能可以清除所有时间标记冲突和大部分的不一致块。对于不能自消除不一致性的块，该功能可以切换到相应的编辑器，在编辑器中可以进行修改。

所有块的不一致性都可以清除，并一步一步地进行编译。

问 56　**程序库一致性检查可能出现冲突的几种情形是什么？**

答： 块中包含一个代码时间标记和一个接口时间标记。这些时间标记可以被显示在块特性的对话框中，以下是可能出现冲突的几种情形。

（1）一个被调用的块比调用它的块的时间标记更新。

（2）一个被参考的块比使用它的块的时间标记更新。

（3）一个 UDT 比使用它的块的时间标记更新。这些块可以是一个 DB 或者其他的 UDT，或者在变量声明表中使用了该 UDT 的 FC、FB、OB。

（4）一个 FB 比其相应的背景数据块的时间标记更新。

（5）一个 FB 2 在 FB 1 中被定义为多重背景，并且 FB 2 的时间标记比 FB 1 的列更新。

（6）被参考的块的接口的定义与它在被使用的区域中的定义不匹配，即发生接口冲突。例如，当块从不同的程序中拷贝出来，或者当一个ASCII源文件编译时，不是程序中已经生成了所有的块。

问 57　程序块一致性检查的步骤是什么？

答：程序块一致性检查基本步骤如下。

（1）在SIMATIC管理器中，进入项目窗口，选择所需块的文件夹，通过执行菜单命令"Edit"→"Check Block Consistency"执行块的一致性检查。

（2）执行菜单命令"Program"→"Compile"。

STOP 7可以自动识别相关块的编程语言，并通用相应的编辑器，应尽可能地自动修正时间标记冲突和块的不一致性，并编译块，如果不能自动消除块中的时间标记冲突或者不一致性，在输出窗口中将出现错误信息。对于输出窗口的所有块，将自动重复这一过程。

（3）如果在编译运行时，不能自动清除所有块的不一致性，在输出窗口中，相应的块将被标记为错误信息。右击相应的错误信息，调用弹出快捷菜单中的错误显示。打开相关错误，程序将跳到被修改的位置。清除所有块的不一致性，保存并关闭块。对于所有标记为错误的块，重复这一过程。

（4）重复该过程，直至在信息窗口中不再显示错误信息。

问 58　使用变量表测试有哪些功能？

答：使用变量表，可以保存各种测试环境。在操作或者进行维修和维护时，可以有效地进行测试和监控，对于所保存的变量表的数量没有限制。

当使用变量表进行测试时，有如下功能。

（1）监控变量。该功能可实现在编程设备/PC上显示用户程序中或者CPU中每个变量的当前值。

（2）修改变量。利用该功能将固定值赋给用户程序或者CPU中的每个变量。使用程序状态测试功能时也能立即进行一次数值修改。

（3）使用外部设备输出并激活修改值。该功能允许在CPU停机状态下将固定值赋给CPU中的每个I/O输出。

（4）强制变量。该功能给用户程序或者CPU中的每个变量赋予一个固定值，这个值是不能被用户程序覆盖的。

用户可以为以下变量赋值或者显示数值。

（1）输入、输出、位存储、定时器及计数器。

（2）数据块的内容。

（3）I/O（外部设备）。

在 SIMATIC 管理器中，选择"Blocks"（块）文件夹，执行菜单命令"In-sert"→"S7 Block"→"Variable Table"，或者右击块，在弹出的快捷菜单中选择"Insert New Object"→"Variable Table"命令，如图 3-35 所示。

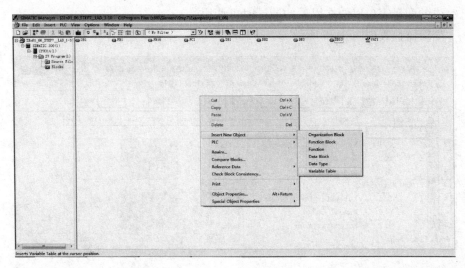

图 3-35　生成变量表

在弹出的对话框中，输入变量表名称，名称显示在这个对象窗口中，可以通过双击该对象打开变量表。

不同的控制对象可以在一个程序块中生成多个变量监控表，变量监控表存储于项目的离线程序块中，可以在变量表中输入想要显示或修改的变量，通过定义触发点和触发频率可以设定变量在什么时间、以什么样的频率被监视或者赋予新值。

问 59　使用变量表进行监视和修改的基本程序是什么？

答： 要使用变量表的监视（Monitor）和修改（Modify）功能，可按如下进行。

（1）生成新的变量表或者打开已存在的变量表。

（2）编辑或者检查变量表的内容。

（3）执行菜单命令"PLC"→"Connect to"，建立当前变量表与所需的 CPU 之间的在线连接。

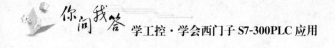

（4）执行菜单命令"Variable"→"Trigger"，选择合适的触发点并设置触发频率。

（5）执行单命令"Variable"→"Monitor"和"Variable"→"Modify"，可使监视和修改功能在有效和无效之间转换。

（6）执行菜单命令"Table"→"Save"或者"Table"→"Save As"，存储已完成的变量表，以便在以后的调试时再调用。

变量监控表如图 3-36 所示。

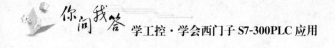

图 3-36　变量监控表显示

变量监控表中显示地址（Address）、符号（Symbol）、显示格式（Display format）、监视值（Status value）和修改值（Modify value）。

为了监视或者修改在当前变量表（VAT）中输入的变量，必须与相应的 CPU 建立连接，可以将每个变量表与不同的 CPU 建立连接。

执行菜单命令"Variable"→"Monitor"，激活监视功能，所选变量的数值依据所设定的触发点和触发频率显示在变量表中，如果设置触发频率为"Every"（每一循环），可以执行菜单命令"Variable"→"Monitor"，将监视功能切换成无效；还可以执行菜单命令"Variable"→"Update Monitor Values"，对所选变量的数值作一次立即刷新，所选变量当前数值则显示在变量表中。

问 60　显示参考数据有几种？

答：表 3-3 给出了 S7 用户程序所用数据区地址的概述和程序结构的概览，生成并评估参考数据，可使用户程序的调试和修改更加容易。

表 3-3   地址的交叉参考列表

视　　窗	功　　能
交叉参考列表	在存储区域 I、Q、M、P、T、C 及 DB、FB、FC、SFB、SFC 块中由用户程序使用的地址概述 执行菜单命令 "View" → "Cross Reference for Address"，可以显示包括对所选地址的重复访问在内的所有交叉参考数据
输入、输出及位存储赋值表	用户程序已占用的定时器和计数器（T 和 C）及 I、Q、M 存储区中的位地址的概述，为故障诊断或修改用户程序奠定了重要基础
程序结构	在一个用户程序内块的分层调用结构，以及使用的块及其嵌套层次的概述
未用符号	所有已在符号表中定义但未在用户程序的任何一个部分使用的符号概述。这些用户程序有可供使用的参考数据
无符号的地址	在有可供使用的参考数据的用户程序中，使用了但未在符号表中定义符号的绝对地址概述

问 61　交叉参考列表有何功能？如何操作？

答：交叉参考列表可以显示输入（I）、输出（Q）、位存储（M）、定时器（T）、计数器（C）、功能块（FB）、功能（FC）、系统功能模块（SFB）、系统功能（SFC）、I/O（外设地址）和数据块（DB）中被用户程序使用的地列表及程序块调用结构。在该列表中显示它们的地址（绝对地址或者符号地址）及使用情况。

在 "SIMATIC Manager" 界面中，执行菜单命令 "Options" → "Reference Data" → "Generate" 生成交叉参考表，执行菜单命令 "Display" 显示交叉参考表，如图 3-37 所示。

单击工具栏按钮，显示不同的交叉信息。

（1）交叉参考（Cross reference）列出显示输入（I）、输出（Q）、位存储（M）、定时器（T）、计数器（C）、功能块（FB）、功能（FC）、系统功能块（SFB）、系统功能（SFC）、I/O（外设地址）和数据块（DB）中被用程序使用的地列表概括。

（2）赋值表（Assignment）显示用户程序已占用的定时器（T）和计数器（C）及 I、Q、M 存储区中的位地址的概述。符号 "X" 表示某位被占用。

（3）程序结构（Program Structure）显示在一个用户程序内块的分层调用结

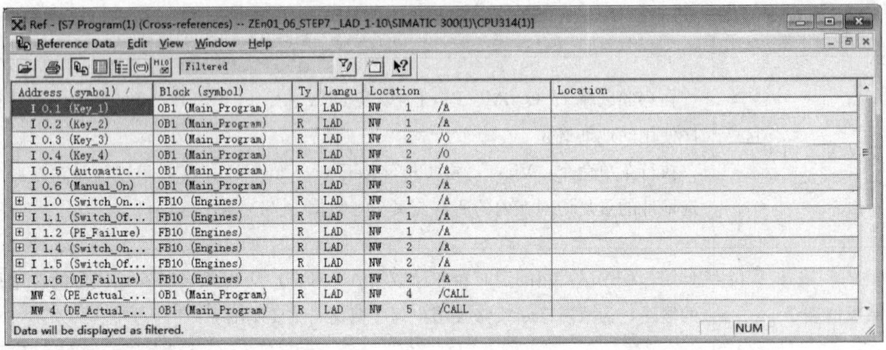

图 3-37 显示交叉参考表

构，以及所使用的块及其嵌套层次。

（4）未使用的地址（Unused symbols）显示所有已在符号表中定义但未在用户程序的任何一个部分使用的符号。

（5）无符号的地址（Addresses without symbols）显示在有可供使用的参考数据的用户程序中，使用了但未在符号表中定义符号的绝对地址。

（6）过滤（Filter）可以在交叉参考表中设置地址过滤功能，显示所需部分进行查看。

问62 如何在程序中快速查找地址？

答： 编程时使用参考数据，需要查询某个变量在其他程序块中的使用情况，可以使用程序编辑器中的交叉参考。可将光标定位于查询地址在程序中的使用位置上，用户不必启动应用程序来显示参考数据，但必须有最新的参考数据。

快速查询地址基本步骤如下。

（1）在 SIMATIC 管理器中，执行菜单命令"Options" → "Reference Data" → "Generate"，生成当前的参考数据。

（2）打开程序块，选择要查询的地址。

（3）执行菜单命令"Edit" → "Go to" → "Location"，或者通过右击在下拉菜单选择进入。

（4）显示一个对话框，包含该地址在程序中的背景。

（5）如果需要显示与被调用地址的物理地址或者地址区域相重叠的那些地址的背景，选择选项"Overlapping access to memory areas（地址区域的重叠访问)"，则这种"地址"栏被加到表中。

（6）在列表中选中某位置并单击"Go to"按钮，自动跳转并指向该变量在程序中的位置。

如果打开对话框时参考数据不是最新的，则会出现与之相关的信息，选择刷新参考数据。

LAD 编程语言与编程

问1 什么是 LAD 语言?

　　LAD(Ladder Logic,梯形逻辑)编程语言是 STEP 7 标准软件包的组成部分。

　　LAD 编程语言是一种基于电路图表示法基础上的图形化的编程语言。每个程序段是由类似于电路图中的元素(如常开接点、常闭接点、输出线圈、串并联等)组合而成的,一个逻辑块的程序部分一般要由多个程序段组成。

　　由于 LAD 语言是图形化的语言,形象而直观,而且它沿用了一些电路图中的基本概念,因此,对于熟悉继电器控制的工程人员来说,学习起来较容易。由于 LAD 语言的这个特点,生产 PLC 的公司、厂家把 LAD 语言作为基本的用户编程语言。因不同的生产厂家生产的 PLC 型号不同,故相应的 LAD 语言也略有不同,但大多数的指令及编程方法是一致的。

　　STEP 7 软件包所带的 LAD 语言,具有非常丰富的指令集、广泛的地址及其独特的寻址方式。它的程序编辑器采用窗口式操作界面,操作简单、易学,并具有编辑、编译及测试等功能,应用十分方便。

问2 LAD 指令由什么组成?

　　答:LAD 指令由元素和功能图组成,它们以图形方式连接组成程序段。

问3 LAD 元素指令的类型有几种?

　　答:(1)不含地址或参数的元素指令。

　　(2)带地址的元素指令。

　　(3)带地址和数值的元素指令。

问4 LAD 功能图指令的类型有几种?

　　答:(1)带地址的功能图指令。

　　(2)带名称的功能图指令。

　　(3)带使能输入、使能输出的功能图指令。

问5　**使能输入的功能是什么?**

答: 使能输入（EN）是功能图指令的一种输入信号，用于指令的激活，控制整个功能图指令的功能能否实现。只有 EN 端输入信号为 1 时，指令才能激活，其功能才有可能实现，在激活的状态下，指令的功能是否真的能实现，还要看指令的其他输入是否满足条件。

问6　**使能输出的功能是什么?**

答: 使能输出（ENO）用于表示指令功能是否实现的状态。如果指令的功能得以实现，则 ENO 输出信号 1；否则，输出信号 0。

EN 与 ENO 的相互关系见表 4-1。

表 4-1　　　　　　　　　　　　EN 与 ENO 的相互关系

EN	数值输入	ENO	数值输出	功能图指令功能
1	正常	1	正常	实现
1	不正常	0	无	不能实现
0	—	0	无	不能实现

问7　**LAD 指令的基本格式是什么?**

答: 在 LAD 语言中，程序是由若干个"程序段"组成的，每一个程序段都由若干个 LAD 指令按照一定的方式连接而成。

一个程序段中的元素，功能图指令必须按照正确的格式连接，才能被接受。LAD 指令基本格式如图 4-1 所示。

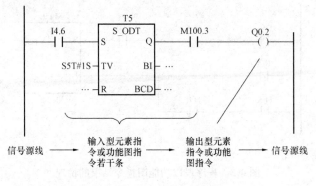

图 4-1　LAD 指令基本格式

91

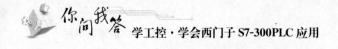

因各程序段的指令组成不同，故可能有以下两种情况。

（1）程序段以元素指令结束。在此种情况下，结束的指令必须是输出型元素（线圈），中间可以有输入型元素和功能图。程序段以元素指令结束的情况如图4-2 所示。

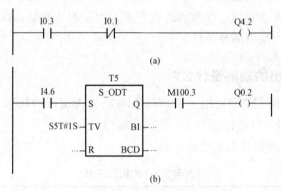

图 4-2　程序段以元素指令结束的情况

（a）不含功能图指令的情况；（b）含有功能图指令的情况

（2）程序段以功能图结束，由于功能图指令本身既有输入，又有输出，所以，可以直接以功能图指令结束。在此情况下，中间可以插入输入型元素和其他的功能图，程序段以功能图指令结束的情况如图4-3 所示。

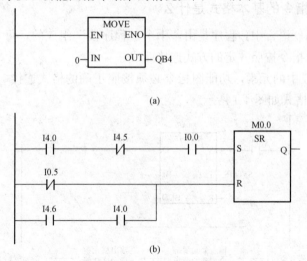

图 4-3　程序段以功能图指令结束的情况

（a）只有功能图指令的情况；（b）中间插入输入型元素的情况

问 8 什么是布尔逻辑？有几种类型？

答：布尔（Boolean）逻辑象征性地表现出了实体的相关性，其操作符有三种：AND、OR、NOT。

在生活中，有些事件只有两种结果：是或非、真或假、开或关、正或反、通或断，等等。这种事件代表着一种数据类型，这种数据类型就是布尔类型，它是根据以色列数学家乔治·布尔的名字命名的。

问 9 什么是信号流？

答：在分析 LAD 程序时，假想信号像电流一样，从程序段的左端流入，经输入、输出等元素及功能图指令到达程序段的右端，我们把这种由信号形成的"流"称为信号流。

每一条布尔逻辑指令都要检查连接接点的信号状态是 1 还是 0（通或断），并将检查结果存储起来。这种检查结果称为逻辑操作结果（Result of Logic Operation，RLO）。

问 10 布尔逻辑在程序中如何体现？

答：在每一个程序段中，梯形逻辑指令都可以通过串联与并联的方式从左到右地连接起来。串联体现的是"与"逻辑，并联则体现的是"或"逻辑。

例如，图 4-4 所示是一个案例程序段，该程序段由三个指令串联而成。

其中，指令 —||— I0.0 导通的条件是 I0.0 信号为 1；指令 —||— I0.3 导通的条件是 I0.3 信号为 1；指令 —( )— Q0.0 的前端的逻辑操作结果如果为 1，则该指令给地址 Q0.0 赋 1。

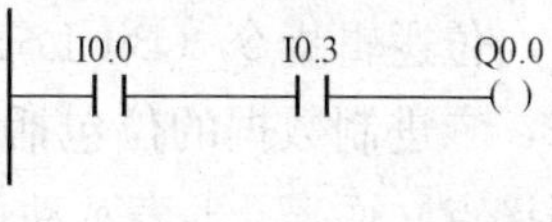

图 4-4 案例程序段（1）

三个指令之间的逻辑关系（信号流的情况）见表 4-2，串联的程序段体现"与"逻辑关系。

表 4-2 串联程序段的真值表

输入		输出
I0.0	I0.3	Q0.0
0	0	0
1	0	0
0	1	0
1	1	1

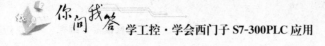

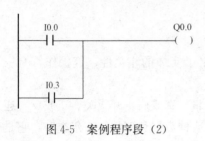

图 4-5　案例程序段（2）

又如，图 4-5 所示是另一个案例程序段，该程序段由两个输入型指令并联后再与输出型指令串联而成。

其中，指令 ──┤ ├── I0.0 导通的条件是 I0.0 信号为 1；指令 ──┤ ├── I0.3 导通的条件是 I0.3 信号为 1；指令 ──( ) Q0.0 的前端的逻辑操作结果如果为 1，则该指令给地址 Q0.0 赋 1。

三个指令之间的逻辑关系（信号流的情况）见表 4-3，并联的程序段体现"或"逻辑关系。

表 4-3　　　　　　　　　　　　　并联程序段的真值表

输入		输出
I0.0	I0.3	Q0.0
0	0	0
1	0	1
0	1	1
1	1	1

问 11　什么是位逻辑指令？

位逻辑指令（Bit Logic Instructions）是专门用于处理一位二进制数据的指令，二进制数据的位包括两个数字：1 和 0。对于接点指令（包括常开接点和常闭接点）而言，1 表示动作，0 表示未动作；对于线圈指令而言，1 表示信号流到达线圈，0 表示信号流未到达线圈。

问 12　位逻辑指令有几种类型？

答：在位逻辑指令中，按照地址与指令的关系的不同，可以将位逻辑指令分为输入型指令和输出型指令。输入型指令是指指令的操作结果取决于由其指定的地址的信号状态的指令；输出型指令指是指通过指令的操作而改变由其指定的地址信号状态的指令。

问 13　位逻辑指令操作的结果有几个状态？

答：在程序中，位逻辑指令操作的结果只有两个状态：1 和 0。CPU 根据各指令之间的关系按照布尔逻辑对它们进行运算，运算的结果即 RLO，也只有两个值：1 和 0。

被位逻辑指令触发的逻辑操作可实现各种逻辑功能。

问 14　常开接点的指令符号、作用是什么？

答：（1）指令符号。

（2）指令说明。

1）地址：由地址指出需要检查的位，该位地址的信号状态影响指令的操作结果即 RLO。

2）地址的数据类型：BOOL。

3）地址可使用的存储区域：I，Q，M，L，D，C，T。

如果指定地址的信号状态为 1，则接点闭合，RLO 值为 1；如果指定地址的信号状态为 0，则接点断开，RLO 值为 0。

当指令串联使用时，则按"与"逻辑进行运算；当指令并联使用时，则按"或"逻辑进行运算。

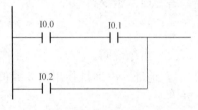

图 4-6　案例程序段（3）

（3）举例。案例程序段如图 4-6 所示。

程序段中的指令如果满足下列条件之一，则信号流可以通过。

1）I0.0 和 I0.1 的信号状态同时为 1。

2）I0.2 的信号状态为 1。

问 15　常闭接点的指令符号、作用是什么？

答：（1）指令符号。

（2）指令说明。

1）地址：由地址指出需要检查的位。该位地址的信号状态影响指令的操作结果即 RLO。

2）地址的数据类型：BOOL。

3）地址可使用的存储区域：I，Q，M，L，D，T，C。

如果指定地址的信号状态为 0，则接点闭合，RLO 值为 1；如果指定地址的信号状态为 1，则接点断开，RLO 值为 0。

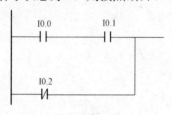

图 4-7　案例程序段（4）

当指令串联使用时，则按"与"逻辑进行运算，当指令并联使用时，则按"或"逻辑进行运算。

（3）举例。案例程序段如图 4-7 所示。

程序段中的指令如果满足下列条件之一，则信号流可以通过。

1）I0.0 和 I0.1 的信号状态同时为 1。

2）I0.2 的信号状态为 0。

问 16　输出线圈的指令符号、作用是什么？

答：（1）指令符号。

<地址>
——（　）

（2）指令说明。

1）地址：由地址指出需要赋值的位。通过该指令的操作改变该位地址的信号状态。

2）地址的数据类型：BOOL。

3）地址可使用的存储区域：I，Q，M，L，D。

输出线圈指令类似于电路图中的继电器线圈的作用，线圈是否被接通（"通电"），依照下列原则。

a. 如果信号流经过各个输入接点（梯形逻辑符号串）到达了线圈，即线圈之前的指令检查结果（RLO）为 1，则线圈被接通，此时地址被赋值为 1。

b. 如果信号流未能通过各个输入接点（梯形逻辑符号串）到

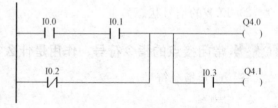

图 4-8　案例程序段（5）

达线圈，即线圈之前的指令检查结果（RLO）为 0，则线圈不能被接通，此时地址被赋值为 0。

在应用输出线圈指令时，输出线圈只能放在程序段的最右端；不能将输出线圈单独放在一个空的程序段中，但在一个程序段中可以有多个输出线圈。

（3）举例。在图 4-8 所示的案例程序段中，各指令之间的关系见表 4-4、表 4-5。

表 4-4　　　　　　　　　　　　程序段的真值表（1）

输入				输出
I0.0	I0.1	I0.2	I0.3	Q4.0
—	—	0	—	1
—	—	0	—	1
1	1	—	—	1
0	—	1	—	0
—	0	1	—	0

表 4-5　　　　　　　　　　　　程序段的真值表（2）

输入				输出
I0.0	I0.1	I0.2	I0.3	Q4.1
—	—	0	1	1
—	—	0	1	1
1	1	—	1	1
0	—	1	—	0
—	0	1	—	0

问 17　编程中如何应用常开触点、常闭触点和输出线圈指令？

答： 用以下实例说明。

（1）任务内容。

1）了解 PLC 控制系统。PLC 的 I/O 接口图如图 4-9 所示。

2）用 LAD 语言编写控制程序，实现对灯 L1 的控制功能。

3）下载调试程序，实现控制功能。

（2）任务目标。

1）能看懂 PLC 的 I/O 接口图，并能绘制类似图形。

2）熟悉 PLC 的工作模式。

3）熟悉并掌握 STEP 7 的创建项目、程序录入、下载等操作。

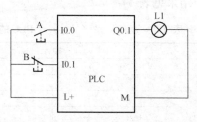

图 4-9　PLC 的 I/O 接口图

4）了解基本的编程、调试方法，掌握编程指令。

5）掌握常开触点，常闭触点和输出线圈指令的应用。

（3）任务要求。

1）当按下 A 按钮（不保持）时，灯 L1 点亮并保持；当按下 B 按钮（不保持）时，灯 L1 熄灭并保持。

2）用所学 LAD 的指令（常开触点、常闭触点和输出线圈）编写程序。

（4）设备条件。PLC 模块配置情况：电源模块 PS 307 5A，CPU 模块 CPU 314，信号模块 SM323 DI8/DO8×DC 24V 一块，如图 4-10 所示（如果无硬件条件，可以在计算机上利用模拟 PLC 软件进行仿真调试）。

Slot	Module	Order number	Firmware	MPI address	I add...	Q address
1	PS 307 5A	6ES7 307-1EA00-0AA0				
2	CPU 314	6ES7 314-1AE83-0AB0		2		
3						
4	DI8/DO8xDC24V/0,5A	6ES7 323-1BH01-0AA0			0	0

图 4-10　PLC 模块配置情况

（5）任务分析。

1）根据图 4-9 所示的 PLC 的 I/O 接口情况分析按钮的动作与 PLC 模块输入地址之间的关系，以及灯的状态与 PLC 模块输出地址之间的关系，分析结果见表 4-6。

表 4-6　　　　　　　PLC 的 I/O 地址与相应外部设备之间的关系

PLC 的 I/O 地址	A 按钮		B 按钮		灯	
	未按	按下时	未按	按下时	灭	亮
I0.0	0	1	—	—	—	—
I0.1	—	—	1	0	—	—
Q0.1	—	—	—	—	0	1

2）根据控制任务要求分析 PLC 的相关输入、输出地址之间的逻辑关系。分析结果见表 4-7。

表 4-7　　　　　　　　PLC 的 I/O 逻辑关系（1）

输入		输出
I0.0	I0.1	Q0.1
0	1	0
1	1	1
0	0	0
1	0	1

（6）编程实施。根据上述分析结果，选择指令实现 PLC 的 I/O 逻辑关系。

由于本案例任务非常简单，因此可以采用线性编程方式，将所有程序内容编写在 OB1 中，参考控制程序如图 4-11 所示。

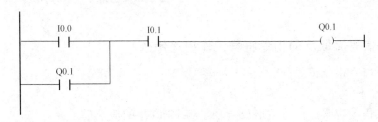

图 4-11　参考控制程序（1）

问 18 **中间输出的指令符号、作用是什么？**

答：（1）指令符号。

```
     <地址>
———( # )
```

（2）指令说明。

1）地址：由地址指出需要赋值的位。通过该指令的操作改变该位地址的信号状态。

2）地址的数据类型：BOOL。

3）地址可使用的存储区域：I，Q，M，L，D。

中间输出指令是一个向给定的地址 RLO 的中间赋值元素，其存储的内容是在其前面的逻辑符号串的逻辑操作结果（　）RLO。相当于将某一逻辑符号串的 RLO "提取" 出来，被 "提取" 出来的 RLO 可以用来控制其他的程序。

在与其他触点串联时，一条中间输出指令就像一个接点一样地接入。但它不能直接与 "电源线" 相连（在它的左端要有输入指令元素）；它也不能作为最终的输出线圈使用（在它的右端要有其他的指令元素）。

（3）举例。某段程序如图 4-12 所示。

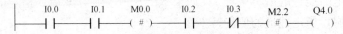

图 4-12　含中间输出指令的程序段

其中间输出的结果如下：

1）M0.0 中存放的是图 4-13 所示的逻辑符号串的 RLO。

2）M2.2 中存放在是图 4-14 所示的逻辑符号串的 RLO。

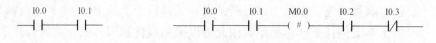

图 4-13　逻辑符号串的 RLO（1）　　　图 4-14　逻辑符号串的 RLO（2）

问 19　**信号流取反的指令符号、作用是什么?**

答：（1）指令符号。

—┤NOT├—

（2）指令说明。信号流取反指令是将 RLO 位的值求反。

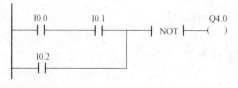

图 4-15　案例程序段（6）

（3）举例。在图 4-15 所示的案例程序段中，输出 Q4.0 的值在下面的任意一种情况下是 0，在其他情况下为 1。

1）当输入 I0.0、I0.1 同时为 1 时。

2）当输入 I0.2 为 1 时。

问 20　**置位线圈的指令符号、作用是什么?**

答：（1）指令符号。

＜地址＞
——（ S ）

（2）指令说明。

1）地址：由地址指出需要被置位的位，通过该指令的操作可以将该位地址的信号状态修改为 1。

2）地址的数据类型：BOOL。

3）地址可使用的存储区域：I，Q，M，L，D。

置位线圈指令只有在其前面的指令的 RLO 值为 1 时才被执行。如果 RLO=1，则该指令指定的地址的值将被置 1；如果 RLO=0，则对该指令指定的地址的状态不产生影响，指定地址的值保持不变。

（3）举例。在图 4-16 所示的案例程序段中，满足下列条件之一，输出地址 Q0.0 被置位（信号状态值为 1）。

1）当输入 I0.0、I0.3 的信号状态同时为 1 时。

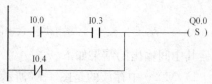

图 4-16　案例程序段（7）

2) 当 I0.4 的信号状态为 0 时。

I0.0、I0.3、I0.4 的值为除此之外的其他情况时，输出 Q0.0 的信号状态保持不变。

问 21 复位线圈的指令符号、作用是什么?

答: (1) 指令符号。

```
  <地址>
——( R )
```

(2) 指令说明。

1) 地址: 由地址指出需要被复位的位。通过该指令的操作可以将该位地址的信号状态修改为 0。

2) 地址的数据类型: BOOL。

3) 地址可使用的存储区域: I, Q, M, L, D, C, T。

复位线圈指令只有在其前面的指令的 RLO 值为 1 时才被执行。如果 RLO=1，则该指令指定的地址的值将被复位 (信号状态值为 0); 如果 RLO=0，则该指令指定的地址的状态不受影响，指定地址的值保持不变。

(3) 举例。在图 4-17 所示的案例程序段中，满足下列条件之一，输出地址 Q0.0 被复位 (信号状态值为 0)。

```
    I0.0      I0.3                    Q0.0
    ┤├────────┤├──────────────────────( R )

    I0.4
    ┤/├
```

1) 当输入 I0.0、I0.3 的信号状态同时为 1 时。

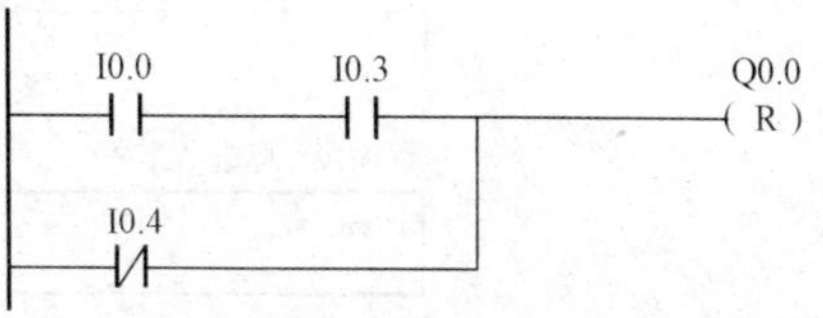

图 4-17 案例程序段 (8)

2) 当 I0.4 的信号状态为 0 时。

I0.0、I0.3、I0.4 的值为除此之外的其他情况时，输出 Q0.0 的信号状态保持不变。

问 22 编程中如何应用置位线圈和复位线圈?

答: 用以下实例说明。

(1) 任务内容。同第 4 章问 17。

(2) 任务目标。

1) 能看懂 PLC 的 I/O 接口图，并能绘制类似图形。

2) 熟悉 PLC 的工作模式。

3) 熟悉并掌握 STEP 7 的创建项目、程序录入、下载等操作。

4) 了解基本的编程、调试方法，掌握编程指令。

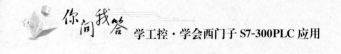

5）掌握置位线圈和复位线圈指令的应用。

（3）任务要求。

1）同第 4 章问 17。当按下 A 按钮（不保持）时，灯 L1 点亮并保持；当按下 B 按钮（不保持）时，灯 L1 熄灭并保持。

2）用所学 LAD 的常开触点、常闭触点、置位线圈和复位线圈指令编写程序。

（4）设备条件。同第 4 章问 17。

（5）任务分析。同第 4 章问 17。

（6）编程实施。根据上述分析结果，选择指令实现 PLC 的 I/O 逻辑关系。

由于本案例任务非常简单，所以可以采用线性编程方式，将所有程序内容编写在 OBI 中，参考控制程序如图 4-18 所示。

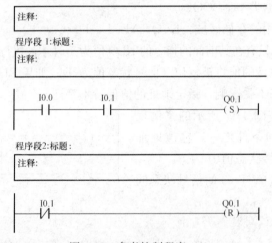

图 4-18　参考控制程序（2）

问 23　置位复位触发器的指令符号、作用是什么？

答：（1）指令符号。

（2）指令说明。

1）地址：由地址指出需要被置位或者复位的位。通过该指令的操作改变该位地址的信号状态，使之被赋 1（置位）或者赋 0（复位）。

数据类型：BOOL。

可使用的存储区域：I，Q，M，L，D。

2）S 输入端：为使能置位端，只有当加在该端的 RLO 值为 1 时才有效。当 S 输入端的信号状态为 1，同时 R 输入端的信号状态为 0 时，置位复位触发器（指令）被置位，当 S 输入端信号为 0 时，不改变地址的状态。

数据类型：BOOL。

可使用的存储区域：I，Q，M，L，D。

3）R 输入端：为使能复位端，只有当加在该端的 RLO 值为 1 时才有效。当 R 输入端的信号状态为 1，置位复位触发器（指令）被复位，且 R 输入端信号为 0 时，不改变地址的状态。

数据类型：BOOL。

可使用的存储区域：I，Q，M，L，D。

如果 S 输入端、R 输入端的 RLO 值同时为 1，则首先执行置位操作，然后执行复位操作，因此，指令的最终执行结果为指定地址的信号被复位。

4）Q 输出端：输出值为地址的信号状态。

数据类型：BOOL。

可使用的存储区域：I，Q，M，L，D。

（3）举例。在图 4-19 所示的案例程序段中，如果输入 I0.0 的信号状态为 1，并且 I0.4 为 0，则存储位 M0.0 被置位，同时输出 Q0.0 为 1。

1）如果输入 I0.0 的信号状态为 0，并且 I0.4 为 1，则存储位 M0.0 被复位，同时输出 Q0.0 为 0。

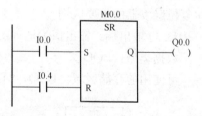

图 4-19　案例程序段（9）

2）如果输入 I0.0、I0.4 两个信号均为 0，则无变化。

3）如果输入 I0.0、I0.4 两个信号均为 1，则复位优先，因此存储位 M0.0 被复位且输出 Q0.0 为 0。

问 24　复位置位触发器的指令符号、作用是什么？

答：（1）指令符号。

（2）指令说明。

1）地址：由地址指出需要被复位或者置位的位。通过该指令的操作改变该位地址的信号状态，使之被赋 1（置位）或者赋 0（复位）。

数据类型：BOOL。

可使用的存储区域：I，Q，M，L，D。

2）S 输入端：为使能置位端，只有当加在该端的 RLO 值为 1 时才有效。当 S 输入端的信号状态为 1，同时 R 输入端的信号状态为 0 时，复位置位触发器（指令）被置位。当 S 输入端信号为 0 时，不改变地址的状态。

数据类型：BOOL。

可使用的存储区域：I，Q，M，L，D。

3）R 输入端：为使能复位端，只有当加在该端的 RLO 值为 1 时才有效。当 R 输入端的信号状态为 1，复位置位触发器（指令）被复位，且 R 输入端信号为 0 时，不改变地址的状态。

数据类型：BOOL。

可使用的存储区域：I，Q，M，L，D。

如果 S 输入端、R 输入端的 RLO 值同时为 1，则首先执行复位操作，然后执行置位操作，因此，指令的最终执行结果为指定地址的信号被置位，这是与置位复位触发器的重要区别。

4）Q 输出端：输出值为地址的信号状态。

数据类型：BOOL。

可使用的存储区域：I，Q，M，L，D。

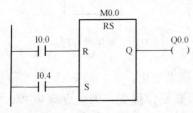

图 4-20　案例程序段（10）

（3）举例。在图 4-20 所示的案例程序段中，如果输入 I0.0 的信号状态为 1，并且 I0.4 为 0，则存储位 M0.0 被复位，同时输出 Q0.0 为 0。

1）如果输入 I0.0 的信号状态为 0，并且 I0.4 为 1，则存储位 M0.0 被置位，同时输出 Q0.0 为 1。

2）如果输入 I0.0、I0.4 两个信号均为 0，则无变化。

3）如果输入 I0.0、I0.4 两个信号均为 1，则置位优先，因此存储位 M0.0 被复位且输出 Q0.0 为 1。

问 25　编程中如何应用置位复位和复位置位触发器？

答：用下例说明。

（1）任务内容。同第 4 章问 17。

（2）任务目标。

1）能看懂 PLC 的 I/O 接口图，并能绘制类似图形。

2）熟悉 PLC 的工作模式。

3）熟悉并掌握 STEP 7 的创建项目、程序录入、下载等操作。

4）了解基本的编程、调试方法、掌握编程指令。

5）掌握 SR（置位复位）触发器及 RS（复位复位）触发器指令的应用。

（3）任务要求。

1）同第 4 章问 17。当按下 A 按钮（不保持）时，灯 L1 点亮并保持；当按下 B 按钮（不保持）时，灯 L1 熄灭并保持。

2）应用所学的 SR 触发器或 RS 触发器指令编写控制程序。

（4）设备条件。同第 4 章问 17。

（5）任务分析。同第 4 章问 17。

（6）编程实施。根据上述分析结果，选择指令实现 PLC 的 I/O 逻辑关系。

由于本案例任务非常简单，所以可以采用线性编程方式，将所有程序内容编写在 OB1 中。参考控制程序如图 4-21 所示。

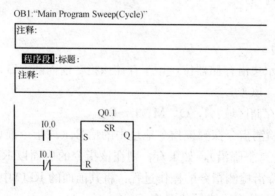

图 4-21　参考控制程序（3）

问 26　RLO 上升沿检测的指令符号、作用是什么？

答：（1）指令符号。

<地址>
—（ P ）—

（2）指令说明。

1）地址：表示边沿存储器位，用于存储该指令前面的 RLO 的信号状态。

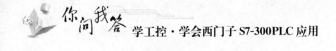

2）地址的数据类型：BOOL。

3）地址可使用的存储区域：I，Q，M，L，D。

RLO 上升沿检测指令探测该指令地址中的信号（该指令前面的 RLO）是否有从 0 到 1 的变化（上升沿），如果有，则在该指令的后面以 RLO＝1 来体现这一变化。RLO 上升沿检测指令的操作过程：将其前面的 RLO 中当前的信号状态与地址中存储的 RLO 先前的信号状态作比较，如果地址中的状态是 0，而该指令之前的 RLO 的当前值为 1，则执行该指令后，在其后端输出 RLO 为 1 的脉冲信号，除此之外的情况均输出 0。

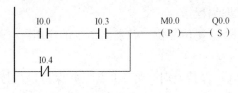

图 4-22　案例程序段（11）

（3）举例。在图 4-22 所示的案例程序段中，M0.0 存储的是该指令之前的逻辑串的旧的 RLO 状态，当 RLO 的状态发生从 0 到 1 的变化时，Q0.0 将被置 1。

问 27　RLO 下降沿检测的指令符号、作用是什么？

答：（1）指令符号。

```
  ＜地址＞
——（ N ）——
```

（2）指令说明。

1）地址：表示边沿存储器位，用于存储该指令前面的 RLO 的信号状态。

2）数据类型：BOOL。

3）可使用的存储区域：I，Q，M，L，D。

RLO 下降沿检测指令探测该指令地址中的信号（该指令前面的 RLO）是否有从 1 到 0 的变化（下降沿），如果有，则在该指令的后面以 RLO＝1 来体现这一变化。RLO 下降沿检测指令的操作过程：将其前面的 RLO 中当前的信号状态与地址存储的 RLO 先前的信号状态作比较，如果地址中的状态是 1，而该指令之前的 RLO 的当前值为 0，则执行该指令后，在其后端输出 RLO 为 1 的脉冲信号，除此之外的情况均输出 0。

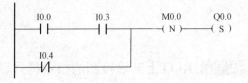

图 4-23　案例程序段（12）

（3）举例。在图 4-23 所示的案例程序段中，M0.0 存储的是该指令之前的逻辑串的旧的 RLO 状态，当 RLO 的状态发生从 1 到 0 的变化时，Q0.0 将被置 1。

问 28 地址上升沿检测的指令符号、作用是什么？

答：（1）指令符号。

（2）指令说明。

1）地址 1：被检查的地址。

2）地址 2：用于存储地址 1 先前的信号状态，M-BIT 为边沿存储位。

3）Q：指令输出。输出为 1 的脉冲信号。

地址 1、地址 2、Q 的数据类型均为 BOOL，可使用的存储区域均为 I，Q，M，L，D。

地址上升沿检测指令的功能是检查地址 1 中的信号是否有上升沿的变化，发果检测到上升沿，则由 Q 端输出 1 脉冲信号。该指令的操作过程：将地址 1 的信号状态（当前状态）与存储在地址 2 中的地址 1 先前的信号状态作比较，如果当前的 RLO 状态为 1，先前的状态为 0（检查到上升沿），则该指令输出 1 脉冲信号。

（3）举例。在图 4-24 所示的案例程序段中，当下列条件均应立时，则输出 Q0.0 为 1。

1）输入 I0.0 的信号状态为 1。

2）输入 I0.3 的信号状态有上升沿。

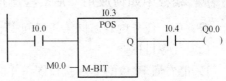

图 4-24 案例程序段（13）

3）输入 I0.4 的信号状态为 1。

问 29 地址下降沿检测的指令符号、作用是什么？

答：（1）指令符号。

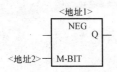

（2）指令说明。

1）地址 1：被检查的地址。

2）地址 2：用于存储地址 1 先前的信号状态，M-BIT 为边沿存储位。

3）Q：指令输出。输出为 1 的脉冲信号。

地址 1、地址 2、Q 的数据类型均为 BOOL，可使用的存储区域均为 I，Q，M，L，D。

地址下降沿检测指令的功能是检查地址 1 中的信号是否有下降沿的变化，如果检测到下降沿，则由 Q 端输出 1 脉冲信号。该指令的操作过程：把地址 1 的信号状态（当前状态）与存储在地址 2 中的地址 1 先前的信号状态作比较，如果当前的 RLO 状态为 0，先前的状态为 1（检查到下降沿），则该指令输出 1 脉冲信号。

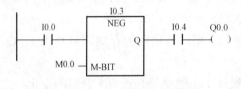

图 4-25　案例程序段（14）

（3）举例。在图 4-25 所示的案例程序段中，当下列条件均成立时，则输出 Q0.0 为 1。

1）输入 I0.0 的信号状态为 1。

2）输入 I0.3 的信号状态有下降沿。

3）输入 I0.4 的信号状态为 1。

问 30　编程中如何应用"沿"检测指令？

答：（1）任务内容。同第 4 章问 17。

（2）任务目标。

1）能看懂 PLC 的 I/O 接口图，并能绘制类似图形。

2）熟悉 PLC 的工作模式。

3）熟悉并掌握 STEP 7 的创建项目、程序录入、下载等操作。

4）了解基本的编程、调试方法，掌握编程指令。

5）掌握"沿"检测指令的应用。

（3）任务要求。

1）在 A 按钮被按下的一瞬间，点亮灯 L1 并保持；当按下 B 按钮后并释放时，灯 L1 熄灭并保持。

2）应用所学的"沿"检测指令编写控制程序。

（4）设备条件。同第 4 章问 17。

（5）任务分析。同第 4 章问 17。

（6）编程实施。根据上述分析结果，选择指令实现 PLC 的 I/O 逻辑关系。

由于本案例任务非常简单，因此可以采用线性编程方式，将所有程序内容编写在 OR1 中，参考控制程序如图 4-26 所示。图 4-26 中是用 RLO 上升沿检测指令和 RLO 下降沿检测指令编写的。请读者再用地址上升沿检测指令和地址下降沿检测指令重新编写，并仔细体会各个指令的特点。

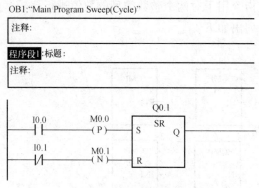

图 4-26　参考控制程序（4）

问 31　什么是比较指令？

答： 比较指令（Comparison Instructions）是用于对两个数值进行大小比较的指令。比较的数值（IN1、IN2）既可以是常数，也可以是存储在某个存储单元中的数值；比较的结果以 BOOL 数据类型输出，即如果比较结果为真，指令输出的 RLO（逻辑操作结果）为 1，反之，指令输出的 RLO 为 0。可以将比较指令用在某一程序段中，将其 RLO 与程序段中的其他元素进行"与"、"或"逻辑运算。

问 32　比较指令分为几种类型？

答： 按照比较的数值类型不同，将比较指令分为以下三类。

（1）CMP？I 整数比较（Compare Integer）。

（2）CMP？D 双整数比较（Compare Double Integer）。

（3）CMP？R 实数比较（Compare Real）。

在每一类比较指令中，都可进行以下六个内容的比较。

（1）＝＝　　IN1　等于　　　IN2。

（2）＜＞　　IN1　不等于　　IN2。

（3）＞　　　IN1　大于　　　IN2。

（4）＜　　　IN1　小于　　　IN2。

（5）＞＝　　IN1　大于等于　IN2。

（6）＜＝ IN1 小于等于 IN2。

问 33 整数比较的指令符号、作用是什么？

答： 整数比较指令用于对两个整数类型的数值进行比较。共有六个指令，指令的形式区别大，列出如下。

（1）指令符号。

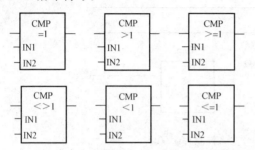

（2）指令说明。指令的左端为三个输入端，指令的右端为一个输出端。三个输入端分别为功能图输入（Box Input）、比较值 IN1、比较值 IN2；一个输出端为功能图输出（Box Output）。功能图输入和功能图输出均为使能型。

1）功能图输入：使能输入。只有输入信号 1 时，指令才对 IN1、IN2 的数值进行比较。

数据类型：BOOL。

可使用的存储区域：I，Q，M，L，D。

2）IN1：第一个比较值。

数据类型：INT（Integer，整数）。

可使用的存储区域：I，Q，M，L，D，Constant（常数）。

3）IN2：第二个比较值。

数据类型：INT（Integer，整数）。

可使用的存储区域：I，Q，M，L，D，Constant（常数）。

4）功能图输出：使能输出。当使能输入为 1 且比较的结果为真时，输出逻辑 1；其他情况输出逻辑 0。

数据类型：BOOL。

可使用的存储区域：I，Q，M，L，D。

5）"CMP"表示比较指令："＝1"、"＞1"等表示比较的内容和比较数值的数据类型。

整数比较指令可以像普通的"接点"指令一样使用，可以放在"接点"能放的任何位置。

（3）举例。在图 4-27 所示的案例程序段中，如果下列条件同时成立，输出 Q4.0 将被置位（置 1）。

1）输入 I0.0 和 I0.1 的信号状态为 1。

2）MW0＞＝MW2。

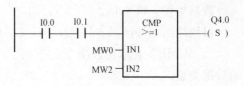

图 4-27 案例程序段（15）

问 34 双整数比较的指令符号、作用是什么？

答：（1）指令符号。

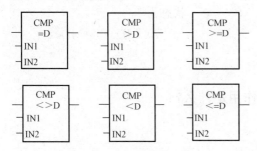

（2）指令说明。

指令的左端为三个输入端，指令的右端为一个输出端。三个输入端分别为功能图输入（Box Input）、比较值 IN1、比较值 IN2；一个输出端为功能图输出（Box Output）。功能图输入和功能图输出均为使能型。

1）功能图输入：使能输入。只有输入信号 1 时，指令才对 IN1、IN2 的数值进行比较。

数据类型：BOOL。

可使用的存储区域：I，Q，M，L，D。

2）IN1：第一个比较值。

数据类型：D（Double Integer，双整数）。

可使用的存储区域：I，Q，M，L，D，Constant（常数）。

3）IN2：第二个比较值。

数据类型：D（Double Integer，双整数）。

可使用的存储区域：I，Q，M，L，D，Constant（常数）。

4）功能图输出：使能输出。当使能输入为 1 且比较的结果为真时，输出逻辑 1；其他情况输出逻辑 0。

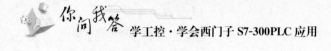

数据类型：BOOL。

可使用的存储区域：I，Q，M，L，D。

5）"CMP"表示比较指令："＝D"、"＞D"等表示比较的内容和比较数值的数据类型。

双整数比较指令可以像普通的"接点"指令一样使用，可以放在"接点"能放的任何位置。

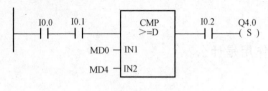

图 4-28 案例程序段（16）

（3）举例。在图 4-28 所示的案例程序段中，如果下列条件同时成立，输出 Q4.0 将被置位（置 1）。

1）输入 I0.0 和 I0.1 的信号状态为 1。

2）MD0＞＝MD4。

3）输入 I0.2 的信号状态为 1。

问 35 实数比较的指令符号、作用是什么？

答：（1）指令符号。

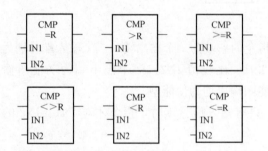

（2）指令说明。

指令的左端为三个输入端，指令的右端为一个输出端。三个输入端分别为功能图输入（Box Input）、比较值 IN1、比较值 IN2；一个输出端为功能图输出（Box Output）。功能图输入和功能图输出均为使能型。

1）功能图输入：使能输入。只有输入信号 1 时，指令才对 IN1、IN2 的数值进行比较。

数据类型：BOOL。

可使用的存储区域：I，Q，M，L，D。

2）IN1：第一个比较值。

数据类型：R（Red 9Number，实数）。

可使用的存储区域：I，Q，M，L，D，Constant（常数）。

3）IN2：第二个比较值。

数据类型：R（Red 9Number，实数）。

可使用的存储区域：I，Q，M，L，D，Constant（常数）。

4）功能图输出：使能输出。当使能输入为 1 且比较的结果为真时，输出逻辑 1；其他情况输出逻辑 0。

数据类型：BOOL。

可使用的存储区域：I，Q，M，L，D。

5）"CMP"表示比较指令："＝R"、"＞R"等表示比较的内容和比较数值的数据类型。

实数比较指令可以像普通的"接点"指令一样使用，可以放在"接点"能放的任何位置。

（3）举例。在图 4-29 所示的案例程序段中，如果下列条件同时成立，输出 Q4.0 将被置位（置1）。

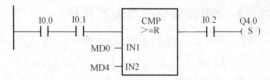

图 4-29　案例程序段（17）

1）输入 I0.0 和 I0.1 的信号状态为 1。

2）MD0＞＝MD4。

3）输入 I0.2 的信号状态为 1。

问 36　计数器存储区域是什么？

答： 在 CPU 的存储区域中，有一个专属于计数器指令（Counter Instructions）的存储区域。这个存储区域为每个计数器地址保留一个 16 位的字，计数器指令用于访问这一特定的存储区域。梯形逻辑指令集支持 256 个计数器。

问 37　计数值的范围是什么？

答： 计数器字的 0～9 位包含着二进制码的计数值。当计数器被置位时，计数值就被送至计数器字。计数值的范围是 0～999。

问 38　计数器字的结构范围是什么？

答： 计数器字的低 12 位（0～11 位）表示的是 BCD 格式（二进制编码的十

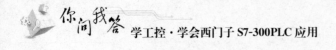

进制格式，一位十进制数用四位二进制数表示）的计数值，范围是 0～999。

图 4-30 表示出了已经预设了计数值 127 的计数器的内容，以及被设定后的计数器的计数单元的内容。

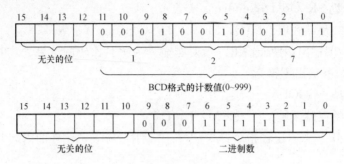

图 4-30 预设计数值 127 的计数器字

问 39 计数器指令的类型有几种？

答：STEP 7 提供了以下几种计数器指令。

（1）加-减计数器（S_CUD，Up-Down Counter）。

（2）减计数器（S_CD，Down Counter）。

（3）加计数器（S_CU，Up Counter）。

（4）置位计数器线圈 [- - - (SC)，Set Counter Coil]。

（5）加计数器线圈 [- - - (CU)，Up Counter Coil]。

（6）减计数器线圈 [- - - (CD)，Down Counter Coil]。

问 40 加-减计数器的指令符号、作用是什么？

答：加-减计数器指令可以实现加或者减计数的功能，计数值的范围是 0～999。

（1）指令符号。

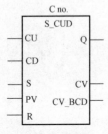

（2）指令说明。

1）C no.：计数器的识别号（如 C2），其范围取决于 CPU 的型号。

数据类型：COUNTER。

可使用的存储区域：C。

2）CU：加计数输入。信号要求为上升沿，当有上升沿输入时，只要计数器的当前值小于 999，计数器将在当前值的基础上加 1。

数据类型：BOOL。

可使用的存储区域：I，Q，M，L，D。

3）CD：减计数输入。信号要求为上升沿，当有上升沿输入时，只要计数器的当前值大于 0，计数器将在当前值的基础上减 1。

数据类型：BOOL。

可使用的存储区域：I，Q，M，L，D。

4）S：预设计数器的置位输入端。信号要求为上升沿，当有上升沿输入时，计数器将把 PV 输入端的数值赋给计数器作为当前值。

数据类型：BOOL。

可使用的存储区域：I，Q，M，L，D。

5）PV：计数器的预置数值。

数据类型：WORD。

可使用的存储区域：I，Q，M，L，D，Constant（常数）。

6）R：预设计数器的复位输入端。上升沿及 1 信号有效，当有上升沿（或者 1 信号）输入时，计数器的当前值将被复位为 0。

数据类型：BOOL。

可使用的存储区域：I，Q，M，L，D。

7）CV：当前的计数器值，为十六进制数。

数据类型：WORD。

可使用的存储区域：I，Q，M，L，D。

8）CV-BCD：当前的计数器值，为 BCD 数。

数据类型：WORD。

可使用的存储区域：I，Q，M，L，D。

9）Q：输出端。输出的是计数器的状态，只要计数器的当前计数值大于 0，就输出 1。

数据类型：BOOL。

可使用的存储区域：I，Q，M，L，D。

特殊地，如果在 CU、CD 两个输入端同时出现上升沿，则两个信号都被操

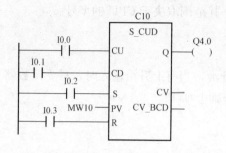

图 4-31　加-减计数器指令应用程序

作，因而计数值保持不变。

（3）举例。在图 4-31 所示的程序中，如果 I0.2 的信号状态由 0 变为 1，则计数器预置为 MW10 的值；如果 I0.0 的信号状态由 0 变为 1，则计数器 C10 的值将加 1，除非 C10 的值等于 999；如果 I0.1 的信号状态由 0 变为 1，则计数器 C10 的值将减 1，除非 C10 的值等于 0。如果 C10 的值不等于 0，则 Q4.0 为 1。

问 41　减计数器的指令符号、功能是什么？

答：减计数器指令用于实现减计数的功能，计数值的范围是 0～999。

（1）指令符号。

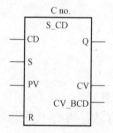

（2）指令说明。

1）C no.：计数器的识别号，其范围取决于 CPU 的型号。

数据类型：COUNTER。

可使用的存储区域：C。

2）CD：减计数输入。信号要求为上升沿，当有上升沿输入时，只要计数器的当前值大于 0，计数器将在当前值的基础上减 1。

数据类型：BOOL。

可使用的存储区域：I，Q，M，L，D。

3）S：预设计数器的置位输入端。信号要求为上升沿，当有上升沿输入时，计数器将把 PV 输入端的数值赋给计数器作为当前值。

数据类型：BOOL。

可使用的存储区域：I，Q，M，L，D。

4）PV：计数器的预置数值。

数据类型：WORD。

可使用的存储区域：I，Q，M，L，D，Constant（常数）。

5）R：预设计数器的复位输入端。上升沿及 1 信号有效，当有上升沿（或者 1 信号）输入时，计数器的当前值将被复位为 0。

数据类型：BOOL。

可使用的存储区域：I，Q，M，L，D。

6）CV：当前的计数器值，为十六进制数。

数据类型：WORD

可使用的存储区域：I，Q，M，L，D。

7）CV-BCD：当前的计数器值，为 BCD 数。

数据类型：WORD。

可使用的存储区域：I，Q，M，L，D。

8）Q：输出端。输出的是计数器的状态，只要计数器的当前计数值大于 0，就输出 1。

数据类型：BOOL。

可使用的存储区域：I，Q，M，L，D。

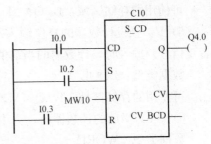

图 4-32　减计数器指令应用程序

（3）举例。在图 4-32 所示的程序中，如果 I0.2 的信号状态由 0 变为 1，则计数器预置为 MW10 的值；如果 I0.0 的信号状态由 0 变为 1，则计数器 C10 的值将减 1，除非 C10 的值等于 0；如果 I0.3 信号状态由 0 变为 1（有上升沿），则计数器 C10 被复位，并且计数值变化为 0。如果 C10 的值不等于 0，则 Q4.0 为 1。

问 42　加计数器的指令符号、功能是什么？

答：加计数器指令用于实现加计数的功能，计数值的范围是 0～999。

（1）指令符号。

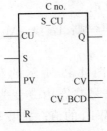

（2）指令说明。

1）C no.：计数器的识别号，其范围取决于 CPU 的型号。

数据类型：COUNTER。

可使用的存储区域：C。

2）CD：减计数输入。信号要求为上升沿，当有上升沿输入时，只要计数器的当前值大于 0，计数器将在当前值的基础上减 1。

数据类型：BOOL。

可使用的存储区域：I，Q，M，L，D。

3）S：预设计数器的置位输入端。信号要求为上升沿，当有上升沿输入时，计数器将把 PV 输入端的数值赋给计数器作为当前值。

数据类型：BOOL。

可使用的存储区域：I，Q，M，L，D。

4）PV：计数器的预置数值。

数据类型：WORD。

可使用的存储区域：I，Q，M，L，D，Constant（常数）。

5）R：预设计数器的复位输入端。上升沿及 1 信号有效，当有上升沿（或者 1 信号）输入时，计数器的当前值将被复位为 0。

数据类型：BOOL。

可使用的存储区域：I，Q，M，L，D。

6）CV：当前的计数器值，为十六进制数。

数据类型：WORD。

可使用的存储区域：I，Q，M，L，D。

7）CV-BCD：当前的计数器值，为 BCD 数。

数据类型：WORD。

可使用的存储区域：I，Q，M，L，D。

8）Q：输出端。输出的是计数器的状态，只要计数器的当前计数值大于 0，就输出 1。

数据类型：BOOL。

可使用的存储区域：I，Q，M，L，D。

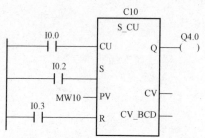

图 4-33　加计数器指令应用程序

（3）举例。在图 4-33 所示的程序中，如果 I0.2 的信号状态由 0 变为 1，则计数器预置为 MW10 的值；如果 I0.0 的信号状态由 0 变为 1，则计数器 C10

的值将减 1，除非 C10 的值等于 0；如果 I0.3 信号状态由 0 变为 1（有上升沿），则计数器 C10 被复位，并且计数值变化为 0。如果 C10 的值不等于 0，则 Q4.0 为 1。

问 43 编程中如何应用比较指令和计数器指令？

答： 用下例说明。

（1）任务内容。

1）了解 PLC 控制系统，能绘制 PLC 的 I/O 接口图（见图 4-9）。

2）用 LAD 语言编写控制程序，实现对灯 L1 的控制功能。

3）下载调试程序，实现控制功能。

（2）任务目标。

1）能看懂 PLC 的 I/O 接口图，并能绘制类似图形。

2）熟悉 PLC 的工作模式。

3）熟悉并掌握 STEP 7 的创建项目、程序录入、下载等操作。

4）了解基本的编程、调试方法，掌握编程指令。

5）掌握比较指令和计数器指令的应用。

（3）任务要求。

1）当按钮 A 按动四次时，灯 L1 被点亮，其他时间灯 L1 为熄灭状态。

2）在灯 L1 被点亮的情况下，再按 A 按钮，则开始新的计数循环，同时灯 L1 被熄灭。

3）在任何时候按动 B 按钮时，按钮 A 的动作次数都将重新计算。

4）应用所学的比较指令和计数器指令编写控制程序。

（4）设备条件。

同第 4 章问 17。PLC 模块配置情况：电源模块 PS 307 5A，CPU 模块 CPU 314、信号模块 SM323 DI8/O8×DC 24V/0.5A 一块，如图 4-10 所示（如果无硬件条件，可以在计算机上利用模拟 PLC 软件进行仿真调试）。

（5）任务分析。

1）根据图 4-9 给出的 PLC 的 I/O 接口情况，分析按钮的动作与 PLC 输入地址之间的关系以及灯的状态与 PLC 输出地址之间的关系，分析结果见表 4-6。

2）根据控制任务要求分析 PLC 的相关输入与相关输出地址之间的逻辑关系，分析结果见表 4-8。

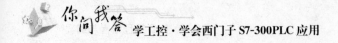
表 4-8 PLC 的 I/O 的逻辑关系（2）

输入		输出
I0.0	I0.1	Q0.1
0→1 或 1→0 的连续变化 0～3 次时	0	0
0→1 或 1→0 连续变化 3 次时	0	1
重新记录 0→1 或 1→0 的变化次数	0→1 或 1→0	0

（6）编程实施。根据上述分析结果，选择指令实现 PLC 的 I/O 逻辑关系。

由于本案例任务非常简单，因此可以采用线性编程方式，将所有程序内容编写在 OB1 中，循环计数参考程序如图 4-34 所示。为了练习结构化编程，也可以将程序内容编写到 FC 块中，然后在 OB1 中无条件调用，此时的循环计数参考程序如图 4-35 所示。

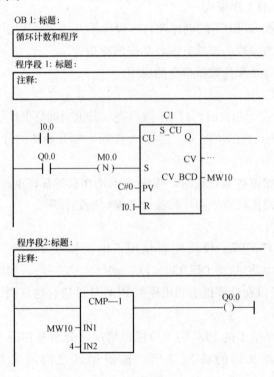

图 4-34　循环计数参考程序（1）

120

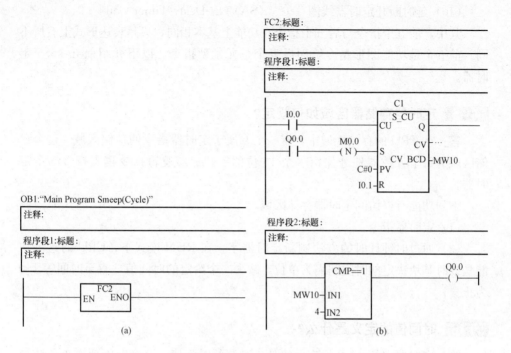

图 4-35　循环计数参考程序（2）

（a）主程序 OB1；（b）子程序 FC2

问 44　什么是定时器指令？包括哪些？

答： 定时器指令（Timer Instructions）是 STEP 7 的梯形逻辑语言的重要组成部分，STEP 7 给用户提供了丰富的定时器指令，具体如下。

（1）脉冲 S5 定时器（S_PULSE Pulse S5 Timer）。

（2）延时脉冲 S5 定时器（S_PEXT Extended Pulse S5 Timer）。

（3）延时接通 S5 定时器（D_ODT On-Delay S5 Timer）。

（4）保持型延时接通 S5 定时器（S_ODTS Retentive On-Delay S5 Timer）。

（5）延时断开 S5 定时器（S_OFFDT Off-Delay S5 Timer）。

（6）脉冲定时器线圈 [---（SP）Pulse Timer Coil]。

（7）延时脉冲定时器线圈 [---（SE）Extended Pulse Timer Coil]。

（8）延时接通定时器线圈 [---（SD）On-Delay Timer Coil]。

（9）保持型延时接通定时器线圈 [---（SS）Retentive On-Delay Timer Coil]。

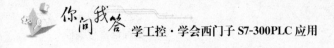

（10）延时断开定时器线圈［- - -（SA）Off-Delay Timer Coil］。

其中，前五个指令与后五个指令在功能上基本相同，只是表达形式上有所不同。前五个是功能图形指令，而后五个是元素型指令。以下介绍前五个 S5 定时器。

问 45　定时器存储器区域如何规定？

答： 在 CPU 的存储区域中，有一个专属于定时器指令的存储区域。这个存储区域为每个计数器地址保留一个 16 位的字。梯形逻辑指令集支持 256 个定时器。

下列功能有权访问定时器存储区域。

（1）定时器指令。

（2）通过时钟计时的方法刷新定时器字。在 RUN 模式下，CPU 的这个功能是以时基块决定的时间间隔为单位，减去一个给定的时间值，直至时间等于 0 为止。

问 46　时间值的定义是什么？

答： 定时器字的 0～9 位表示的是二进制的时间值，这个时间值按单位数量给出，时间刷新以时基块决定的时间间隔为单位减去时间值，直至时间值等于 0 为止。可以用二进制、十六进制或者二进制编码的十进制形式将时间值输入到累加器 1 的低位字中。

可以用下列格式中的任何一种表达预置时间值。

（1）W♯16♯wxyz。在此种表达格式中，w＝时基（时间间隔或者分辨率）；xyz＝二进制格式编码的十进制时间值。

（2）S5T♯aH-bM-cS-dMS。在此种表达格式中，H＝小时，M＝分钟，S＝秒，MS＝毫秒，在录入时可以不分大小写。a、b、c、d 为用户设定的值，时基是自动选择的，时间值四舍五入为下一个低位数值其相应的时基。可以输入的最大的时间值是 9 990s，或 2H-46M-30S。

举例：S5TIME♯4S＝4 秒；S5T♯2H-15M＝2 小时 15 分；S5T♯1H-12M-18S＝1 小时 12 分 18 秒。

问 47　时基的定义是什么？

答： 定时器字的位 12 和位 13 表示的是二进制码的时基。时基定义时间值递减的单位时间间隔。最小的时基为 10ms，最大为 10s。详细情况见表 4-9。

表 4-9	定时器字的时基及其编码
时基	时基的二进制码
10ms	00
100ms	01
1s	10
10s	11

因为时间值只是以某一时间间隔存储的，所以不是时间间隔整数倍的时间值，其尾数会被舍去。对于预定的范围，具有太高分辨率的时间值，只舍不入，以实现预定的范围，但不是预定的分辨率。S5 定时器的分辨率及其界限范围见表 4-10。

表 4-10	S5 定时器的分辨率及其界限范围
分辨率	范围
10ms	10MS～9S-990MS
100ms	100MS～1M-39S-900MS
1s	1S～16M-39MS
10s	10S～2H-46M-30S

问 48 定时器字的组成包括几部分？

答： 当定时器启动时，定时器字的内容就被用作时间值。定时器单元的 0～11 位为二进制格式的十进制数。位 12 和位 13 是二进制码的时基。图 4-36 给出了定时器单元的内容，其中定时器值为 127，时基为 1s。

每一个功能图形定时器指令都提供了两个时间值的输出端：BI 和 BCD，以字存储单元来表示。BI 输出提供的是二进制格式的时间值；BCD 输出提供的是时基和用 BCD 码表示的时间值。

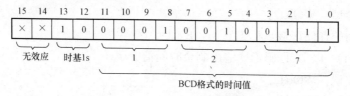

图 4-36 定时器字的组成

问 49 脉冲 S5 定时器的指令符号、作用是什么？

答：（1）指令符号。

```
          T no.
    ┌─────────────┐
    │  R_PULSE    │
──┤ S          Q ├──
──┤ TV        BI ├──
──┤ R        BCD ├──
    └─────────────┘
```

（2）指令说明。

1）T no.：定时器的识别号（如 T2），其范围取决于 CPU 的型号。

数据类型：TIMER。

可使用的存储区域：T。

2）S：启动输入端。当有上升沿输入时，定时器被启动。如果想要按照预定的时间值（由 TV 输入端设定）运行，则应在定时器结束运行之前，使 S 端的信号保持为 1。

数据类型：BOOL。

可使用的存储区域：I，Q，M，L，D。

3）TV：预置时间值输入端。预置时间是指编程者预先设定的定时器运行的时间。

数据类型：S5TIME。

可使用的存储区域：I，Q，M，L，D，Constant（常数）。

4）R：复位输入端。上升沿及 1 信号有效，当有上升沿（或 1 信号）输入时，定时器被复位，即定时器停止运行，Q 输出为 0，与此同时，当前的时间和时基也被清 0。

数据类型：BOOL。

可使用的存储区域：I，Q，M，L，D。

5）Q：输出端。输出的是定时器的状态，只要定时器在运行，就输出 1。

6）BI：以整数形式输出剩余时间值。

数据类型：WORD。

可使用的存储区域：I，Q，M，L，D。

7）BCD：以 BCD 码形式输出剩余时间值。

数据类型：WORD。

可使用的存储区域：I，Q，M，L，D。

（3）时序图。脉冲 S5 定时器的功能特点也可以由时序图来描述，如图 4-37 所示。

（4）举例。在图 4-38 所示的程序段中，如果输入 I0.0 的信号状态由 0 变为 1（RLO 为上升沿），则定时器 T5 将被启动。只要 I0.1 为 1，定时器就将继续

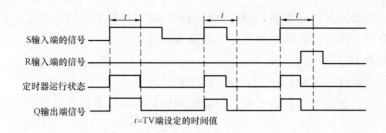

t=TV端设定的时间值

图 4-37　脉冲 S5 定时器的信号时序图

运行，直到预置的 2s 才结束。

如果定时器在定时时间（2s）结束之前，若在 I0.0 端的信号状态从 1 变为 0，则定时器停止。

当定时器运行的时候，如果 I0.1 的信号状态从 0 变为 1，则定时器被复位。

只要定时器处于运行中，输出端 Q4.0 就为逻辑 1；当定时时间结束或者定时器被复位时，输出端 Q4.0 则为 0。

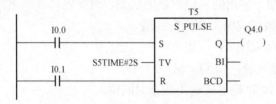

图 4-38　含有脉冲 S5 定时器的程序段

问 50　延时脉冲 S5 定时器的指令符号、作用是什么?

答：（1）指令符号。

（2）指令说明。

1）T no.：定时器的识别号（如 T2），其范围取决于 CPU 的型号。

数据类型：TIMER。

可使用的存储区域：T。

2）S：启动输入端。当有上升沿输入时，定时器被启动。定时器启动后，按照预定的时间值（由 TV 输入端设定）运行，而不管 S 端的信号是否为 1。下

125

降沿对定时器的运行无影响，但在定时器运行时，如果 S 端输入的信号又出现了新的上升沿，则定时器将按预置的时间值重新启动运行。

数据类型：BOOL。

可使用的存储区域：I，Q，M，L，D。

3）TV：预置时间值输入端。预置时间值是指编程者预先设定的定时器运行的时间。

数据类型：S5TIME。

可使用的存储区域：I，Q，M，L，D，Constant（常数）。

4）R：复位输入端。上升沿及 1 信号有效，当有上升沿（或 1 信号）输入时，定时器被复位，即定时器停止运行，Q 输出为 0，与此同时，当前的时间和时基也被清 0。

数据类型：BOOL。

可使用的存储区域：I，Q，M，L，D。

5）Q：输出端。输出的是定时器的状态，只要定时器在运行，就输出 1。

6）BI：以整数形式输出剩余时间值。

数据类型：WORD。

可使用的存储区域：I，Q，M，L，D。

7）BCD：以 BCD 码形式输出剩余时间值。

数据类型：WORD。

可使用的存储区域：I，Q，M，L，D。

（3）时序图。延时脉冲 S5 定时器的功能特点也可以由时序图来描述，如图 4-39 所示。

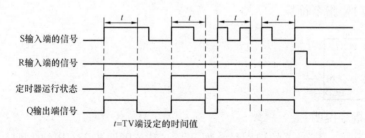

图 4-39　延时脉冲 S5 定时器的信号时序图

（4）举例。在图 4-40 所示的程序段中，如果输入 I0.0 的信号状态由 0 变为 1（RLO 为上升沿），则定时器 T5 将被启动。定时器将按预置的时间 2s 持续运行，而且不受 S 输入端下降沿的影响。

定时器在定时时间（2s）结束之前，若在 I0.0 端的信号状态从 0 变为 1，则定时器将被重新启动。

当定时器运行的时候，如果 I0.1 的信号状态从 0 变为 1，则定时器被复位。

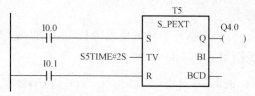

图 4-40 含延时脉冲 S5 定时器的程序段

只要定时器处于运行中，输出端 Q4.0 就为逻辑 1。

问 51 编程中如何应用脉冲 S5 定时器指令和延时脉冲 S5 定时器指令？

答：用下例说明。

（1）任务内容。

1）了解 PLC 控制系统，能绘制 PLC 的 I/O 接口图（图 4-9）。

2）用 LAD 语言编写控制程序，实现对灯 L1 的控制功能。

3）下载调试程序，实现控制功能。

（2）任务目标。

1）能绘制 PLC 的 I/O 接口图。

2）熟悉 PLC 的工作模式。

3）熟悉并掌握 STEP 7 的创建项目、程序录入、下载等操作。

4）了解基本的编程、调试方法，掌握编程指令。

5）掌握脉冲 S5 定时器指令和延时脉冲 S5 定时器指令的应用。

（3）任务要求。

1）初始状态，灯为熄灭状态。

2）当按下 A 按钮（不保持）时，灯 L1 闪烁点亮，闪亮的规律是亮 1s 灭 2s。

3）当按下 B 按钮时，灯 L1 停止闪亮（熄灭）。

4）应用所学的脉冲 S5 定时器指令和延时脉冲 S5 定时器指令编写控制程序。

（4）设备条件。同第 4 章问 17。PLC 模块配置情况：电源模块 PS 307 5A，CPU 模块 CPU 314，信号模块 SM323 DI8/DO 8×DC24V，如图 4-10 所示（如果无硬件条件，可以在计算机上利用模拟 PLC 软件进行仿真调试）。

（5）任务分析。

1）根据图 4-9 给出的 PLC 的 I/O 接口情况分析按钮的动作与 PLC 模块输入地址之间的关系，灯的状态与 PLC 模块输出地址之间的关系，分析结果见

表 4-6。

2）根据控制任务要求分析 PLC 的相关输入与输出地址之间的逻辑关系，分析结果见表 4-11。

表 4-11　　　　　　　　　PLC 的 I/O 逻辑关系（3）

输入		输出
I0.0	I0.1	Q0.1
0→1 或 1→0	0	0→1→0→1…… 规律："1"的时间长度为 1s，"0"的时间长度为 2s
0→1 或 1→0	1	0
0	0→1 或 1→0	0

（6）编程实施。根据上述分析结果，选择指令实现 PLC 的 I/O 逻辑关系。

本案例任务非常简单，可以采用线性编程方式，即将所有程序内容编写在 OB1 中。但为了让读者熟悉结构化编程环境，练习结构化编程，本案例将程序内容编写到 FC 块中，然后在 OB1 中无条件调用该 FC 块，参考程序 OB1 如图 4-41 所示，参考程序 FC10 如图 4-42 所示。

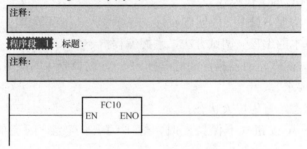

图 4-41　参考程序 OB1（1）

问 52　**延时接通 S5 定时器的指令符号、作用是什么？**

答：（1）指令符号。

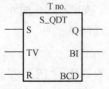

（2）指令说明。

FC10: 标题:

实现灯闪亮的控制功能

程序段　1：设置启动/停止标志

实现按A按钮(I0.0)启动，按B按钮(I0.1)停止的功能。
设置标志位M10.0。M10.0为1时程序运行，M10.0为0时程序停止。

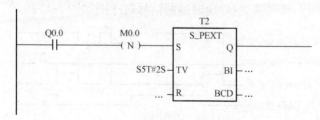

程序段　2："点亮"定时

实现点亮1s、熄灭2s的自动控制功能，T1用于"点亮"定时。

程序段　3："熄灭"定时

实现点亮1s、熄灭2s的自动控制功能，T2用于熄灭定时。

图 4-42　参考程序 FC10

1）T no.：定时器的识别号（如 T2），其范围取决于 CPU 的型号。

数据类型：TIMER。

可使用的存储区域：T。

2）S：启动输入端。当有上升沿输入时，定时器被启动。如果想要按照预定的时间值（由 TV 输入端设定）运行，则应使 S 端的信号始终保持为 1，S 端信号的下降沿影响 Q 的输出状态。

数据类型：BOOL。

可使用的存储区域：I，Q，M，L，D。

3）TV：预置时间值输入端。预置时间值是指编程者预先设定的定时器运行的时间。

数据类型：S5TIME。

可使用的存储区域：I，Q，M，L，D，Constant（常数）。

4）R：复位输入端。上升沿及 1 信号有效，当有上升沿（或 1 信号）输入时，定时器被复位，即定时器停止运行，Q 输出为 0，与此同时，当前的时间和时基也被清 0。

数据类型：BOOL。

可使用的存储区域：I，Q，M，L，D。

5）Q：输出端。由 Q 输出定时器的状态，只有定时器按照预定的时间值正常运行结束，同时 S 端的信号仍然为 1，Q 端才输出信号 1。可以理解为 S 端接入 1 信号后，经过延时预定的时间，再接通 Q 端信号，即"延时接通"。

6）BI：以整数形式输出剩余时间值。

数据类型：WORD。

可使用的存储区域：I，Q，M，L，D。

7）BCD：以 BCD 码形式输出剩余时间值。

数据类型：WORD。

可使用的存储区域：I，Q，M，L，D。

（3）时序图。延时接通 S5 定时器的信号时序图如图 4-43 所示。

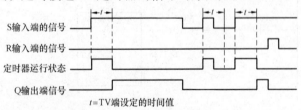

图 4-43 延时接通 S5 定时器的信号时序图

（4）举例。在图 4-44 所示的程序段中，如果输入 I0.0 的信号状态由 0 变为 1（RLO 为上升沿），则定时器 T5 将被启动；如果 2s 的时间结束，而输入 I0.0 的信号状态仍然为 1，则输出端 Q4.0 为 1；如果 I0.0 的信号状态由 1 变为 0，则定时器被停止，同时 Q4.0 将为 1（如果 I0.1 的信号状态由 0 变为 1，则定时器将被复位，且不管定时器是否正在运行。）

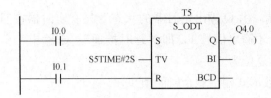

图 4-44 含延时接通 S5 定时器的程序段

问 53 保持型延时接通 S5 定时器的指令符号、作用是什么？

答：（1）指令符号。

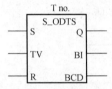

（2）指令说明。

1）T no.：定时器的识别号（如 T2），其范围取决于 CPU 的型号。

数据类型：TIMER。

可使用的存储区域：T。

2）S：启动输入端。当有上升沿输入时，定时器被启动。同时定时器按照预定的时间值（由 TV 输入端设定）运行，而无须 S 端的 1 信号始终保持，即指令自身具有"保持"功能。当定时器正在运行时，在 S 输入的信号出现上升沿，则定时器按预置的时间被重新启动；S 端信号的下降沿不影响 Q 的输出状态。在定时时间结束后，Q 输出端的 1 信号不受 S 输入端信号的影响。

数据类型：BOOL。

可使用的存储区域：I，Q，M，L，D。

3）TV：预置时间值输入端。由用户输入的要求预先设定定时器运行的时间。

数据类型：S5TIME。

可使用的存储区域：I，Q，M，L，D，Constant（常数）。

4）R：复位输入端。上升沿及 1 信号有效，当有上升沿（或 1 信号）输入时，定时器被复位，即定时器停止运行，Q 输出为 0，与此同时，当前的时间和时基也被清 0。

数据类型：BOOL。

可使用的存储区域：I，Q，M，L，D。

5）Q：输出端。由 Q 输出定时器的状态，只有定时器按照预定的时间值正常运行结束，Q 端才输出信号 1，即"延时接通"。Q 输出 1 信号后，只能通过复位输入信号将其复位为 0。

6）BI：以整数形式输出剩余时间值。

数据类型：WORD。

可使用的存储区域：I，Q，M，L，D。

7）BCD：以 BCD 码形式输出剩余时间值。

数据类型：WORD。

可使用的存储区域：I，Q，M，L，D。

（3）时序图。保持型延时接通 S5 定时器的特性图 4-45 所示。

图 4-45　保持型延时接通 S5 定时器的信号时序图

（4）举例。在图 4-46 所示的程序段中，如果输入 I0.0 的信号状态由 0 变为 1（RLO 为上升沿），则定时器 T5 将被启动。无论 I0.0 是否从 1 变到 0，定时器都会继续运行。当定时器正在运行时，如果 I0.0 的信号状态由 0 变为 1，则定时器会被重新启动；如果定时器结束（2s 的时间到），则输出端 Q4.0 状态为 1；如果 I0.1 的信号状态由 0 变为 1，则定时器将被复位，而不管 S 端的 RLO 如何。

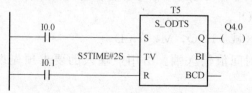

图 4-46　含保持型延时接通 S5 定时器的程序段

问 54　编程中如何应用延时接通 S5 定时器指令和保持型延时接通 S5 定时器指令？

答： 用下例说明。

（1）任务内容。同第 4 章问 51。

（2）任务目标。

1）能绘制 PLC 的 I/O 接口图。

2）熟悉 PLC 的工作模式。

3）熟悉并掌握 STEP 7 的创建项目、程序录入、下载等操作。

4）了解基本的编程、调试方法，掌握编程指令。

5）掌握延时接通 S5 定时器指令和保持型延时接通 S5 定时器指令的应用。

（3）任务要求。

1）初始状态，灯为熄灭状态。

2）当按下 A 按钮（不保持）时，灯 L1 闪烁点亮，闪亮的规律是亮 1s 灭 2s。

3）当按下 B 按钮时，灯 L1 停止闪亮（熄灭）。

4）应用所学的延时接通 S5 定时器指令和保持型延时接通 S5 定时器指令编写控制程序。

（4）设备条件。同第 4 章问 17。PLC 模块配置情况：电源模块 PS307 5A，CPU 模块 CPU 314，信号模块 SM323 DI8/DO8×DC24V，如图 4-10 所示（如果无硬件条件，可以在计算机上利用模拟 PLC 软件进行仿真调试）。

（5）任务分析。同第 4 章问 51。

（6）编程实施。根据上述分析结果，选择指令实现 PLC 的 I/O 逻辑关系。

本案例任务非常简单，可以采用线性编程方式，即将所有程序内容编写在 OB1 中。但为了让读者熟悉结构化编程环境，并练习结构化编程，本案例将程序内容编写到 FC 块中，然后在 OB1 中无条件调用该 FC 块，参考程序 OB1 如图 4-47 所示，参考程序 FC11 如图 4-48 所示。

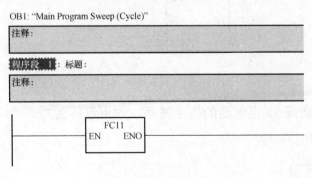

图 4-47　参考程序 OB1（2）

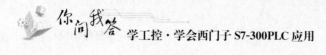

FC11: 标题:

实现灯闪亮的控制功能。

程序段　1: 设置启动/停止标志

实现按A按钮(I0.0)启动,按B按钮(I0.1)停止的功能。
设置标志位M10.0。M10.0为1时程序运行,M10.0为0时程序停止。

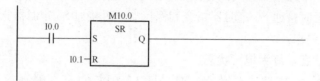

程序段　2: "熄灭"定时

实现点亮1s、熄灭2s的自动控制功能,T1用于"熄灭"定时。

程序段　3: "点亮"定时

实现点亮1s、熄灭2s的自动控制功能,T2用于"点亮"定时。

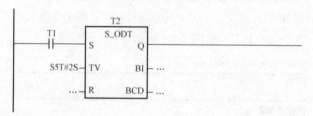

图 4-48　参考程序 FC11

问 55　**延时断开 S5 定时器的指令符号、作用是什么?**

答: (1) 指令符号。

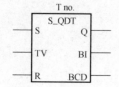

（2）指令说明。

1）T no.：定时器的识别号（如 T2），其范围取决于 CPU 的型号。

数据类型：TIMER。

可使用的存储区域：T。

2）S：启动输入端。当在上升沿输入时，Q 端输出信号 1（"被接通"）；当 S 端出现下降沿（"断开"）时，定时器被启动，同时定时器按照预定的时间值（由 TV 输入端设定）运行。当定时器正在运行时，在 S 输入端的信号出现上升沿，则定时器会停止运行，直到有新的下降沿出现被重新启动。

数据类型：BOOL。

可使用的存储区域：I，Q，M，L，D。

3）TV：预置时间值输入端。预置时间值是指编程者预先设定的定时器运行的时间。

数据类型：S5TIME。

可使用的存储区域：I，Q，M，L，D，Constant（常数）。

4）R：复位输入端。上升沿及 1 信号有效，当有上升沿（或 1 信号）输入时，定时器被复位，即定时器停止运行，Q 输出为 0，与时同时，当前的时间和时基也被清 0。

数据类型：BOOL。

可使用的存储区域：I，Q，M，L，D。

5）Q：输出端。由 Q 输出定时器的状态。在 S 端输入信号 1（"接通"）时输出 1（"接通"），在定时器按照预定的时间值正常运行结束时（"定时时间到"）输出由 1 变为 0（"断开"），即"延时断开"。

6）BI：以整数形式输出剩余时间值。

数据类型：WORD。

可使用的存储区域：I，Q，M，L，D。

7）BCD：以 BCD 码形式输出的剩余时间值。

数据类型：WORD。

可使用的存储区域：I，Q，M，L，D。

（3）时序图。延时断开 S5 定时器的信号时序图如图 4-49 所示。

（4）举例。在图 4-50 所示

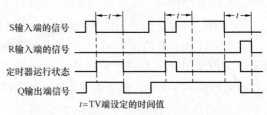

图 4-49　延时断开 S5 定时器的信号时序图

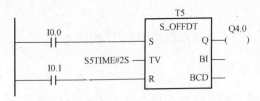

图 4-50　含延时断开 S5 定时器指令的程序段

的程序段中，如果输入 I0.0 的信号状态由 1 变为 0（RLO 为下降沿），则定时器 T5 将被启动。

　　如果 I0.0 的信号状态为 1 或定时器处于运行状态中，则 Q4.0 输出端为 1。在定时器运行中，如果 I0.1 的信号状态由 0 变为 1，则定时器将被复位。

问 56　编程中如何应用延时断开 S5 定时器指令？

答：用下例说明。

（1）任务内容。同第 4 章问 51。

（2）任务目标。

1）能绘制 PLC 的 I/O 接口图。

2）熟悉 PLC 的工作模式。

3）熟悉并掌握 STEP 7 的创建项目、程序录入、下载等操作。

4）了解基本的编程、调试方法，掌握编程指令。

5）掌握延时断开 S5 定时器指令的应用。

（3）任务要求。

1）初始状态，灯为熄灭状态。

2）当按下 A 按钮（为保持）时，灯 L1 闪烁点亮，闪亮的规律是亮 1s 灭 2s。

3）当按下 B 按钮时，L1 灯停止闪亮（熄灭）。

4）应用所学的延时断开 S5 定时器指令编写控制程序。

（4）设备条件。同第 4 章问 17。PLC 模块配置情况：电源模块 PS307 5A，CPU 模块 CPU 314、信号模块 SM323 DI8/DO8×DC24V，如图 4-10 所示（如果无硬件条件，可以在计算机上利用模拟 PLC 软件进行仿真调试）。

（5）任务分析。同第 4 章问 51。

（6）编程实施。根据上述分析结果，选择指令实现 PLC 的 I/O 逻辑关系。

　　本案例任务非常简单，可以采用线性编程方式，即将所有程序内容编写在 OB1 中。但为了让读者熟悉结构化编程环境，并练习结构化编程，本案例将程序内容编写到 FC 块中，然后在 OB1 中无条件调用该 FC 块，参考程序 OB1 如图 4-51 所示，参考程序 FC12 如图 4-52 所示。

OB1: "Main Program Sweep (Cycle)"

注释:

程序段 1 : 标题:

注释:

图 4-51   参考程序 OB1 (3)

FC12: 标题:

实现灯闪亮的控制功能。

程序段 1: 设置启动/停止标志

实现按A按钮(I0.0)启动，按B按钮(I0.1)停止的功能。
设置标志位M10.0。M10.0为1时程序运行，M10.0为0时程序停止。

程序段 2: "点亮" 定时

实现点亮1s、熄灭2s的自动控制功能，T1用于"点亮"定时。

程序段 3: "熄灭" 定时

实现点亮1s、熄灭2s的自动控制功能，T2用于"熄灭"定时。

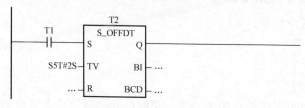

图 4-52   参考程序 FC12

问 57 定时器如何正确选择？

答：为了使大家能正确地选择定时器，将上述所讲的定时器的主要特征对比归纳在表 4-12 中，学习时请大家掌握各定时器的特点。

表 4-12 各定时器指令的主要特征

定时器	主 要 特 征
S_PULSE 脉冲定时器	Q 输出信号为 1 的最大时间等于预定的时间值，且被输出时间能否达到预定的时间按取值取决于 S 输入的 1 信号能否维持相同的时间
S_PEXT 延时脉冲定时器	输出形式与脉冲定时器相同，不同之处在于它不要求 S 端维持输入 1 信号，只要 S 端有上升沿即可
S_ODT 延时接通定时器	S 上升沿标志着准备"接通"，延时预定的时间后由 Q 端输出 1 信号，即实现"接通"，但前提是 S 端的输入还存在（还有"接通"信号）
S_OUTS 保持型延时接通定时器	与延时接通定时器的区别是该指令不要求在"接通"时 S 端的输入还存在，即该输入已被"记忆保持"。注意，"接通"时要"断开"，只能通过复位方式
S_OFFDT 延时断开定时器	Q 端输出的 1 信号与 S 端输入的 1 信号是同时的，即先"接通"；当 S 端的 1 信号"断开"（出现下降沿）时，Q 端的 1 信号"延时"预定的时间后"断开"，即延时断开

问 58 什么是赋值指令？

答：赋值指令 MOVE（Assign a Value）是一个用于向某个存储单元传送数据的指令。它可以由使能输入端（EN）的信号激活，将在输入端 IN 的特定值复制到输出端 OUT 上的特定地址中。ENO 和 EN 具有相同的逻辑状态。MOVE 指令只能复制 BYTE（字节）、WORD（字）或 DWORD（双字）数据对象。用户定义的数据类型（如数组或结构）必须使用系统功能"BLKMOVE"（SFC20）进行复制。

问 59 赋值指令的指令符号、作用是什么？

答：（1）指令符号。

（2）指令说明。该指令用于给某一存储单元赋值，或者进行两个单元之间的数据传送，所赋值或传送的数据可以是 8 位、16 位、32 位长度的数据，关于数据类型的说明见表 4-13。

表 4-13 数据类型说明

数据类型	数据单元			
	位（bit）	字节（byte） （bit）	字（Word） （2byte） （16bit）	双字（Word） （4byte） （32bit）
	BOOL	SYTE	WORD	DWORD
		CHAR		
			INT	DINT
			DITE	
			SSTIME	
				REAL
				TIME
				TOD

指令的左端为为两个输入端，指令的右端为两个输出端，各端的功能如下。

1）EN 输入端：使能输入。只有输入信号 1 时，指令才能实现赋值的功能，即指令通过使能输入端 EN 激活。

数据类型：BOOL。

可使用的存储区域：I，Q，M，L，D。

2）IN 输入端：需要传送的数据（源值）。

数据类型：8 位、16 位或 32 位长度的所有数据类型。

可使用的存储区域：I，Q，M，L，D，Constant（常数）。

3）ENO 输出端：使能输出。当使能输入为 1 且 IN 输入的数据类型符合要求时，输出逻辑 1；其他情况输出逻辑 0。

数据类型：BOOL。

可使用的存储区域：I，Q，M，L，D。

4）OUT 输出端：数据传送的目的地址。

数据类型：8 位、16 位或 32 位长度的所有数据类型。

可使用的存储区域：I，Q，M，L，D。

注意：

在使用赋值指令时，源数据的类型应与目的地址的类型一致，否则就会出现赋值错误：若源数据长度大于目的地址的长度，则赋值结果是多出的字节（值）

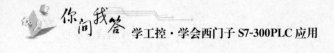

会被删除，见表 4-14；若源数据长度小于目的地址的长度，则在目的地址的高位用 0 填充，见表 4-15。

表 4-14　　　　　　　　　源数据长度大于目的地址长度情况

源数据	双字	1011 1101 0000 1111 1111 0000 0101 0101
目的数据类型	双字	1011 1101 0000 1111 1111 0000 0101 0101
	字	1111 0000 0101 0101
	字节	0101 0101

表 4-15　　　　　　　　　源数据长度小于目的地址长度情况

源数据	字节	1001 0001
目的数据类型	双字	0000 0000 0000 0000 0000 0000 1001 0001
	字	0000 0000 1001 0001
	字节	1001 0001

（3）举例。在图 4-53 所示的程序段中，如果 I0.0 为 1，则 MOVE 指令被执行，MW10 的内容将被复制到当前打开的 DB 中的数据字 12（DBW12）中。如果指令被执行，则 Q4.0 为 1。

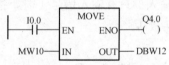

图 4-53　含赋值指令的程序段

数字量控制系统梯形图的设计方法

问 1 什么是数字量控制系统？

答：数字量控制系统又称为开关量控制系统，继电器控制系统就是典型的数字量控制系统。

问 2 怎样用经验法设计启动、保持与停止电路？

答：启动、保持和停止电路简称启保停电路，在梯形图中得到了广泛的应用。图 5-1 中启动按钮和停止按钮提供的启动信号 I0.0 和停止信号 I0.1 为 1 状态的时间很短，只按启动按钮，I0.0 的常开触点和 I0.1 的常闭触点均接通，Q4.1 的线圈"通电"，它的常开触点同时接通；释放启动按钮，I0.0 的常开触点断开，"能流"经 Q4.1 和 I0.1 的触点流过 Q4.1 的线圈，这就是所谓的"自锁"或"自保持"功能。只按停止按钮，I0.1 的常闭触点断开，使 Q4.1 的线圈"断电"，其常开触点断开，以后即使释放停止按钮，I0.1 的常闭触点恢复接通状态，Q4.1 的线圈仍然"断电"。这种功能也可以用图 5-2 所示置位复位电路中的 S（置位）指令来实现。

在实际电路中，启动信号和停止信号可能由多个触点组成的串、并联电路提供。

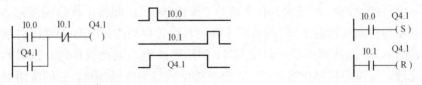

图 5-1　启保停电路　　　　　　　　　　图 5-2　置位复位电路

可以用设计继电器电路图的方法来设计比较简单的数字量控制系统的梯形图，即在一些典型电路的基础上，根据被控对象对控制系统的具体要求，不断地修改和完善梯形图，增加一些中间编程元件和触点，最后才能得到一个较为满意的结果。电工手册中常用的继电器电路图可以作为设计梯形图的参考电路。用这种方法设计起保停电路没有普遍的规律可以遵循，具有很大的试探性和随意性，最后的结果不是唯一的，设计所用的时间、设计的质量与设计者的经验有很大的关系，所以有人把这种设计方法称为经验设计法，它可以用于较简单的梯形图（如手动程序）的设计。

怎样用经验法设计三相异步电动机的正反转控制？

答：图 5-3 所示是三相异步电动机正反转控制的主电路和继电器控制电路图，KM1 和 KM2 分别是控制正转运行和反转运行的交流接触器。用 KM1 和 KM2 的主触点改变进入电动机的三相电源的相序，即可以改变电动机的旋转方向。图 5-3 中的 FR 是热继电器，在电动机过载时，它的常闭触点断开，使 KM1 或 KM2 的线圈断电，电动机停转。

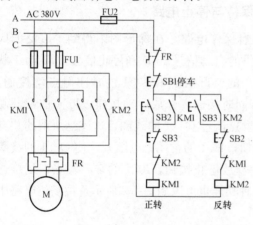

图 5-3 中的控制电路由两个起保停电路组成，为了节省触点，FR 和 SB1 的常闭触点供两个启保停电路公用。

按下正转启动按钮 SB2，KM1 的线圈通电并自保持，电动机正转运行；按下反转启动按钮 SB3，KM2 的线圈通电并自保持，电动机反转运行；按下停止按钮 SB1，KM1 和 KM2 的线圈断电，电动机停止运行。

图 5-3 三相异步电动机正反转控制电路图

为了方便操作和保证 KM1 和 KM2 不会同时为 ON，在图 5-3 中设置了"按钮联锁"，即将正转启动按钮 SB2 的常闭触点与控制反转的 KM2 的线圈串联，将反转启动按钮 SB3 的常闭触点与控制正转的 KM1 的线圈串联。假设 KM1 的线圈通电，电动机正转，这时如果想使其反转，可以不按停止按钮 SB1，直接按反转启动按钮 SB3，它的常闭触点断开，使 KM1 的线圈断电，同时 SB3 的常开触点接通，使 KM2 的线圈通电，此时电动机由正转变为反转。

由主回路可知，如果 KM1 和 KM2 的主触点同时闭合，将会造成三相电源相间短路的故障。在二次回路中，KM1 的线圈串联了 KM2 的辅助常闭触点，KM2 的线圈串联了 KM1 的辅助常闭触点，它们组成了硬件互锁电路。假设 KM1 的线圈通电，其主触点闭合，电动机正转。因为 KM1 的辅助常闭触点与主触点是联动的，此时与 KM2 的线圈串联的 KM1 的常闭触点断开，所以按反转启动按钮 SB3 之后，要等到 KM1 的线圈断电，它的常闭触点闭合，KM2 的线圈才会通电，因此这种互锁电路可以有效地防止短路故障。

图 5-4 所示是实现上述功能的 PLC 的外部接线图和梯形图。在将继电器电路图转换为梯形图时，首先应确定 PLC 的输入信号和输出信号。三个按钮提供操作人员的指令信号，按钮信号必须输入到 PLC 中去，热继电器的常开触点提供了 PLC 的另一个输入信号。显然，两个交流接触器的线圈是 PLC 的输出负载。

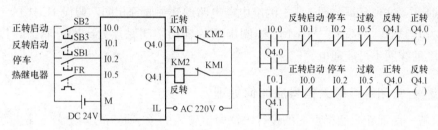

图 5-4 PLC 的外部接线图和梯形图

画出 PLC 的外部接线图后，同时也确定了外部输入/输出信号与 PLC 内的输入/输出过程映像位的地址之间的关系。可以将继电器电路图"翻译"为梯形图。如果在 STEP 7 中用梯形图语言输入程序，可以采用与图 5-3 中的继电器电路完全相同的结构来画梯形图。各触点的常开、常闭的性质不变，根据 PLC 外部接线图中给出的关系，来确定梯形图中各触点的地址。

CPU 在处理图 5-5（a）中的梯形图时，实际上使用了局域数据位（如 L20.0）来保存 A 点的运算结果，将它转换为语句表后，有 8 条语句。将图中的两个线圈的控制电路分离开后变为两个网络，一共只有 6 条指令。

如果将图 5-3 中的继电器电路图

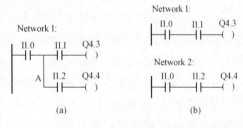

图 5-5 梯形图（1）

"原封不动"地转换为梯形图，也存在着同样的问题。图 5-4 中的梯形图将控制 Q4.0 和 Q4.1 的两个起保停电路分离开，虽然多用了两个常闭触点，但是避免了使用与局域数据位有关的指令。此外，将各线圈的控制电路分离开后，电路的逻辑关系也比较清晰。

在图 5-4 中使用了 Q4.0 和 Q4.1 的常闭触点组成的软件互锁电路，它们只能保证输出模块中与 Q4.0 和 Q4.1 对应的硬件继电器的常开触点不会同时接通。如果从正转马上切换到反转，由于切换过程中电感的延时作用，可能会出现原来

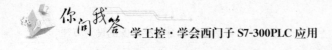

接通的接触器的主触点还未断弧，另一个接触器的主触点已经合上的现象，从而造成交流电源瞬间短路的故障。

此外，如果因主电路电流过大或接触器质量不好，某一接触器的主触点被断电时产生的电弧熔焊被粘结，其线圈断电后主触点仍然是接通的，这时如果另一个接触器的线圈通电，仍将造成三相电源短路事故。为了防止出现这种情况，应在 PLC 外部设置由 KM1 和 KM2 的辅助常闭触点组成的硬件互锁电路，如图 5-4 所示。这种互锁与图 5-3 中的继电器电路的互锁原理相同，假设 KM1 的主触点被电弧熔焊，这时它与 KM2 线圈串联的辅助常闭触点处于断开状态，因此 KM2 的线圈不可能通电。

问 4　**常闭触点输入信号应如何处理？**

答：前面在介绍梯形图的设计方法时，输入的数字量信号均由外部常开触点提供，但是在实际的系统中，有些输入信号只能由常闭触点提供。

在图 5-4 中，如果将热继电器 FR 的常开触点换成常闭触点，没有过载时 FR 的常闭触点闭合，I0.5 为 1 状态，其常开触点闭合，常闭触点断开。为了保证没有过载时电动机的正常运行，显然应在 Q4.0 和 Q4.1 的线圈回路中串联 I0.5 的常开触点，而不是像继电器系统那样，串联 I0.5 的常闭触点。过载时 FR 的常闭触点断开，I0.5 为 0 状态，其常开触点断开，使 Q4.1 或 Q4.1 的线圈"断电"，起到了保护作用。

上述处理方法虽然能保证系统的正常运行，但是作过载保护的 I0.5 的触点类型与继电器电路中的类型恰好相反，使人看起来很不习惯，在将继电器电路"转换"为梯形图时也很容易出错。

为了使梯形图和继电器电路图中触点的常开/常闭的类型相同，建议尽量用常开触点作 PLC 的输入信号。如果某些信号只能用常闭触点输入，可以按输入全部为常开触点来设计，然后将梯形图中的相应的输入位的触点改为相反的触点，即常开触点改为常闭触点，常闭触点改为常开触点。

问 5　**怎样用经验法设计小车控制程序？**

答：图 5-6 中的小车开始时停在左边，左限位开关 SQ1 的常开触点闭合。要求按下列顺序控制小车。

（1）按下右行启动按钮 SB2，小车右行。

（2）走到右限位开关 SQ2 处停止运动，延时 8s 后开始左行。

（3）回到左限位开关 SQ1 处停止运动。

在异步电动机正反转控制电路的
基础上设计的满足上述要求的梯形图
如图 5-7 所示。在控制右行的 Q4.0
的线圈回路中串联了 I0.4 的常闭触
点，小车走到右限位开关 SQ2 处时，
I0.4 的常闭触点断开，使 Q4.0 的线
圈断电，小车停止右行。同时 I0.4
的常开触点闭合，T0 的线圈通电，
开始定时（8s）。8s 后，T0 的常开触
点闭合，使 Q4.1 的线圈通电并自保

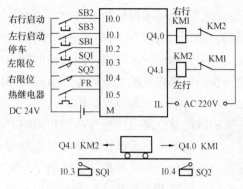

图 5-6　PLC 的外部接线图（1）

持，小车开始左行。离开限位开关 SQ2 后，I0.4 的常开触点断开，T0 的常开触
点因为其线圈断电而断开。小车运行到左边的起始点时，左限位开关 SQ1 的常
开触点闭合，I0.3 的常闭触点断开，使
Q4.1 的线圈断电，小车停止运动。

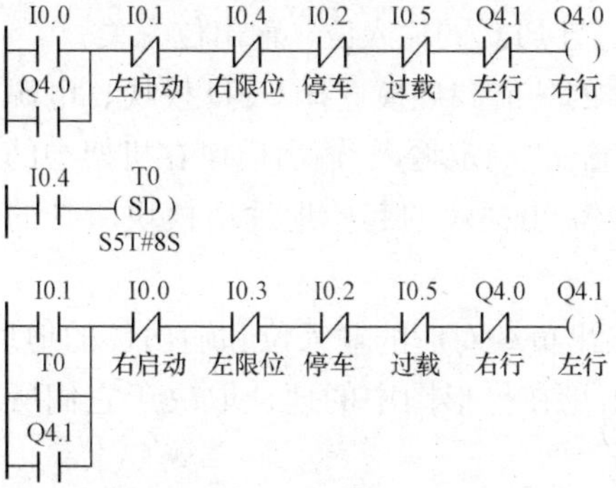

在图 5-7 所示的梯形图中，保留了
左行启动按钮 I0.1 和停车按钮 I0.2 的
触点，使系统有手动操作的功能。串联
在启保停电路中的左限位开关 I0.3 和右
限位开关 I0.4 的常闭触点在手动操作时
可以防止小车的运动超限。

图 5-7　梯形图（2）

问6　根据继电器电路图设计梯形图的基本方法是什么？

答： PLC 使用与继电器电路图极为相似的梯形图语言。如果用 PLC 改造继
电器控制系统，根据继电器电路图来设计梯形图是一条捷径。这是因为原有的继
电器控制系统经过长期使用和考验，已经被证明能完成系统要求的控制功能，而
继电器电路图又与梯形图有很多相似之处，因此可以将继电器电路图"翻译"成
梯形图，即用 PLC 的外部硬件接线图和梯形图软件来实现继电器系统的功能。
这种设计方法一般不需要改动控制面板，保持了系统原有的外部特性，操作人员
不用改变长期形成的操作习惯。

继电器电路图是一个纯粹的硬件电路图，将它改为 PLC 控制时，需要用
PLC 的外部接线图和梯形图来等效继电器电路图。可以将 PLC 想象成一个控制
箱，其外部接线图描述了这个控制箱的外部接线，梯形图是这个控制箱的内部

"线路图"，梯形图中的输入位（I）和输出位（Q）是这个控制箱与外部世界联系的"接口继电器"，这样就可以用分析继电器电路图的方法来分析 PLC 控制系统。在分析梯形图时可以将输入位的触点想象成对应的外部输入器件的触点，将输出位的线圈想象成对应的外部负载的线圈。外部负载的线圈除了受梯形图的控制外，还可能受外部接点的控制。

将继电器电路图转换为功能相同的 PLC 的外部接线图和梯形图的步骤如下。

（1）了解和熟悉被控设备的工作原理、工艺过程和机械的动作情况，根据继电器电路图分析和掌握控制系统的工作原理。

（2）确定 PLC 的输入信号和输出负载。继电器电路图中的交流接触器和电磁阀等执行机构如果用 PLC 的输出位来控制，它们的线圈接在 PLC 的输出端。按钮、操作开关和行程开关、接近开关、压力继电器等提供 PLC 的数字量输入信号，继电器电路图中的中间继电器和时间继电器（如图 5-8 中的 KA1 和 KT）的功能用 PLC 内部的存储器位和定时器来完成，它们与 PLC 的输入位、输出位无关。

（3）选择 PLC 的型号，根据系统所需的功能和规模选择 CPU 模块、电源模块和数字量输入/输出模块，对硬件进行组态，确定输入/输出模块在机架中的安装位置和它们的起始地址。S7-300 的输入/输出模块的起始地址由模块所在的槽号确定。

（4）确定 PLC 各数字量输入信号与输出负载对应的输入位和输出位的地址，画出 PLC 的外部接线图。各输入量和输出量在梯形图中的地址取决于它们所在的模块的起始地址和模块中的接线端子号。

（5）确定与继电器电路图的中间继电器、时间继电器对应的梯形图中的存储位（M）和定时器、计数器的地址。第（4）步和第（5）步建立了继电器电路图中的元器件和梯形图中的位地址之间的对应关系。

（6）根据上述的对应关系画出梯形图。

问7 如何根据继电器电路图设计梯形图？

答： 液压动力滑台是机床加工工件时完成进给运动的动力部件，由液压系统驱动，完成加工的自动循环。滑台开始停在最左边，左限位开关 SQ（I0.3）的常开触点闭合（见图 5-10 中的运动示意图）。

在自动运行模式，开关 SA 闭合，I0.5 为 1 状态。按下启动按钮 SB1（I0.0），Q4.0、Q4.2 变为 1 状态，YV11 和 YV2 的线圈通电，动力滑台向右快速进给（简称快进）；碰到中限位开关 SQ2（I0.1）时变为工作进给（简称工进），Q4.2 变为 0 状态，YV2 的线圈断电；碰到右限位开关 SQ3（I0.2）时暂停 8s，Q4.0 变为 0 状态；YV11 的线圈断电，滑台停止运动；时间到时动力滑台快速退回（简称快退），Q4.1 变为 1 状态，YV12 的线圈通电；返回初始位置时限位开关 SQ1 动作，Q4.1 变为 0 状态，YV12 的线圈断电，停止运动。

　　图 5-8 所示是实现上述控制要求的继电器电路图，图 5-9 和图 5-10 所示是实现相同功能的 PLC 控制系统的外部接线图和梯形图。

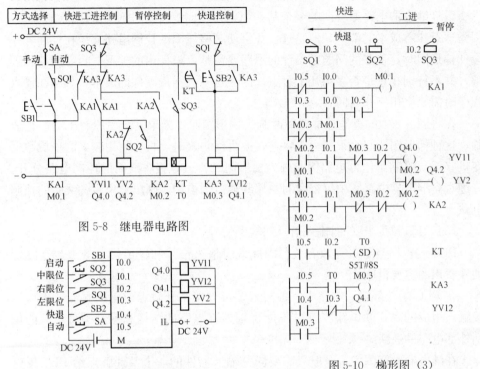

图 5-8　继电器电路图

图 5-9　PLC 的外部接线图（2）

图 5-10　梯形图（3）

　　图 5-10 中 M0.3 和 Q4.1 的状态完全相同，因此可以省略 M0.3，用 Q4.1 的触点来代替 M0.3 的触点，但 M0.3 是用软件实现的，使用它不会增加硬件成本。

　　在设计时应注意梯形图与继电器电路图的区别。梯形图是一种软件，是 PLC 图形化的程序；在继电器电路图中，各继电器可以同时动作，而 PLC 的 CPU 是串行工作的，即 CPU 只能同时处理一条指令。

问 8 **根据继电器电路图设计 PLC 的外部接线图和梯形图有哪些注意事项？**

　　答：根据继电器电路图设计 PLC 的外部接线图和梯形图时应注意以下问题。

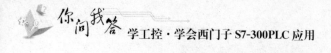

（1）应遵守梯形图语言中的语法规定。

由于工作原理不同，梯形图不能照搬继电器电路中的某些处理方法。例如，在继电器电路中，触点可以放在线圈的两侧，但是在梯形图中，线圈必须放在电路的最右边。

（2）适当分离继电器电路图中的某些电路。

设计继电器电路原理图的一个基本原则是尽量减小图中使用的触点的个数，因为这意味着成本的节约，但是这往往会使某些线圈的控制电路交织在一起。在设计梯形图时，首要的问题是设计的思路要清楚，设计出的梯形图容易阅读和理解，并不特别在意是否多用几个触点，因为这不会增加硬件的成本，只是在输入程序时需要多用一些时间。

在将图 5-8 中的继电器电路图改画为梯形图时，如果完全"原封不动"地改画，这种梯形图读起来很费力，将它转换为语句表时，将会使用较多的局域数据变量（L）。在将继电器电路图改画为梯形图时，最好将各线圈的控制电路分开。仔细观察继电器电路图中每个线圈受哪些触点的控制，画出分离后各线圈的控制电路。

（3）尽量减少 PLC 的输入信号和输出信号。

PLC 的价格与 I/O 点数有关，因此减少输入信号和输出信号的点数是降低硬件费用的主要措施。

在 PLC 的外部输入电路中，各输入端可以接常开触点或常闭触点，也可以接触点组成的串并联电路。PLC 不能识别外部电路的结构和触点类型，只能识别外部电路的通断。

在继电器电路图中，一般只需要同一输入器件的一个常开触点给 PLC 提供输入信号。与继电器电路不同，在梯形图中，可以多次使用同一输入位的常开触点和常闭触点。

图 5-8 中的选择开关 SA 的常开触点和常闭触点分别表示自动模式和手动模式。PLC 的输入端只需外接 SA 的一个触点（如常开触点），在梯形图中，I0.5 的常开触点和常闭触点分别对应于自动模式和手动模式。

如果在继电器电路图中，某些触点总是以相同的串并联电路的形式出现，可以将这种串并联电路作为一个整体接在 PLC 的一个输入点上。串并联电路接通时对应的输入位（I）为 1，梯形图中该输入位的常开触点闭合，常闭触点断开。

设计输入电路时，应尽量采用常开触点，如果只能使用常闭触点，梯形图中对应触点的常开/常闭类型应与继电器电路图中的相反。

某些器件的触点如果在继电器电路图中只出现一次，并且与 PLC 输出端的负载串联，如具有锁存功能的热继电器的常闭触点，不必将它们作为 PLC 的输入信号，可以将它们放在 PLC 外部的输出回路，仍有相应的外部负载串联。

继电器控制系统中某些相对独立且比较简单的部分，可以用继电器电路控制，这样可以减少所需的 PLC 的输入点和输出点。

（4）时间继电器的处理。

时间继电器有四种延时触点，其图形符号和动作时序如图 5-11 所示。图 5-11 中前两个触点是通电延时时间继电器的触点，线圈通电后触点延时动作，线圈断电后触点立即动作，恢复常态。这种时间继电器对应于 S7-300 的接通延时定时器。PLC 的定时器触点是延时动作的触点，虽然它们的形状与普通的触点形状一样。图 5-11 中后两个触点是断电延时时间继电器的

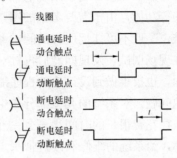

图 5-11　时间继电器

触点，线圈通电后触点立即动作，线圈断电后触点延时恢复常态。这种时间继电器对应于 S7-300 的断开延时定时器。

时间继电器除了有延时动作的触点外，还有在线圈通电瞬间接通的瞬动触点。在梯形图中，可以在定时器的线圈两端并联存储器位（M）的线圈，它的触点相当于定时器的瞬动触点。

（5）设置中间单元。

在梯形图中，若多个线圈都受某一触点串并联电路的控制，为了简化电路，在梯形图中可以设置中间单元，即用该电路来控制某存储器位（M），在各线圈的控制电路中使用其常开触点，这种中间单元类似于继电器电路中的中间继电器。

（6）设立外部互锁电路。

控制异步电动机正反转的交流接触器如果同时动作，将会造成三相电源短路。为了防止出现这样的事故，应在 PLC 外部设置硬件互锁电路（见图 5-4）。

在继电器电路中采取了互锁措施的其他电路，如异步电动机的星形、三角形起动电路等，在改用 PLC 控制时也应采取同样的硬件互锁措施。

（7）外部负载的额定电压。

PLC 的继电器输出模块和双向晶闸管输出模块一般只能驱动额定电压为 AC 220V 的负载，如果系统原来的交流接触器的线圈电压为 380V，应将线圈换成 220V 的，或设置外部中间继电器。

问9 什么是顺序控制设计法？

答：用经验设计法设计梯形图时，没有一套固定的方法和步骤可以遵循，具有很大的试探性和随意性，对于不同的控制系统，没有一种通用的容易掌握的设计方法。在设计复杂系统的梯形图时，用大量的中间单元来完成记忆、联锁和互锁等功能，由于需要考虑的因素很多，它们往往又交织在一起，分析起来非常困难，一般不可能把所有的问题考虑得很周到，程序设计出来后，需要模拟调试或在现场调试，发现问题后再针对问题对程序进行修改。即使是非常有经验的工程师，也很难做到设计出的程序能一次成功。修改某一局部电路时，很可能引发其他问题，对系统的其他部分产生意想不到的影响，因此梯形图的修改也很麻烦，往往花费很长的时间得不到一个满意的结果。用经验法设计出的梯形图很难阅读，给系统的维修和改进带来了很大的困难。

所谓顺序控制，就是按照生产工艺预先规定的顺序，在各个输入信号的作用下，根据内部状态和时间的顺序，在生产过程中各个执行机构自动有秩序地进行操作。使用顺序控制设计法时首先根据系统的工艺过程，画出顺序功能图（Sequential Function Chart），然后根据顺序功能图画出梯形图。STEP 7 的 S7 Graph 就是一种顺序功能图语言，在 S7 Graph 中生成顺序功能图后便完成了编程工作。

顺序控制设计法是一种先进的设计方法，很容易被初学者接受，对于有经验的工程师，也会提高设计的效率，节约大量的设计时间。程序的调试、修改和阅读也很方便。只要正确地画出了描述系统工作过程的顺序功能图，一般都可以做到调试程序时一次成功。

顺序控制设计法最基本的思想是将系统的一个工作周期划分为若干个顺序相连的阶段，这些阶段称为步（Step），然后用编程元件（如存储器位 M）来代表各步。步是根据输出量的 ON/OFF 状态的变化来划分的。在任何一步之内，各输出量的状态不变，但是相邻两步输出量总的状态是不同的，步的这种划分方法使代表各步的编程元件的状态与各输出量的状态之间有着极为简单的逻辑关系。

使系统由当前步进入下一步的信号称为转换条件，转换条件可以是外部的输入信号，如按钮、指令开关、限位开关的接通/断开等；也可以是 PLC 内部产生的信号，如定时器、计数器的触点提供的信号，转换条件还可能是若干个信号的与、或、非逻辑组合。

顺序控制设计法用转换条件控制代表各步的编程元件，使它们的状态按一定的顺序变化，然后用代表各步的编程元件去控制 PLC 的各输出位。

　　顺序功能图是描述控制系统的控制过程、功能和特性的一种图形，也是设计PLC的顺序控制程序的有力工具。

　　顺序功能图并不涉及所描述的控制功能的具体技术，它是一种通用的直观的技术语言，可以供进一步设计和不同专业的人员之间进行技术交流之用。对于熟悉设备和生产流程的现场情况的电工程师来说，顺序功能图是很容易画出的。

　　在IEC的PLC标准（IEC 61131）中，顺序功能图是PLC位居首位的编程语言。我国在2008年颁布了顺序功能图的国家标准GB/T 21654—2008。顺序功能图主要由步、有向连线、转换、转换条件和动作（或命令）组成。

问 10　步的概念是什么？

　　答： 图5-12所示是液压动力滑台的进给运动示意图和输入输出信号的时序图，为了节省篇幅，将几个脉冲输入信号的波形画在一个波形图中，设动力滑台在初始位置时停在左边，限位开关I0.3为I状态，Q4.0～Q4.2是控制动力滑台运动的三个电磁阀。与图5-10中的系统相同，按下启动按钮后，动力滑台的一个工作周期由快进、工进、暂停和快退组成，返回初始位置后停止运动。根据Q4.0～Q4.2的ON/OFF状态的变化，一个工作周期可以分为快进、工进、暂停和快退这四步，另外还应设置等待起动的初始步，图中用矩形方框表示步，方框中可以用数字表示各步的编号，也可以用代表各步的存储器位的地址作为步的编号，如M0.0等，这样在根据顺序功能图设计梯形图时较为方便。

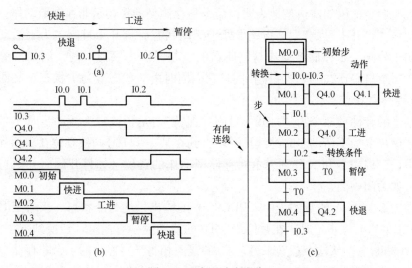

图 5-12　液压动力滑台
（a）进给运动示意图；（b）输入输出信号时序图；（c）顺序功能图

问 11 初始步的概念是什么?

答：初始状态一般是系统等待启动命令的相对静止的状态。系统在开始进行自动控制之前，首先应进入规定的初始状态。与系统的初始状态相对应的步称为初始步，初始步用双线方框来表示，每一个顺序功能图至少应该有一个初始步。

问 12 与步对应的动作或命令有哪些?

答：可以将一个控制系统划分为被控系统和施控系统。例如，在数控车床系统中，数控装进施控系统，而车床是被控系统。对于被控系统，在某一步中要完成某些"动作"（Action）；对于施控系统，在某一步中则要向被控系统发出某些"命令"（Command）。为了叙述方便，下面将命令或动作统称为动作，并用矩形框中的文字或符号来表示动作，该矩形框与相应的步的方框用水平短线相连。

图 5-13 动作

如果某一步有几个动作，可以用图5-13所示的两种画法来表示，但是并不隐含这些动作之间的任何顺序。

当系统正处于某一步所在的阶段时，该步处于活动状态，称该步为"活动步"。步处于活动状态时，相应的动作被执行；处于不活动状态时，相应的非存储型动作被停止执行。

说明命令的语句应清楚地表明该命令是存储型动作还是非存储型动作。非存储型动作"打开 1 号阀"，是指该步处于活动状态时打开 1 号阀，为不活动状态时关闭 1 号阀。非存储型动作与它所在的步是"同生共死"的。例如，图 5-12 中的 M0.4 与 Q4.2 的波形完全相同，它们同时由 0 状态变为 1 状态，又同时由 1 状态变为 0 状态。

某步的存储型命令为"打开 1 号阀并保持"，是指该步为活动步时 1 号阀被打开，该步变为不活动步时继续打开，直到在某一步 1 号阀被复位在表示动作的方框中，可以用 S 和 R 分别表示对存储型动作的置位（如打开阀门并保持）和复位（如关闭阀门）。

在图 5-12 所示的暂停步中，PLC 所有的输出量均为 0 状态，接通延时定时器 T0 用来给暂停步定时，在暂停步，T0 的线圈应一直通电，转换到下一步后，T0 的线圈断电。从这个意义来说，T0 的线圈相当于暂停步的一个非存储型的动作，因此可以将这种为某一步定时的接通延时定时器放在与该步相连的动作框内，它表示定时器的线圈在该步内"通电"。

除了以上的基本结构之外，使用动作的修饰词可以在一步中完成不同的动作。修饰词允许在不增加逻辑的情况下控制动作。例如，可以使用修饰词 L 来限制某一动作执行的时间。但在使用动作的修饰词时比较容易出错，除了修饰词 S 和 R（动作的置位与复位）以外，使用其他动作的修饰词时要特别小心。在顺序控制功能图语言 S7 Graph 中，将动作的修饰词称为动作中的命令。

问 13　有向连线的概念是什么？

答： 在顺序功能图中，随着时间的推移和转换条件的实现，将会发生步的活动状态的进展，这种进展按有向连线规定的路线和方向进行。在画顺序功能图时，将代表各步的方框按它们成为活动步的先后顺序排列，并且用有向连线将它们连接起来。步的活动状态习惯的进展方向是从上到下或从左至右，在这两个方向有向连线上的箭头可以省略。如果不是上述的方向，应在有向连线上用箭头注明进展方向。在可以省略箭头的有向连线上，为了更易于理解也可以加箭头。

如果在画图时有向连线必须中断，例如在复杂的图中，或用几个图形表示一个顺序功能图时，应在有向连线中断之处标明下一步的标号和所在的页数。

问 14　转换的概念是什么？

答： 转换用有向连线上与有向连线垂直的短画线来表示，转换将相邻两步分隔开。步的活动状态的进展是由转换的实现来完成的，并与控制过程的发展相对应。

问 15　转换条件的概念是什么？

答： 转换条件是与转换相关的逻辑命题，转换条件可以用文字语言来描述，如"触点 A 与触点 B 同时闭合"；也可以用表示转换的短线旁边的布尔代数表达式来表示，如"I0.1＋I2.0"。S7 Graph 中的转换条件用梯形图或功能块图来表示，如图 5-14 所示；如果没有使用 S7 Graph 语言，一般用布尔代数表达式来表示负条件。

图 5-14 中用高电平表示步 M2.1 为活动步，反之则用低电平来表示。转换条件 I0.0 表示 I0.0 为 1 状态时转换实现，转换条件 $\overline{I2.0}$ 表示 I0.0 为 0 状态时转换实现。转换条件 I0.1＋I2.0 表示 I0.1 的常开触点闭合或 I2.0 的常闭触点闭合时转换实现，在梯形图中则用两个触点的并联来表示这样的"或"逻辑关系。

符号 ↑I2.3 和 ↓I2.3 分别表示当 I2.3 从 0 状态变为 1 状态和从 1 状态变为 0 状态时转换实现。实际上转换条件 ↑I2.3 和 I2.3 是等效的，因为一旦 I2.3 由

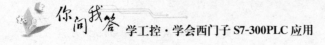

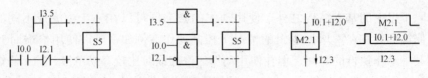

图 5-14 转换与转换条件

0 状态变为 1 状态（在 I2.3 的上升沿），转换条件 I2.3 也会马上起作用。

在图 5-12 中，转换条件 T0 相当于接通延时定时器 T0 的常开触点，即在 T0 的定时时间到时转换条件满足。

问 16 什么是单序列？

答： 单序列由一系列相继激活的步组成，每一步的后面仅有一个转换，每一个转换的后面只有一个步 [见图 5-15 (a)]，单序列的特点是没有分支与合并。

问 17 什么是选择序列？

答： 选择序列的开始称为分支 [见图 5-15 (b)]，转换符号只能标在水平连线之下。如果步 5 是活动步，并且转换条件为 h＝1，则发生由步 5→步 8 的进展；如果步 5 是活动步，并且 k＝1，则发生由步 5→步 10 的进展。

在步 5 之后选择序列的分支处，每次只允许选择一个序列，如果将选择条件 k 改为 kh，则当 k 和 h 同时为 ON 时，将优先选择 h 对应的序列。

选择序列的结束称为合并 [见图 5-15 (b)]，几个选择序列合并到一个公共序列时，用需要重新组合的序列相同数量的转换符号和水平连线来表示，转换符号只允许在水平连线之上。

如果步 9 是活动步，并且转换条件 j＝1，则发生由步 9→步 12 的进展；如果步 10 是活动步，并且 n＝1，则发生由步 10→步 12 的进展。

允许选择序列的某一条分支上没有步，但是必须有一个转换。这种结构称为"跳步" [见图 5-15 (c)]。跳步是选择序列的一种特殊情况。

问 18 什么是并行序列？

答： 并行序列的开始称为分支 [见图 5-15 (d)]，当转换的实现导致几个序列同时激活时，这些序列称为并行序列。当步 3 是活动步，并且转换条件 e＝1，步 4 和 6 同时变为活动步，同时步 3 变为不活动步。为了强调转换的同步实现，水平连线用双线表示。步 4、6 被同时激活后，每个序列中活动步的进展将是独立的。在表示同步的水平双线之上，只允许有一个转换符号。并行序列用来表示

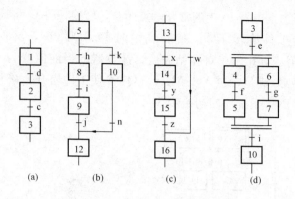

图 5-15 单序列、选择序列与并行序列

（a）单序列；（b）、（c）选择序列；（d）并行序列

系统的几个同时工作的独立部分的工作情况。

并行序列的结构称为合并［见图 5-15（d）］，在表示同步的水平双线之下，只允许有一个转换符号，当直接边在双线上的所有前级步（步 5、7）处于活动状态，并且转换条件 i＝1 时，才会发生步 5、7 到步 10 的进展，即步 5、7 同时变为不活动步，而步 10 变为活动步。

问 19 如何应用复杂的顺序功能图？

答： 某专用钻床用来加工圆盘状零件上均匀分布的六个孔（见图 5-16），图 5-16（a）是侧视图，图 5-16（b）是工作的俯视图。在进入自动运行之前，两个钻头应在最上面，上限位开关 I0.3 和 I0.5 为 ON，系统处于初始步，计数器 C0 的设定值 3 被送入计数器。在图 5-16 中，用存储器位 M 来代表各步，顺序功能图（见图 5-17）中包含了选择序列和并行序列。操作人员放好工件后，按下起动按钮 I0.0，转换条件满足，由初始步转换到步 M0.1，Q4.0 变为 ON，工件被

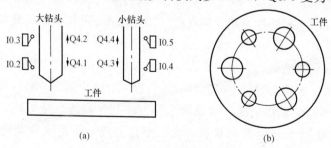

图 5-16 组合钻床示意图

（a）侧视图；（b）俯视图

155

夹紧。夹紧后压力继电器 I0.1 的常开触点闭合，转换条件 C0 满足，将转换到步 M1.0。Q4.5 使工件旋转 120°，旋转到位时 I0.6 为 ON，又返回步 M0.2 和 M0.5，开始钻第二对孔。三对孔钻完后，计数器的当前值变为 0，其常闭触点闭合，转换条件 C0 满足，进入步 M1.1，Q4.6 使工件松开。松开到位时，限位开关 I0.7 变为 ON，系统返回初始步 M0.0。

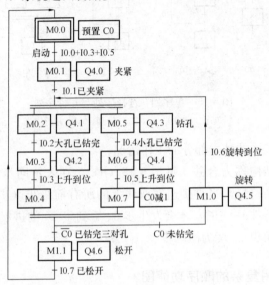

图 5-17　组合钻床的顺序功能图

　　因为要求两个钻头向下钻孔和钻头提升的过程同时进行，所以采用并行序列来描述上述的过程。由 M0.2~M0.4 和 M0.5~M0.7 组成的两个单序列分别用来描述大钻头和小钻头的工作过程。在步 M0.1 之后，有一个并行序列的分支。当 M0.1 为活动步，且转换条件 I0.1 得到满足（I0.1 为 1 状态），并行序列中两个单序列中的第 1 步（步 M0.2 和 M0.5）同时变为活动步。此后两个单序列内部各步的活动状态的转换是相互独立的，如大孔和小孔钻完时的转换一般不是同步的。

　　两个单序列中的最后 1 步（步 M0.4 和 M0.7）应同时变为不活动步。但是因为两个钻头一般不会同时上升到位，不可能同时结束运动，所以设置了等待步 M0.4 和 M0.7，它们用来同时结束两个并行序列。当两个钻头均上升到位，限位开关 I0.3 和 I0.5 分别为 1 状态，大、小钻头两个子系统分别进入两个等待步，并行序列将会立即结束。

　　在步 M0.4 和 M0.7 之后，有一个选择序列的分支。没有钻完三对孔时 C0

的常开触点闭合，转换条件满足 C0，如果两个钻头都上升到位，将从步 M0.4 和 M0.7 转换到步 M1.0。如果已钻完三对孔，C0 的常闭触点闭合，转换条件 C0 满足，将从步 M0.4 和 M0.7 转换到步 M1.1。

在步 M0.1 之后，有一个选择序列的合并。并步 M0.1 为活动步，而且转换条件 I0.1 得到满足（I0.1 为 ON），将转换到步 M0.2 和 M0.5。当步 M1.0 为活动步，而且转换条件 I0.6 得到满足时，也会转换到步 M0.2 和 M0.5。

问 20 顺序功能图中转换实现的条件是什么？

答：在顺序功能图中，步的活动状态的进展是由转换的实现来完成的，转换实现必须同时满足以下两个条件。

（1）该转换所有的前级步是活动步。

（2）相应的转换条件得到满足。

如果转换的前级步或后续步不止一个，转换的实现称为同步实现（见图 5-18）。为了强调同步实现，有向连线的水平部分用双线表示。

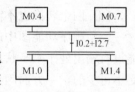

图 5-18 转换的同步实现

问 21 转换实现应完成哪些操作？

答：转换实现时应完成以下两个操作。

（1）使所有由有向连线与相应转换符号相连的后续步都变为活动步。

（2）使所有由有向连线与相应转换符号相连的前级步都变为不活动步。

以上规则可以用于任意结构中的转换，其区别如下：在单序列中，一个转换仅有一个前级步和一个后续步。在选择序列的分支与合并处，一个转换也只有一个前级步和一个后续步，但是一个步可能有多个前级步或多个后续步（见图 5-15）。在并行序列的分支处，转换有几个后续步（见图 5-18），在转换实现时应同时将它们对应的编程元件置位；在并行序列的合并处，转换有几个前级步，它们均为活动步时才有可能实现转换，在转换实现时应将它们对应的编程元件复位。

转换实现的基本规则是根据顺序功能图设计梯形图的基础，它适用于顺序功能图中的各种基本结构，也是下面要介绍的设计各种顺序控制梯形图的方法的基础。

在梯形图中，用编程元件（如存储器位 M）来代表步，当某步为活动步时，该步对应的编程元件为 1 状态。当该步之后的转换条件满足时，转换条件对应的触点或电路接通，因此可以将该触点或电路与代表所有前级步的编程元件的常开触点串联，作为与转换实现的两个条件同时满足对应的电路。例如，图 5-18 中转换条件的布尔代数表达式为 I0.2—I2.7，它的两个前级步用 M0.4 和 M0.7 来代表，所以应将 I2.7 的常闭触点和 I0.2、M0.4、M0.7 的常开触点串联，作为转换实现的两个条件同时满足对应的电路。在梯形图中，该电路接通时，应使所有代表前级步的编程元件（M0.4 和 M0.7）复位，同时使所有代表后续步的编程元件（M1.0 和 M1.4）置位（变为 1 状态并保持）。

问 22 绘制顺序功能图应注意哪些事项？

答： 下面是针对绘制顺序功能图时常见的错误提出的注意事项。

（1）两个步绝对不能直接相连，必须用一个转换将它们隔开。

（2）两个转换也不能直接相连，必须用一个步将它们隔开。

（3）顺序功能图中的初始步一般对应于系统等待启动的初始状态，这一步可能没有输出处于 ON 状态，因此在画顺序功能图时很容易遗漏这一步。初始步是必不可少的，一方面因为该步与它的相邻步相比，从总体上说输出变量的状态各不相同；另一方面如果没有该步，无法表示初始状态，系统也无法返回停止状态。

（4）自动控制系统应能多次重复执行同一工艺过程，因此在顺序功能图中一般应有由步和有向连线组成的闭环，即在完成一次工艺过程的全部操作之后，应从最后一步返回初始步，系统停留在初始状态（单周期操作），如图 5-12 所示，在连续循环工作方式时，将从最后一步返回下一工作周期开始运行的第一步（见图 5-16）。

（5）如果选择有断电保持功能的存储器位 M 来代表顺序控制图中的各位，在交流电源突然断电时，可以保存当时的活动步对应的存储器位的地址。系统重新上电后，可以使系统从瞬时断电的状态继续运行。如果用没有断电保持功能的存储器位代表各步，进入 RUN 工作方式时，它们均处于 OFF 状态，必须在 OB100 中将初始步预置为活动步，否则因顺序功能图中没有活动步，系统将无法工作。如果系统有自动、手动两种工作方式，顺序功能图是用来描述自动工作过程的，这时还应在系统由手动工作方式进入自动工作方式时，用一个适当的信号将初始步置为活动步，并将非初始步置为不活动步。

在硬件组态时，双击 CPU 模块所在的行，弹出 CPU 模块的属性对话框，选择"Retentive Memory"（有保持功能的存储器）标签，可以设置有断电保持功能的存储器位 M 的地址范围。

问 23 **顺序控制设计法的本质是什么?**

答: 经验设计法实际上是试图用输入信号 I 直接控制输出信号 Q [见图 5-19(a)] 如果无法直接控制，或为了实现记忆、联锁、互锁等功能，只好被动地增加一些辅助元件和辅助触点。由于不同的系统的输出量 Q 与输入量 I 之间的关系各不相同，以及它们对联锁、互锁的要求千变万化，因此不可能找出一种简单通用的设计法。

顺序控制设计法则是用输入量 I 控制代表各步的编程元件（如存储器位 M），再用它们控制输出量 Q [见图 5-19(b)]。步是根据输出量 Q 的状态划分的，M 与 Q 之间具有很简单的"与"

图 5-19 信号关系图
(a) 经验设计法；(b) 顺序控制设计法

的逻辑关系，输出电路的设计极为简单。任何复杂系统代表步的存储器位 M 的控制电路，其设计方法都是相同的，并且很容易掌握，所以顺序控制设计法具有简单、规范、通用的优点。由于 M 是依次顺序变为 I 状态的，实际上已经基本解决了经验设计法中的记忆、联锁等问题。

问 24 **设计顺序控制梯形图的工作模式有几种?**

答: 绝大多数灵敏自动控制系统除了自动工作模式外，还需要设置手动工作模式。在下列两种情况下需要工作在手动模式。

（1）启动自动控制程序之前，系统必须处于要求的初始状态。如果系统的状态不满足启动自动程序的要求，需要进入手动工作模式，用手动操作使系统进入规定的初始状态，然后再回到自动工作模式。一般，在调试阶段使用手动工作模式。

（2）顺序自动控制对硬件的要求很高，如果有硬件故障，如某个限位开关有故障，不可能正确地完成整个自动控制过程。在这种情况下，为了使设备不至于停机，可以进入手动工作模式，对设备进行手动控制。

有启动、手动工作方式的控制系统的两种典型的程序结构如图 5-20 所示，公用

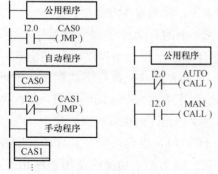

图 5-20 自动/手动程序

程序用于处理自动模式和手动模式都需要执行的任务，以及处理两种模式的相互切换。

图 5-20 中的 I2.0 是自动/手动切换开关。在左边的梯形图中，当 I2.0 为 1 时，第一条条件跳转指令（JMP）的跳步条件满足，将跳过自动程序，执行手动程序；I2.0 为 0 时，第二条条件跳转指令的跳步条件满足，将跳过手动程序，执行自动程序。

在图 5-20 右边的梯形图中，当 I2.0 为 1 时，调用处理手动操作的功能"MAN"；为 0 时调用处理自动操作的功能"AUTO"。

问 25 执行自动程序的初始状态是什么？

答：开始执行自动程序之前，要求系统处于规定的初始状态，如果开机时系统没有处于初始状态，则应进入手动工作方式，用手动操作使系统进入初始状态后，再切换到自动工作方式，也可以通过设置使系统自动进入初始状态的工作方式。

系统满足规定的初始状态后，应将顺序功能图的初始步对应的存储器位置 1，使初始步变为活动步，为启动自动运行作好准备。同时还应将其余各步对应的存储器位复位为 0 状态，这是因为在没有并行序列或并行序列未处于活动状态时，同时只能有一个活动步。

假设用来代表步的存储器位没有被设置为有断电保持功能，刚开始执行用户程序时，系统已处于要求的初始状态，并通过 OB100 将初始步对应的存储器位 M 置 1，其余各步对应的存储器位均为 0 状态，为转换的实现作好了准备。

问 26 双线圈的概念是什么？

答：如图 5-20 所示的自动程序和手动程序中，都需要控制 PLC 的输出 Q，因此同一个输出位的线圈可能会出现两次或多次，称为双线圈现象。

在跳步条件相反的两个程序段（如图 5-20 中的自动程序和手动程序）中，允许出现双线圈，即同一元件的线圈可以在自动程序和手动程序中分别出现一次。实现上在 CPU 在每一次循环中，只执行自动程序或只执行手动程序，不可能同时执行这两个程序。对于分别位于这两个程序中的两个相同的线圈，每次循环只处理其中的一个，因此在本质上并没有违反不允许出现双线圈的规定。

在图 5-20 中，用相反的条件调用功能（FC）时，也允许同一元件的线圈在自动程序功能和手动程序功能中分别出现一次。因为两个功能的调用条件相反，在一个扫描周期内只会调用其中的一个功能，而功能中的指令只是在该功能被调用时才执行，没有调用时则不执行。所以，实际上 CPU 只处理被调用的功能中的双线圈元件中的一个线圈。

问 27 设计顺序控制程序的基本方法是什么？

答： 根据顺序功能图设计梯形图时，可以用存储器位 M 来代表步。为了便于将顺序功能图转换为梯形图，用代表各步的存储器位的地址作为步的代号，并用编程元件地址的逻辑代数表达式来标注转换条件，用编程元件的地址来标注各步的动作。

由图 5-19 （b）可知，顺序控制程序分为控制电路和输出电路两部分，输出电路的输入量是代表步的编程元件 M，输出量是 PLC 的输出位 Q，它们之间的逻辑关系是极为简单的相等或者相"或"的逻辑关系，输出电路是很容易设计的。

控制电路用 PLC 的输入量来控制代表步的编程元件，转换实现的基本规则是设计控制电路的基础。

某一步为活动步时，对应的存储器位 M 为 1 状态；某一转换实现时，该转换的后续步应变为活动步，前级步应变为不活动步，可以用一个串联电路来表示转换实现的这两个条件，该电路接通时，应将该转换所有的后续步对应的存储器位 M 置为 1 状态，将所有前级步对应的 M 复位为 0 状态。转换实现的两个条件对应的串联电路接通的时间只有一个扫描周期，因此应使用有记忆功能的电路或指令来控制代表步的存储器位，起保停电路和置位、复位电路都有记忆功能。

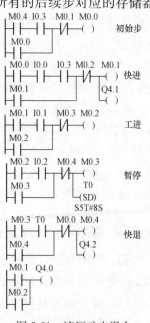

问 28 单序列控制电路的编程方法是什么？

答： 图 5-21 给出了图 5-12 液压动力滑台的梯形图。在初始状态时动力滑台停在左边，限位开关 I0.3 为 1 状态。按下启动按钮 I0.0，动力滑台在各步中分别实现快进、工进、暂停和快退，最后返回初始位置和初始步后停止运动。

如果使用的 M 区被设置为没有断电保持功能，在开机时 CPU 调用 OB100 将初始步对应的 M0.0 置为 1 状态，开机时其余各步对应的存储器位被 CPU 自动复位为 0 状态。

图 5-21 液压动力滑台的梯形图

设计起保停电路的关键是确定它的起动条件和停止条件。根据转换实现的基本规则，转换实现的条件是它的前级步为活动步，并且相应的转换条件满足。以控制 M0.2 的起保停电路为例，步 M0.2 的前级步为活动步时，M0.1 的常开触点闭合，它前面的转换条件满足时，I0.1 的常开触点闭合。两个条件同时满足时，M0.1 和 I0.1 的常开触点组成的串联电路接通。因此在起保停电路中，应将代表前级步的 M0.1 的常开触点和代表转换条件的 I0.1 的常开触点串联，作为控制 M0.2 的起动电路。

在快进步中，M0.1 一直为 1 状态，其常开触点闭合。滑台碰到中限位开关时，I0.1 的常开触点闭合，由 M0.1 和 I0.1 的常开触点串联而成的 M0.2 的起动电路接通，使 M0.2 的线圈通电。在下一个扫描周期工作时，M0.2 的常闭触点断开，使 M0.1 的线圈断电，其常开触点断开，使 M0.2 的启动电路断开。由以上的分析可知，启保停电路的启动电路只能接通一个扫描周期，因此必须用有记忆功能的电路来控制代表步的存储器位。

当 M0.2 和 I0.2 的常开触点均闭合时，步 M0.3 变为活动步，这时步 M0.2 应变为不活动步，因此可以将 M0.3＝1 作为使存储器位 M0.2 变为 0 状态的条件，即将 M0.3 的常闭触点与 M0.2 的线圈串联。上述的逻辑关系可以用逻辑代数式表示为 M0.2＝(M0.1＋M0.2)·M0.3。

在上例中，可以用 I0.2 的常闭触点代替 M0.3 的常闭触点。但是当转换条件由多个信号"与、或、非"逻辑运算组合而成时，需要将它的逻辑表达式求反，经过逻辑代数运算后再将对应的触点串并联电路作为启保停电路的停止电路，不如使用后续步对应的常闭触点简单方便。

根据上述的编程方法和图 5-21，很容易画出梯形图。以步 M0.1 为例，由顺序功能图可知，M0.0 是它的前级步，二者之间的转换条件为 I0.0·I0.3，所以应将 M0.0，I0.0 和 I0.3 的常开触点串联，作为 M0.1 的起动电路。起动电路并联了 M0.0 的自保持触点，后续步 M0.2 的常闭触点与 M0.1 的线圈串联，M0.2 为 1 时 M0.1 的线圈"断电"，步 M0.1 变为不活动步。

问 29 单序列输出电路的编程方法是什么？

答：下面介绍设计梯形图的输出电路部分的方法。因为步是根据输出变量的状态变化来划分的，它们之间的关系极为简单，可以分为两种情况来处理。

（1）某一输出量仅在某一步中为 ON，如图 5-21 中的 Q4.1 就属于这种情况，可以将它的线圈与对应步的存储器位 M0.1 的线圈并联。从图 5-21 还可以看出可以将定时器 T0 的线圈与 M0.3 的线圈并联，将 Q4.2 的线圈和 M0.4 的线圈并联。有人也许觉得既然如此，不如用这些输出位来代表该步，如用 Q4.1 代替 M0.1。这样可以节省编程元件，但是存储器位 M 是完全够用的，多用一些不会增加硬件费用，在设计和输入程序时也不会多花费很长时间。全部用存储器位来代表步具有概念清楚、编程规范、梯形图易于阅读和查错的优点。

（2）如果某一输出在几步中都为 1 状态，应将代表各有关步的存储器位的常开触点并联后，驱动该输出的线圈。图 5-21 中的 Q4.0 在 M0.1 和 M0.2 这两步中均应工作，所以用 M0.1 和 M0.2 的常开触点组成的并联电路来驱动 Q4.0 的线圈。

问 30 选择序列的分支的编程方法是什么？

答：图 5-22 中，步 M0.0 之后有一个选择序列的分支，设 M0.0 为活动步，当它的后续步 M0.1 或 M0.2 变为活动步时，它都应变为不活动步（M0.0 变为 0 状态），所以应将 M0.1 和 M0.2 的常闭触点与 M0.0 的线圈串联。

如果某一步的后面有一个由 N 条分支组成的选择序列，该步可能转换到不同的 N 步去，则应将这 N 个后续步对应的存储器位的常闭触点与该步的线圈串联，作为结束该步的条件。

问 31 选择序列的合并的编程方法是什么？

答：图 5-22 中，步 M0.2 之前有一个选择序列的合并，当步 M0.1 为活动步（M0.1 为 1）并且转换条件 I0.1 满足，或步 M0.0 为活动步并且转换条件 I0.2 满足，步 M0.2 都应变为活动步，即代表该步的存储器位 M0.2 的起动条件应为 M0.1—I0.1＋M0.0—I0.2，对应的启动电路由两条并联支路组成，每条支路分别由 M0.1、I0.1 或 M0.0、I0.2 的常开触点串联而成（梯形图见图 5-23）。

一般来说，对于选择序列的合并，如果某一步之前有 N 个转换，即有 N 条分支进入该步，则代表该步的存储器位的起动电路由 N 条支路并联而成，各支路由某一前级步对应的存储器位的常开触点与相应转换条件对应的触点或电路串联而成。

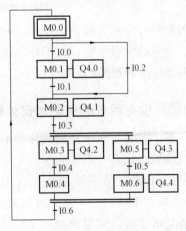

图 5-22　选择序列与并行
序列功能图

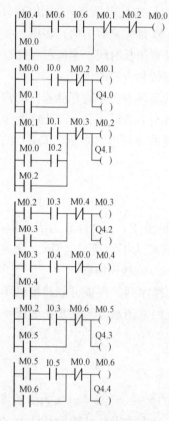

图 5-23　选择序列梯形图

问 32　并行序列的分支的编程方法是什么？

答：图 5-22 的步 M0.2 之后有一个并行序列的分支，当步 M0.2 是活动步并且转换条件 I0.3 满足时，步 M0.3 与步 M0.5 应同时变为活动步，这是用 M0.2 和 M0.3 的常开触点组成的串联电路分别作为 M0.3 和 M0.5 的起动电路来实现的；与此同时，步 M0.2 应变为不活动步。步 M0.3 和 M0.5 同时变为活动步，只需将 M0.3 或 M0.5 的常闭触点与 M0.2 的线圈串联即可。

问 33　并行序列的合并的编程方法是什么？

答：步 M0.0 之前有一个并行序列的合并，该转换实现的条件是所有的前级步（步 M0.4 和 M0.6）都是活动步和转换条件 I0.6 满足。由此可知，应将 M0.4、M0.6 和 I0.6 的常开触点串联，作为控制 M0.0 的启保停电路的启动电路。M0.4 和 M0.6 的线圈都串联了 M0.0 的常开触点，使步 M0.4 和步 M0.6 在转换实现时同时变为不活动步。

任何复杂的顺序功能图都是由单序列、选择序列和并行序列组成的，掌握了单序列的编程方法和选择序列、并行序列的分支、合并的编程方法，就不难迅速地设计出任意复杂的顺序功能图描述的数字量控制系统的梯形图。

问 34　仅有两步的闭环如何处理？

答：如果在顺序功能图中有仅由两步组成的小闭环［见图 5-24（a）］，用起保停设计的梯形图不能正常工作。例如，M0.2 和 I0.2 均为 1 时，M0.3 的启动电路接通，但是这时与 M0.3 的线圈串联的 M0.2 的常闭触点却是断开的，所以 M0.3 的线圈不能"通电"。出现上

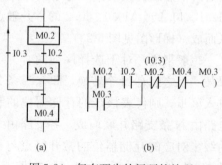

图 5-24　仅有两步的闭环的处理
（a）顺序功能图；（b）梯形图

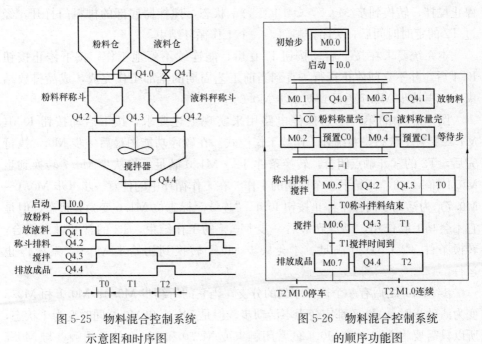

述问题的根本原因是步 M0.2 既是步 M0.3 的前级步，又是它的后续步。将图 5-24 (b)中的 M0.2 的常闭触点改为转换条件 I0.3 的常闭触点，就可以解决这个问题。

问 35 电子秤计量如何实际应用？

答： 图 5-25 中的物料混合装置用来将粉末状的固体物料（粉料）和液体物料（液料）按一定的比例混合在一起，经过一定时间的搅拌后便得到成品，粉料和液料都用电子秤来计量。

初始状态时粉料秤秤斗、液料秤秤斗和搅拌器都是空的，它们底部的排料阀关闭；液料仓的放料阀关闭，粉料仓下部的螺旋输送机的电动机和搅拌机的电动机停转；Q4.0～Q4.4 均为 0 状态。

图 5-26 所示，PLC 开机后用 OB100 将初始步对应的 M0.0 置为 1 状态，将其余各步对应的存储器位复位为 0 状态，并将 MW10 和 MW12 中的计数预置分别送给减计数器 C0 和 C1。

图 5-25　物料混合控制系统
示意图和时序图

图 5-26　物料混合控制系统
的顺序功能图

按下启动按钮 I0.0，Q4.0 变为 1 状态，螺旋输送机的电动机旋转，粉料进入粉料秤的秤斗，同时 Q4.1 变为 1 状态，液料仓的放料阀打开，液料进入液料秤的秤斗。电子秤的光电码盘输出与秤斗内物料质量成正比的脉冲信号。减计数器 C0 和 C1 分别对粉料秤和液料秤产生的脉冲计数。粉料脉冲计数值减至 0 时，其常闭触点闭合，粉料秤的秤斗内的物料等于预置值。Q4.0 变为 0 状态，螺旋输送机的电动机停机。液料脉冲计数值减至 0 时，其常闭触点闭合，液料秤的秤斗内的物料等于预置值。Q4.1 变为 0 状态，关闭液料仓的放料阀。

计数器的当前值非 0 时，计数器的输出位为 1，反之为 0。粉料称量结束后，C0 的常闭触点闭合，转换条件 C0 满足，粉料秤从步 M0.1 转换到等待步 M0.2，预置值送给 C0，为下一次称量做好准备。同样，当液料称量结束后，液料秤从步 M0.3 转换到等待步 M0.4，预置值送给 C1。步 M0.2 和 M0.4 后面的转换条件 "＝1" 表示转换条件为二进制常数 1，即转换条件总是满足的。因此当两个秤的称量都结束后，M0.2 和 M0.4 同时为活动步，系统将 "无条件地" 转换到步 M0.5，Q4.2 变为 1 状态，打开子秤下部的排料门，两个电子秤开始排料，排料过程用定时器 T0 定时。同时 Q4.3 变为 1 状态，搅拌机开始搅拌。T0 的定时时间到时排料结束，转换到步 M0.6，搅拌机继续搅拌。T1 的定时时间到时停止搅拌，转换到步 M0.7，Q4.4 变为 1 状态，搅拌器底部的排料门打开，经过 T2 的定时时间后，关闭排料门，一个工作循环结束。

本系统要求在按下启动按钮 I0.0 后，能连续不停地工作；按下停止按钮 I0.1 后，并不立即停止运行，直到当前工艺周期的全部工作完成，成品排放结束后，再从步 M0.7 返回到初始步 M0.0。

图 5-27 中的第一个启保停电路用来实现上述要求，按下启动按钮 I0.0，M1.0 变为 1 状态，系统处于连续工作模式。在顺序功能图最后一步 M0.7 执行完后，T2 的常开触点闭合，转换条件 T2·M1.0 满足，将从步 M0.7 转换到步 M0.1 和 M0.3，开始下一个周期的工作。在工作循环中的任意一步（步 M0.1～M0.7）为活动步时按下停止按钮 I0.1。"连续" 标志位 M1.0 变为 0 状态，但是它不会马上起作用，要等到最后一步 M0.7 的工作结束，T2 的常开触点闭合，转换条件 T2·M1.0 满足，才会从步 M0.7 转换到初始步 M0.0，系统停止运行。

步 M0.7 之后有一个选择序列的分支，当它的后续步 M0.0、M0.1 和 M0.3 变为活动步时，M0.7 都应变为不活动步。但是 M0.1 和 M0.3 同时变为 1 状态，所以只需要将 M0.0 和 M0.1 的常闭触点或 M0.0 和 M0.3 的常闭触点与 M0.7 的线圈串联。

步 M0.1 和步 M0.3 之前有一个选择序列的合并，当步 M0.0 为活动步并且转换条件 I0.0 满足，或步 M0.7 为活动步并且转换条件满足，步 M0.1 和步

M0.3 都应变为活动步，即代表这两步的存储器位 M0.1 和步 M0.3 的启动条件应为 M0.0－I0.0＋M0.7・T2・M1.0，对应的启动电路由两条并联支路组成，每条支路分别由 M0.0、10.0 或 M0.7、T2、M1.0 的常开触点串联而成（梯形图见图 5-27）。

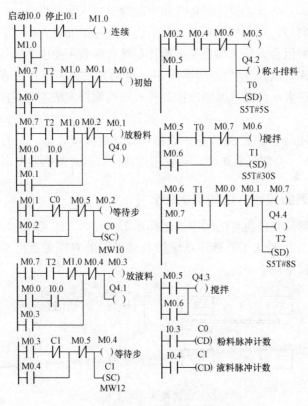

图 5-27　物料混合控制系统的梯形图

　　图 5-26 中步 M0.0 之后有一个并行序列的分支，当 M0.0 是活动步并且转换条件 I0.0 满足，或者 M0.7 是活动步并且转换条件 T2・M1.0 满足，步 M0.1 与步 M0.3 应同时变为活动步。M0.1 和 M0.3 的起动电路完全相同，从而保证了这两步同时变为活动步。步 M0.1 与步 M0.3 是同时变为活动步的，它们的常闭触点同时断开，因此 M0.0 的线圈只需串联 M0.1 或 M0.3 的常闭触点即可。当然也可以同时串联 M0.1 与 M0.3 的常闭触点，但是要多用一条指令。

　　步 M0.5 之前有一个并行序列的合并，由步 M0.2 和步 M0.4 转换到步 M0.5 的条件是所有的前级步（步 M0.2 和 M0.4）都是活动步并且转换条件（＝1）满足。因为转换条件总是满足的，所以只需将 M0.2 和 M0.4 的常开触点

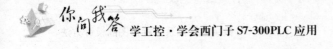

串联，作为 M0.5 的起动电路就可以了。可以将转换条件"＝1"理解为起动电路中的一条看不见的短接线。

为了进一步提高生产效率，两个电子秤的称量过程与搅拌过程可以同时进行，它们的工作过程可以用有三条单序列的并行系列来描述。在称量和搅拌都完成后排放成品，然后开始搅拌和将秤斗中的原料放入搅拌机中，放料结束后关闭称斗底部的卸料门，两个秤的料斗又开始进料和称量的过程。

实际的物料混合系统（如混凝土搅拌系统和橡胶工业中的密炼机配料控制系统）要复杂得多，输入/输出量要多得多。本例为了突出重点，减少读者熟悉系统的时间，使读者尽快地掌握顺序控制梯形图的编程方法，对实际的系统作了大量的简化。

本例中使用的是 PLC 的普通计数器，其计数频率较低，只有几十赫兹，最大计数值为 999。在实际系统中，一般用高速计数器对编码器发出的脉冲计数。

问 36 单序列的编程方法如何操作？

答：使用置位复位指令的顺序控制梯形图编程的方法又称为以转换为中心的编程方法，图 5-28 给出了其顺序功能图与梯形图的对应关系。实现图中的转换需要同时满足以下两个条件。

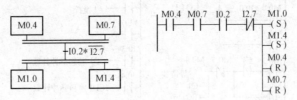

图 5-28　以转换为中心的编程方法

（1）该转换所有前级步都是活动步，即 M0.4 和 M0.7 均为 1 状态，M0.4 和 M0.7 的常开触点同时闭合。

（2）转换条件 I0.2 * I2.7 满足，即 I0.2 的常开触点和 I2.7 的常闭触点组成的电路接通。

在梯形图中，可用 M0.4、M0.7 和 I0.2 的常开触点与 I2.7 的常闭触点组成的串联电路来表示上述同时满足的两个条件。这种串联电路实际上就是使用启保停电路的编程方法中的启动电路。该电路接通的时间只有一个扫描周期，因此需要用有记忆功能的电路来保持它引起的变化，可以用置位、复位指令来实现记忆功能。

该电路接通时，应执行以下两个操作。

（1）将该转换所有的后续步变为活动步，即将代表后续步的存储器位变为 1 状态，并使它保持 1 状态。这一要求恰好可以用有保持功能的置位指令（S 指令）来完成。

（2）将该转换所有的前级步变为不活动步，即将代表前级步的存储器位应为 0 状态，并使它们保持 0 状态。这一要求刚好可以用复位指令（R 指令）来完成。

这种编程方法与转换实现的基本规则之间有着严格的对应关系，在任何情况下，代表步的存储器位的控制电路都可以用这一个统一的规则来设计，每一个转换对应一个图 5-28 所示的控制置位和复位的电路块，有多少个转换就有多少个这样的电路块。这种编程方法特别有规律，在设计复杂的顺序功能图的梯形图时既容易掌握，又不容易出错。用它编制复杂的顺序功能图的梯形图时，更能显示出其优越性。

相对而言，使用启保停电路的编程方法的规则较为复杂，选择序列的分支与合并、并行序列的分支与合并都有单独的规则需要记忆。

某工作台旋转运动的示意图如图 5-29 所示。工作台在初始状态时停在限位

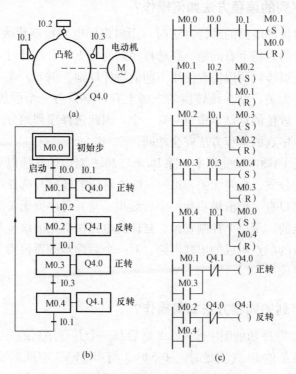

图 5-29　某工作台旋转运动图

（a）示意图；（b）顺序功能图；（c）梯形图

开关 I0.1 处, I0.1 为 1 状态。按下启动按钮 I0.1, 工作台正转, 旋转到限位开关 I0.2 处改为反转, 返回限位开关 I0.1 处时又改为正转, 旋转到限位开关 I0.3 处又改为反转, 回到起始点时停止运动。图 5-29 同时给出了系统的顺序功能图和用以转换为中心的编程方法设计的梯形图。

以转换条件 I0.2 对应的电路为例, 该转换的前级步为 M0.1, 后续步为 M0.2, 所以用 M0.1 和 M0.2 的常开触点组成的串联电路来控制对后续步 M0.2 的置位和对前级步 M0.1 的复位。每一个转换对应一个这样的 "标准" 电路, 有多少个转换就有多少个这样的电路, 设计时应注意不要遗漏。

使用这种编程方法时, 不能将输出位 Q 的线圈与置位指令和复位指令并联, 这是因为前级步和转换条件对应的串联电路接通的时间只有一个扫描周期, 转换条件满足后前级步马上被复位, 在下一个扫描周期该串联电路就会断开, 而输出位的线圈至少应该在某一步对应的全部时间内被接通。所以应根据顺序功能图, 用代表步的存储器位的常开触点或它们的并联电路来驱动输出位的线圈。

问 37 选择序列的编程方法如何操作?

答: 使用启保停电路的编程方法时, 用启保停电路控制代表步的存储器位, 实际上是站在步的立场上看问题。在选择序列的分支与合并处时, 某一步有多个后续步或多个前级步, 所以需要使用不同的设计规则。例如, 某一转换与并行序列的分支、合并无关, 站在该转换的立场上看, 它只有一个前级步和一个后续步, 需要复位、置位的存储器位也只有一个, 因此选择序列的分支与合并的编程方法实际上与单序列的编程方法完全相同。

图 5-22 所示的顺序功能图中, 除 I0.3 与 I0.6 对应的转换以外, 其余的转换均与并行序列的分支、合并无关, I0.0～I0.2 对应的转换与选择序列的分支、合并有关, 它们都只有一个前级步和一个后续步。与并行序列无关的转换对应的梯形图是非常标准的, 每一个控制置位、复位的电路块都由前级步对应的存储器位和转换条件对应的触点组成的串联电路、对一个后续步的置位指令和对一个前级步的复位指令组成。

问 38 并行序列的编程方法如何操作?

答: 图 5-22 顺序功能图中步 M0.2 之后有一个并行序列的分支, 当 M0.2 是活动步并且转换条件 I0.3 满足时, 步 M0.3 与步 M0.5 应同时变为活动步, 这是用 M0.2 和 M0.3 的常开触点组成的串联电路使 M0.3 和 M0.5 同时置位来实现的; 与此同时, 步 M0.2 应变为不活动步, 这是用复位指令来实现的。

I0.6 对应的转换之前有一个并行序列的合并，该转换实现的条件是所有的前级步（步 M0.4 和 M0.6）都是活动步且转换条件 I0.6 满足。由此可知，应将 M0.4、M0.6 和 I0.6 的常开触点串联，作为使后续步 M0.0 置位和使前级步 M0.4、M0.6 复位的条件。梯形图如图 5-30 所示。

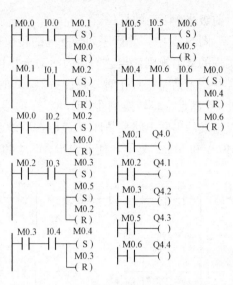

图 5-30　选择序列与并行序列梯形图

问 39　实际应用如何操作？

答：图 5-31 重新给出了图 5-16 中的专用钻床控制系统的顺序功能图，图 5-32 是用以转换为中心的方法编制的梯形图。

图 5-31 中，分别由 M0.2～M0.4 和 M0.5～M0.7 组成的两个单序列是并行工作的，设计梯形图时应保证这两个序列同时开始和同时结束工作，即两个序列的第一步 M0.2 和 M0.5 应同时变为活动步，两个序列的最后一步 M0.4 和 M0.7 应同时变为不活动步。

并行序列的分支的处理是很简单的，在图 5-31 中，当步 M0.1 是活动步并且转换条件 I0.1 为 ON 时，步 M0.2 和 M0.5 同时变为活动步，两个序列同时开始工作。在图 5-32 所示的梯形图中，用 M0.1 和 I0.1 的常开触点组成的串联电路来控制对 M0.2 和 M0.5 的同时置位，以及对前级步 M0.1 的复位。

另一种情况，当步 M1.0 为活动步并且转换条件 I0.6 为 ON 时，步 M0.2 和 M0.5 也应同时变为活动步，两个序列同时开始工作，在梯形图中，用 M1.0 和 I0.6 的常开触点组成的串联电路来控制对 M0.2 和 M0.5 的同时置位，以

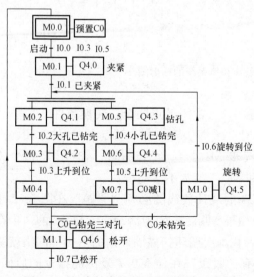

图 5-31　组合钻床控制系统的顺序功能图

171

对前级步 M1.0 的复位。

图 5-31 中，并行序列合并处的转换有两个前级步 M0.4 和 M0.7，根据转换实现的基本规则，当它们均为活动步并且转换条件 C0 满足时，将实现并行序列合并。未钻完三对孔时，减计数器 C0 的当前值非 0，其常开触点闭合，转换条件 C0 满足，将转换到步 M1.0。在梯形图中，用 M0.4、M0.7 和 C0 的常开触点组成的串联电路使 M1.0 置位，后续步 M1.0 变为活动步；同时用 R 指令将 M0.4 和 M0.7 复位，使前级步 M0.4 和 M0.7 变为不活动步。

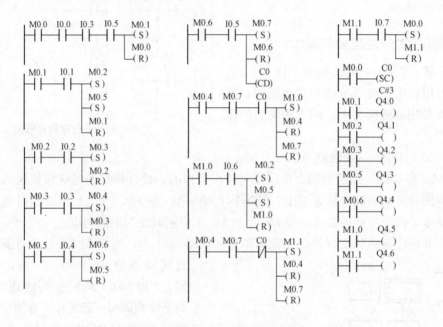

图 5-32 组合钻床控制系统的梯形图

钻完三对孔时，C0 的当前值减至 0，其常闭触点闭合，转换条件 C0 满足，将转换到步 M1.1。在梯形图中，用 M0.4、M0.7 的常开触点和 C0 的常闭触点组成的串联电路使 M1.1 置位，后续步 M1.1 变为活动步；同时用 R 指令将 M0.4 和 M0.7 复位，前级步 M0.4 和 M0.7 变为不活动步。

值得注意的是，标有"CD"的 C0 的减计数线圈必须"紧跟"在图 5-32 中使 M0.7 置位的指令后面。这是因为如果 M0.4 先变为活动步，M0.7 的"生存周期"非常短，M0.7 变为活动步后，在本次循环扫描周期内的下一个网络就被复位了。如果将 C0 的减计数线圈没有"紧跟"在使 M0.7 复位的指令的后面，C0 还没有计数 M0.7 就被复位了，将不能执行计数操作。

问 40 机械手控制系统如何工作？

答：为了满足生产的需要，很多设备要求设置多种工作方式，如手动方式和自动方式，后者包括连续、单周期、单步、自动返回初始状态几种工作方式。手动程序比较简单，一般用经验法设计；复杂的自动程序一般根据系统的顺序功能图用顺序控制法设计。

如图 5-33 所示，某机械手用来将工件从 A 点搬运到 B 点，操作面板如图 5-34 所示，图5-35是 PLC 的外部接线图。输出 Q4.1 为 1 时工件被夹紧，为 0 时被松开。

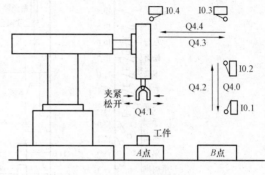

图 5-33 某机械手示意图

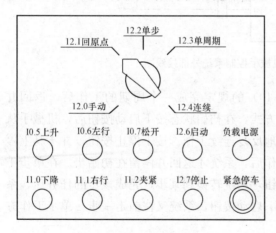

图 5-34 操作面板

工作方式选择开关的 5 个位置分别对应于 5 种工作方式，操作面板左下部的 10 个按钮是手动按钮。为了保证在紧急情况（包括 PLC 发生故障时）下能可靠地切断 PLC 的负载电源，设置了交流接触器 KM（见图 5-35）。在 PLC 开始运行时按下"负载电源"按钮，使 KM 线圈得电并自锁，KM 的主触点接通，为外门路负载提供交流电源，出现紧急情况时按下"紧急停车"按钮断开负载电源。

系统设有"手动"、"单周期"、"单步"、"连续"和"回原点"5 种工作方式，机械手在最上面和最左边且松开时，称为系统处于原点状态（或初始状态）。在公用程序中，左限位开关 I0.4、上限位开关 I0.2 的常开触点和表示机械手松开的 Q4.1 的常闭触点的串联电路接通时，"原点条件"存储器位 M0.5 变为 ON。

如果选择的是单周期工作方式，按下启动按钮 I2.6 后，从初始步 M0.0 开

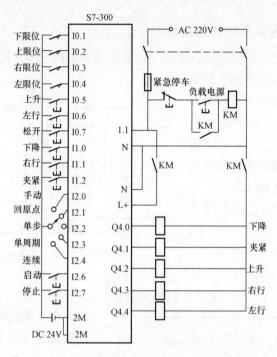

图 5-35　某机械手控制系统外部接线图

始，机械手按顺序功能图（见图 5-40）的规定完成一个周期的工作后，返回并停留在初始步。如果选择连续工作方式，在初始状态按下启动按钮后，机械手从初始步开始，一个周期接一个周期地反复连续工作。按下停止按钮，并不马上停止工作，在完成最后一个周期的工作后，系统才返回并停留在初始步。在单步工作方式，从初始步开始，按下启按钮，系统转换到某步，完成该步的任务后，系统自动停止工作并停在该步，再按下启动按钮，系统又往前走一步。单步工作方式常用于系统的调试。

　　在进入单周期、连续和单步工作方式之前，系统应处于原点状态；如果不满足这一条件，可选择回原点工作方式，然后按启动按钮 I2.6，使系统自动返回原点状态。在原点状态，顺序功能图中的初始步 M0.0 为 ON，为进入单周期、连续和单步工作方式做好了准备。

问 41　机械手程序的总体结构包括哪些？

　　答：项目的名称为"机械手控制"，在主程序 OB1（见图 5-36）中，用调用功能（FC）的方式来实现各种工作方式的切换。"公用"程序 FC1 是无条件调用的，供各种工作方式公用。由图 5-35 可知，工作方式选择开关是单刀 5 掷开关，只能同时选择一种工作方式。选择"手动"方式时调用"手动"程序 FC2，选择"回原点"工作方式时调用"回原点"程序 FC4，选择"连续"、"单周期"和"单步"工作方式时，调用"自动"程序 FC3。

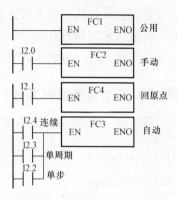

图 5-36　机械手 OB1 程序结构

在 PLC 进入 RUN 运行模式的第一个扫描周期时，系统调用组织块 OB100，在 OB100 中执行初始化程序。

问 42　OB100 中的初始化程序如何进行？

答：机械手处于"原点条件"时，左限位开关 I0.4、上限位开关 I0.2 的常开触点和表示夹紧装置松开的 Q4.1 的常闭触点组成的串联电路接通，存储器位 M0.5 为 1 状态（见图 5-37）。

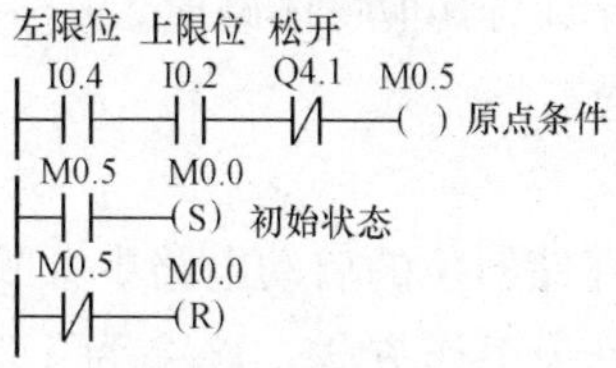

图 5-37　机械手 OB100
初始化程序

对 CPU 组态时，代表顺序功能图中的各位的 MB0～MB2 应设置为没有断电保持功能。CPU 起动时它们均为 0 状态，CPU 进入 RUN 模式的第一个扫描周期执行图 5-37 所示的组织块 OB100 时，如果原点条件满足，M0.5 为 1 状态，顺序功能图中的初始步对应的 M0.0 被置位，为进入单步、单周期和连续工作方式做好准备。如果此时 M0.5 为 0 状态，M0.0 将被复位，初始步为不活动步，禁止在单步、单周期和连续工作方式工作。

问 43　公用程序如何运行？

答：图 5-38 中的公用程序用于自动程序和手动程序相互切换的处理。当系统处于手动工作方式和回原点工作方式时，I2.0 或 I2.1 为 1 状态。与 OB100 中的处理相同，如果此时满足原点条件，顺序功能图中的初始步对应的 M0.0 被置位，反之则被复位。

当系统处于手动工作方式时，I2.0 的常开触点闭合，用 MOVE 指令将顺序功能图中除初始步以外的各步对应的存储器位（M2.0～M2.7）复

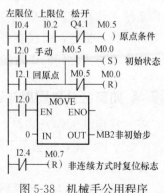

图 5-38　机械手公用程序

175

位，否则当系统从自动工作方式切换到手动工作方式，然后又返回自动工作方式时，可能会出现同时有两个活动步的异常情况，引起错误的动作。当系统处于非连续工作方式时，将表示连续工作状态的标志 M0.7 被复位。

问 44　手动程序如何运行?

答：图 5-39 所示是手动程序，手动操作时用 I0.5~I1.2 对应的六个按钮控制机械手的上升、下降、左行、右行、夹紧和松开。为了保证系统的安全运行，在手动程序中设置了一些必要的联锁。例如，限位开关对运动的极限位置的限制，上升与下降之间、左行与右行之间的互锁用来防止功能相反的两个输出同时为 ON。上限位开关 I0.2 的常开触点与控制左、右行的 Q4.4 和 Q4.3 的线圈串联，机械手升到最高位置才能左右移动，以防止机械手在较低位置运行时与其他物体碰撞。

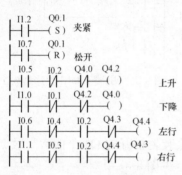

图 5-39　机械手手动程序

问 45　如何区分单步与非单步?

答：M0.6 的常开触点接在每一个控制代表步的存储器位的启动电路中，断开它们时禁止步的活动状态的转换。如果系统处于单步工作方式，I2.2 为 1 状态，它的常闭触点断开，"转换允许"存储器位 M0.6 在一般情况下为 0 状态，不允许步与步之间的转换。当某一步的工作结束后，转换条件满足，如果没有按启动按钮 I2.6，M0.6 处于 0 状态，启保停电路的启动电路处于断开状态，不会转换到下一步，一直要等到按下启动按钮 I2.6，M0.6 在 I2.6 的上升沿 ON 一个扫描周期，M0.6 的常开触点接通，系统才会转换到下一步。

系统工作在连续、单周期（非单步）工作方式时，I2.2 的常闭触点接通，使 M0.6 为 1 状态，串联在各启保停电路的启动电路中的 M0.6 的常开触点接通，允许步与步之间的正常转换。

问 46　如何区分单周期与连续?

答：在连续工作方式时，I2.4 为 1 状态，在初始状态按下启动按钮 I2.6，M2.0 变为 1 状态，机械手下降。与此同时，控制连续工作的 M0.7 的线圈"通电"并自保持。

当机械手在步 M2.7 返回最左边时，I0.4 为 1 状态，因为"连续"标志位

M0.7 为 1 状态，转换条件 M0.7·I0.4 满足，系统将返回步 M2.0，并反复、连续地工作。

按下停止按钮 I2.7 后，M0.7 变为 0 状态，但是系统不会立即停止工作，在完成当前工作周期的全部操作后，步 M2.7 返回最左边，左限位开关 I0.4 为 1 状态，转换条件 M0.7·I0.4 满足时，系统才返回并停留在初始步。

在单周期工作方式，M0.7 一直处于 0 状态。当机械手在最后一步 M2.7 返回最左边时，左限位开关 I0.4 为 1 状态，转换条件 N0.7·I0.4 满足，系统返回并停留在初始步。按一次启动按钮，系统只工作一个周期。

问 47 单周期工作过程是如何进行的？

答：在单周期工作方式，I2.2（单步）的常闭触点闭合，M0.6 的线圈"通电"，允许步与步之间的转换。在初始步时按下启动按钮 I2.6，在 M2.0 的启动电路中，M0.0、I2.6、M0.5（原点条件）和 M0.6 的常开触点均接通，使 M2.0 的线圈"通电"，系统进入下降步，Q4.0 的线圈"通电"，机械手下降；碰到下限位开关 I0.1 时，转换到夹紧步 M2.1，Q4.1 被置位，夹紧电磁阀的线圈通电并保持。同时接通延时定时器 T0 开始定时，定时时间到时，工件被夹紧，1s 后转换条件 T0 满足，转换到步 M2.2。之后，系统将这样循环工作，直到步 M2.7 机械手左行返回原点位置，左限位开关 I0.4 变为 1 状态。因为此时连续工作标志 M0.7 为 0 状态，系统将返回初始步 M0.0，机械手停止运动。

问 48 单步工作过程是如何进行的？

答：在单步工作方式，I2.2 为 1 状态，它的常闭触点断开，"转换允许"辅助继电器 M0.6 在一般情况下为 0 状态，不允许步与步之间转换。这时系统处于原点状态，M0.5 和 M0.0 为 1 状态，按下启动按钮 I2.6，M0.6 变为 1 状态，使 M2.0 的启动电路接通，系统进入下降步；释放启动按钮后，M0.6 变为 0 状态。在下降步，Q4.0 的线圈"通电"，当下限位开关 I0.1 变为 1 状态时，与 Q4.0 的线圈串联的 I0.1 的常闭触点断开（见图 5-41 中第一个梯形图），使 Q4.0 的线圈"通电"，机械手停止下降。I0.1 的常开触点闭合后，如果没有按下启动按钮，I2.6 和 M0.6 处于 0 状态，不会转换下一步，一直要等到按下启动按钮，I2.6 和 M06 变为 1 状态，M0.6 的常开触点接通，转换条件 I0.1 满足，才能使图 5-40 中的 M2.1 的启动电路接通，M2.1 的线圈"通电"并自保持，系统才能由步 M2.0 进入步 M2.1。以后在完成某一步的操作后，都必须按一次启动按钮，系统才能转换到下一步。

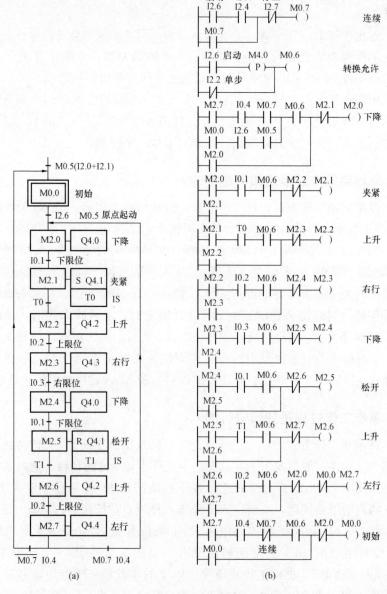

图 5-40　机械手控制系统顺序功能图与梯形图

（a）顺序功能图；（b）梯形图

　　图 5-40 中控制 M0.0 的启保停电路如果放在控制 M2.0 的启保停电路之前，在单步工作方式步 M2.7 为活动步时按下启动按钮 I2.6，返回步 M0.0 后，

M2.0 的启动条件满足，将马上进入步 M2.0。在"单步"工作方式，这样连续跳两步是不允许的。将控制 M2.0 的启保停电路放在控制 M0.0 的启保停电路之前和 M0.6 的线圈之后可以解决这一问题，在图 5-40 中，控制 M0.6（转换允许）的是启动按钮 I2.6 的上升沿检测信号，在步 M2.7 时按下启动按钮，M0.6 仅 ON 一个扫描周期，它使 M0.0 的线圈通电后，在下一个扫描周期处理控制 M2.0 的启保停电路时，M0.6 已变为 0 状态，所以不会使 M2.0 变为 1 状态，要等到下一次按下启动按钮时，M2.0 才会变为 1 状态。

问 49 输出电路是如何运行的？

答： 输出电路（见图 5-41）是自动程序 FC3 的一部分，输出电路中 I0.1～I0.4 的常闭触点是为单步工作方式设置的。以"下降"为例，当小车碰到限位开关 I0.1 后，与下降步对应的存储器位 M2.0 或 M2.4 不会马上变为 OFF，如果 Q4.0 的线圈不与 I0.1 的常闭触点串联，机械手不能停在下限位开关 I0.1 处，还会继续下降，对于某些设备，可能造成事故。

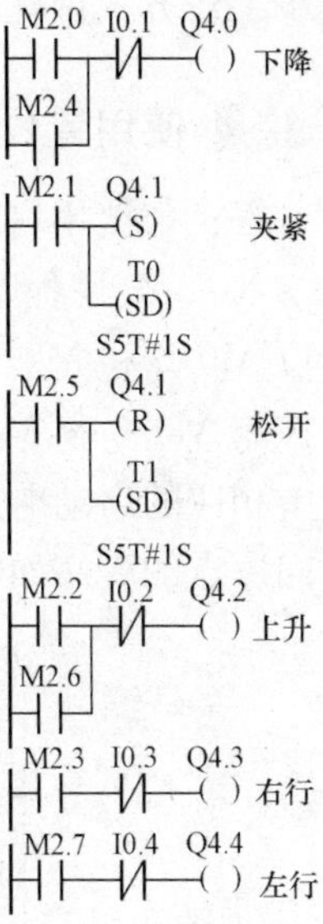

图 5-41 机械手输出电路

问 50 自动返回原点程序是如何运行的？

答： 图 5-42 所示是自动回原点程序的顺序功能图和梯形图。在回原点工作方式，I2.1 为 1 状态，按下启动按钮 I2.6，M1.0 变为 1 状

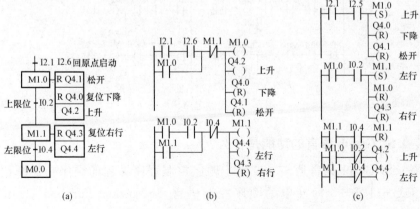

图 5-42 自动返回原点程序的顺序功能图与梯形图
(a) 顺序功能图；(b)、(c) 梯形图

179

态并保持，机械手上升，升到上限位开关时改为左行，到左限位开关时，I0.4
变为 1 状态，将步 M1.1 和 Q4.1 复位，机械手松开后满足原点条件，M0.5 变
为 1 状态。在公用程序中，FC3 的初始步 M0.0 被置位，为进入单周期、连续或
单步工作方式做好了准备，因此可以认为初始步 M0.0 是步 M1.1 的后续步。

问 51 使用置位、复位指令的编程方法如何操作？

答：与使用启动保停电路的编程方法相比，OB1、OB100、顺序功能图（见
图 5-40）、公用程序、手动程序和自动程序中的输出电路完全相同。仍然用存储
器位 M0.0 和 M2.0～M2.7 来代表各步，它们的控制电路如图 5-43 所示。该图
中控制 M0.0 和 M2.0～M2.7 置位、复位的触点串联电路，与图 5-40 启保停电
路中相应的启动电路相同。M0.7 与 M0.6 的控制电路与图 5-40 中的相同，自动
返回原点的程序如图 5-42（c）所示。

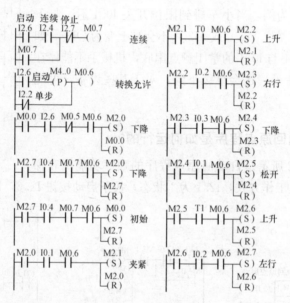

图 5-43 控制电路梯形图

问 52 S7 Graph 语言的功能是什么？

答：S7 Graph 语言是 S7-300 用于顺序控制程序编程的顺序功能图语言，
遵从 IEC 61131－3 标准中的顺序控制语言"Sequential Function Chart"的
规定。

在 S7 Graph 中，控制过程被划分为许多明确定义了功能范围的步（Step），

用图形清楚地表明整个过程的执行情况。可以为每一步指定该步要完成的动作，由每一步转向下一步的进程通过转换条件进行控制，用梯形图和功能块图语言为转换、互锁和监控等编程。

问 53　顺序控制程序的结构有几部分？

答：用 S7 Graph 编写的顺序功能图程序以功能块（FB）的形式被主程序 OB1 调用。S7 Graph FB 包含许多系统定义的参数，通过参数设置来对整个顺序系统进行控制，从而实现系统的初始化和工作方式的转换等功能。

一个顺序控制项目至少需要三个块，如图 5-44 所示。

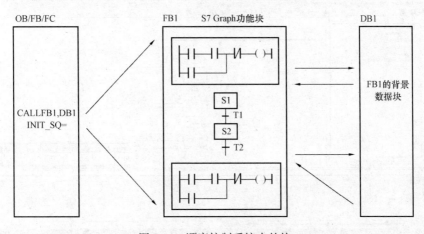

图 5-44　顺序控制系统中的块

（1）一个调用 S7 Graph FB 的块，它可以是组织块（OB）、功能（FC）或功能块（FB）。

（2）一个用来描述控制系统各子任务（步）和相互关系（转换）的 S7 Graph GB，它由一个或多个顺序控制器（Sequencer）组成。

（3）一个指定给 S7 Graph FB 的背景数据块（DB），它包含了顺序控制系统的参考。

一个 S7 Graph FB 最多可达包含 250 步和 250 个转换。

调用 S7 Geaph FB 时，顺序控制器从第一步或从初始步开始启动。

一个顺序控制器最多包含 250 个分支，249 条并行序列的分支和 125 条选择序列的分支。实际上这与 CPU 的型号有关，一般只能用 20～40 条分支，否则执行的时间将会特别长。

可以在路径结束时，在转换之后添加一个跳步（Jump）或一个支路的结束

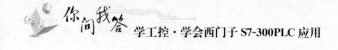

点（Stop）。结束点将使正在执行的路径变为不活动的路径。

问 54 S7 Graph 编辑器有几部分组成？各部分功能是什么？

答： 图 5-45 所示是 S7 Graph 的编辑器屏幕，右边的窗口是生成和编辑程序的工作区，左边的窗口是浏览窗口（Overview Window），图中底部显示的是浏览窗口中的变量（Variables）标签，其中的变量是编程时可能用到的各种基本元素。在该选项卡可以编辑和修改现有的变量，也可以定义新的变量。可以删除，但是不能编辑系统变量。

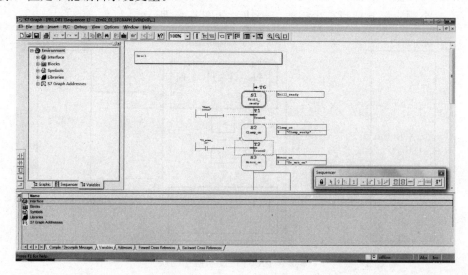

图 5-45　S7 Graph 编辑器

在保存和编译时，在屏幕下部将会出现"Details"窗口，可以显示程序编译时发现的错误和警告信息。该窗口中还有变量、符号地址和交叉参考表等大量的信息。

浏览窗口中的图形（Graphic）标签（见图 5-46）的中间区域显示的是顺序控制器，它的上部和底部显示的是永久性指令（Permanent instructions）。如果顺序控制器的步很多，用顺序控制器（Sequencer）标签（见图 5-47）浏览顺序控制器的总体结构，或显示顺序控制器不同的部分是很方便的。

可以用图 5-45 右边窗口中浮动的"Sequencer"工具条（见图 5-48）上的按钮来放置步、转换、选择序列和跳步等。该工具条可以任意"拖放"到工作区窗口中的其他位置，也可以放到窗口上部的工具条区内，或与有触点图标的工具条垂直地放在屏幕的左边。

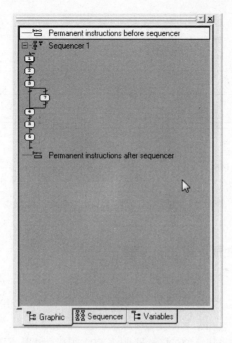

图 5-46 Graphic 标签

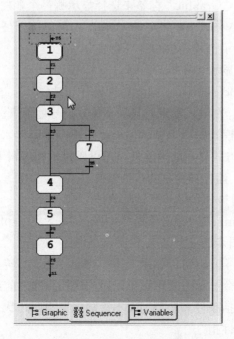

图 5-47 Sequencer 标签

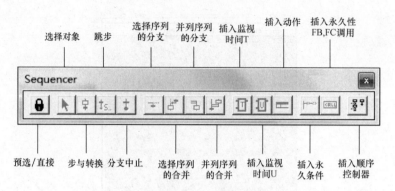

图 5-48　顺序控制器工具条与移动的图形

问 55　S7 Graph 的显示模式有几种？

答： S7 Graph 有多种显示模式和设置，某些设置可以与编辑的块一起保存。

在 View 菜单中，可以选择显示顺序控制器（Sequencer）、单步和永久性指令。

（1）在顺序控制器显示方式（见图 5-50）中，如果 FB 中有多个顺序控制器，用浏览窗口中的"Graphic"标签来选择显示哪一个顺序控制器。

执行菜单命令"View"→"Display with"，可以选择是否显示下述内容。

1）Symbols：显示符号表中的符号地址。

2）Comments：显示块和步的注释。

3）Conditions and Actions：显示转换条件和动作。

4）Symbol List：在输入地址时显示下拉式符号地址表。

（2）在单步显示模式中，只显示一个步和转换的组合（见图 5-51），除了可以在 Sequencer 显示方式显示的内容外，还可以显示和编辑下述内容。

1）Supervision：监控被显示的步的条件。

2）Interlock：对被显示的步互锁的条件。

3）Step Comments：执行菜单命令"View"→"Display with"→"Comments"将显示和编辑步的注释。

用（↑）键或（↓）键可以显示上一个或下一个步与转换的组合。

（3）在永久性指令显示方式中，可以对顺序控制器之前或之后的永久性指令编程。永久性指令包括条件和块调用，不管顺序控制器的状态如何，每个扫描循环都要执行一次永久性指令。

可以在永久性指令区永久性地调用并使用 S7 Graph 之外的编程语言编写的

块。执行了调用的块后，继续执行 S7 Graph FB。使用块调用时应注意以下问题：可以调用使用 STL、LAD、FBD 或 SCL 语言编写的功能 FC、功能块 FB、系统功能 SFC 和系统功能块 SFB。调用 FB 和 SFB 时指定背景数据块。在调用块之前，被调用的块应已经存在。

问 56 如何使用 S7 Graph 编程？

答： 图 5-49 中的两条运输带顺序相连，为了避免运送的物料在 1 号运输带上堆积，启动时应先启动 1 号运输带，延时 6s 后自动启动 2 号运输带。

停机时为了避免物料的堆积，应尽量将皮带上的余料清理干净，使下一次可以轻载启动，停机的顺序应与起动的顺序相反，即按下停止按钮后，先停 2 号运输带，5s 后再停 1 号运输带。在图 5-49 所示的输入输出信号的波形图和顺序功能图中，控制 1 号运输带的 Q1.0 的步 M0.1～M0.3 应为 1。为了简化顺序功能图和梯形图，在步 M0.1 将 Q1.0 置位为 1，在初始步将 Q1.0 复位为 0。

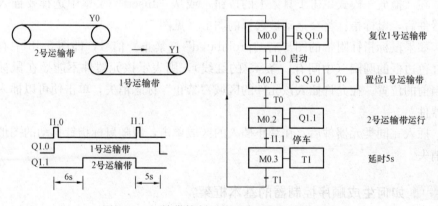

图 5-49 运输带控制系统示意图与顺序功能图

问 57 如何创建使用 S7 Graph 语言的功能块 FB？

答：（1）打开 SIMATIC 管理器中的 "Blocks" 文件夹。

（2）右击屏幕右边的窗口，在弹出的快捷菜单中执行命令 "Insert New Object" → "Function Block"。

（3）在弹出的 "Properties→Function Block" 对话框中选择编程语言为 GRAPH，功能块的编号为 FB1。单击 "OK" 按钮确认后，自动打开生成的 FB1，FB1 中有自动生成的第一步（Step1）和第一个转换（Trans1）。

问 58 **S7 Graph 有几种编辑模式？**

答：（1）"Direct"编辑模式。执行菜单命令"Insert"→"Direct"将进入"Direct"（直接）编辑模式。

如果希望在某一元器件的后面插入新的元器件，首先选择该元器件，单击工具条上希望插入的元器件对应的按钮，或从"Insert"菜单中选择要插入的元器件。

为了在同一位置增加同类型的元器件，可以连续单击工具条上同一个按钮或执行"Insert"菜单中相同的命令。

（2）"Drag and Drop"编辑模式。执行菜单命令"Insert"→" Drag and Drop"，将进入"Drag and Drop"（拖放）编辑模式，也可以单击工具条上最左边的"Preselected/Direct"（预选/直接）按钮，在拖放"模式"和"直接"模式之间进行切换。

在"拖放"模式单击工具条上的按钮，或从"Insert"菜单中选择要插入的元器件后，鼠标指针将会拖动被选择的图形（见图 5-48）。

如果鼠标指针附带的图形有"prohibited"（禁止）信号，即图 5-48 中右边带红色边框的圆圈（中间有一条 45°的红线），则表示该元器件不能插在鼠标指针当前的位置。在允许插入该元件的区域"禁止"标志消失，单击便可以插入该元器件。

插入完同类元器件后，在禁止插入的区域单击，跟随鼠标指针移动的图形将会消失。

问 59 **如何生成顺序控制器的基本框架？**

答：（1）在 Direct 编辑模式下，用鼠标指针选中 FB1 窗口中工作区内初始步下面的转换，该转换变为浅紫色。单击三次工具条中的步与转换按钮，将自上而下增加三个步和三个转换（见图 5-51）。

（2）用鼠标指针选中最下面的转换，单击工具条中的跳步按钮，输入跳步的目标步 S1。在步 S1 上面的有向连线上，自动出现一个水平箭头，它的右边标有转换 T4，相当于生成了一条起于 T4、止于步 S1 的有向连线（见图 5-50）。至此，步 S1～S4 形成了一个闭环。

问 60 **步与动作的编程如何操作？**

答：表示步的方框内显示步的编号（如 S2）和步的名称（如 Delay1），单击

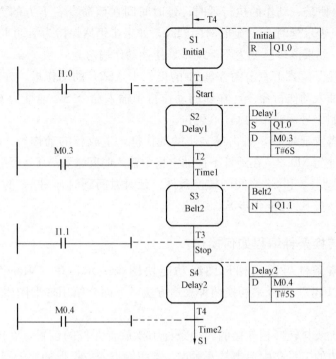

图 5-50　运输带控制系统的顺序功能图

后可以修改它们，不能用汉字作为步和转换的名称。

执行菜单命令"View"→"Display with"→"Conditions and Actions"，可以显示或关闭步的动作和转换条件。在"直接"模式下，右击步右边的动作框，在弹出的快捷菜单中执行命令"Insert New Object"→"Action"，将插入一个空的动作行。

一个动作行由命令和地址组成，它右边的方框用来写入命令，下面是一些常用的命令。

（1）S：当步为活动步时，使输出置位为1状态并保持。

（2）R：当步为活动步时，使输出复位为0状态并保持。

（3）N：当步为活动步时，输出为1；该步变为不活动步时，输出被复位为0。

（4）L：用来产生频率受限的脉冲，当该步为活动步时，该步被置位为1并保持一段时间，该时间由L命令下面一行中的时间常数决定，格式为"T♯n"，n为延时时间，如"T♯5S"。

（5）CALL：用来调用块，当步为活动步时，调用命令中指定的块。

（6）D：使某一动作的执行延时，延时时间在该命令右下方的方框中设置，如"T♯5S"表示延时 5s。延时时间到时，如果步仍然保持为活动步，则使该动作输出为 1；如果该步已变为不活动步，使该动作输出为 0。

在"直接"模式下右击图 5-50 中的第二步（S2）的动作框，在弹出的快捷菜单中选择插入动作行命令，在新的动作行中输入命令 S，地址为 Q1.0，即在第二步将控制 1 号运输带的 Q1.0 置位。

第二步需要延时 6s，右击第二步的动作框，生成新的动作行，输入命令 D（延时），地址为 M0.3，在地址下面的空格中输入时间常数"T♯6S"（6s）。

M0.3 是步 S2 和 S3 之间的转换条件。延时时间到时，M0.3 的常开触点闭合，使系统从步 S2 转换到步 S3。

问 61　对转换条件编程如何操作？

答： 转换条件可以用梯形图或功能块图来表示，在"View"菜单中用"LAD"或"FBD"命令来切换两种表示方法，下面介绍用梯形图生成转换条件的方法。

单击用虚线与转换相连接的转换条件中要放置元件的位置，在图 5-46 所示的窗口最左边的工具条中单击常开触点、常闭触点或方框形的比较器（相当于一个触点），用它们组成的串并联电路对转换条件编程。生成触点后，单击触点上方的"??　·?"，输入绝对地址或符号地址。右击某一地址，在弹出的菜单中执行命令"Insert Symbols"，将会出现符号表，使符号地址的输入更加方便。

在用比较器编程时，可以将步的系统信息作为地址来使用。下面是这些地址的意义。

（1）Step-name T：步当前或最后一次被激活的时间。

（2）Step-name U：步当前或最后一次被激活的时间，不包括干扰（Disturbance）的时间。

如果监控条件的逻辑运算满足，表示有干扰事件发生。

问 62　对监控功能编程如何操作？

答： 双击步 S3 后，切换到单步视图，如图 5-51 所示，选中 Supervision（监控）线圈左边的水平线的缺口处，单击图 5-45 中最左边的工具条中用方框表示的比较器图标，在比较器左边第一个引脚输入"Belt2. T"，Belt2 是第三步的名称（2 号运输带）；在比较器左边下面的引脚输入"T♯2H"，即设置的监视时间为 2h。如果该步的执行时间超过 2h，该步被认为出错，出错步被显示为红色。

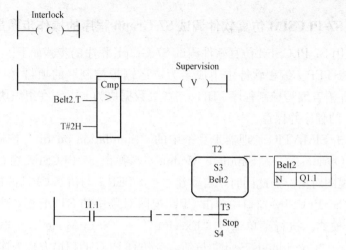

图 5-51　单步显示模式中的监控与互锁条件

问 63　保存和关闭顺序控制器编辑窗口如何操作?

答: 执行菜单命令"File"→"Save"保存顺序控制器时,它将被自动编译。如果程序有错误,在"Details"窗口显示错误提示和警告,改正错误后才能保存执行菜单命令"File"→"Close"关闭顺序控制器编辑窗口。

问 64　主程序中调用 S7 Graph FB 如何操作?

答: 完成了对 S7 Graph 程序 FB1 的编程后,需要在主程序 OB1 中调用 FB1,同时应指定 FB1 对应的背景数据块,为此应在 SIMATIC 管理器中首先生成 FB1 的背景数据块 DB1。

在管理器中打开"Blocks"文件夹,双击 OB1 图标,打开梯图编辑器,选中网络 1 中用来放置元器件的水平"导线"。

在 S7 Graph 编程器中将 FB1 的参数设为 Minimun(最小),调用它时 FB1 只有一个参数 INIT-SQ,指定用 M0.0 作 INIT-SQ 的实参。在线模式下可以用这个参数来对初始步 S1 置位。

打开编辑器左侧浏览窗口中的"FB Blocks"文件夹,双击其中的 FB1 图标,在 OB1 的网络 1 中用顺序功能图程序 FB1,在模块的上方输入 FB1 的背景功能块 DB1 的名称。

最后,执行菜单命令"File"→"Save"保存 OB1,执行菜单命令"File"→"Close"关闭梯形图编辑器。

问 65 **用 S7-PLCSIM 仿真软件调试 S7 Graph 程序的操作步骤是什么？**

答： 使用 S7-PLCSIM 仿真软件调试 S7 Graph 程序的步骤如下。

（1）在 STEP 7 编程软件中生成名为"运输带控制"的项目（见图 5-49），用 S7 Graph 语言编写控制程序 FB1，其背景数据块为 DB1，在组织块 OB1 中编写调用 FB1 的程序并保存。

（2）单击 SIMATIC 管理器工具条中的"Simulation on/off"按钮，或执行菜单命令"Options"→"Simulate Modules"，弹出 S7-PLCSIM 窗口，窗口中显示 CPU 视图对象。与此同时，自动建立了 STEP 7 与仿真 CPU 的连接。

（3）在 S7-PLCSIM 窗口中单击 CPU 视图对象中的 STOP 框，令仿真 PLC 处于 STOP 模式。执行菜单命令"Execute"→"Scan Mode"→"Continuous Scan"或单击"Continuous Scan"按钮，令仿真 PLC 的扫描方式为连续扫描。

（4）在 SIMATIC 管理器左边的窗口中选中"Blocks"对象，单击工具条中的"下载"按钮，或执行菜单命令"PLC"→"Download"，将块对象下载到仿真 PLC 中。

（5）单击 S7-PLCSIM 工具条中标有"1"的按钮，或执行菜单命令"Insert"→"Input Variable"（插入输入变量），创建输入字节 IB1 的视图对象。用类似的方法生成输出字节 QB1、IB1 和 QB1，以位的方式显示。

图 5-52 所示是在 RUN 模式下监控顺序控制器的画面，图中的"起动延时"和"停止延时"分别是图 5-50 中的 M0.3 和 M0.4 的符号地址。

（6）在 S7-PLCSIM 中模拟实际系统的操作。单击 CPU 视图对象中标有 RUN 或 RUN－P 的小框，将仿真 PLC 的 CPU 置于运行模式，在 S7 Graph 编辑器中执行菜单命令"Debug"→"Monitor"，或单击工具条内标有眼镜符号的"监控"图标，对顺序控制器的工作进程进行监控。刚开始监控时只有初始步为绿色，表示它为活动步。单击 PLCSIM 中 I1.0 对应的方框（按下起动按钮），接着再次单击，使方框内的"√"消失，模拟释放起动按钮，可以看到步 S1 变为白色，步 S2 变为绿色，表示由步 S1 转换到了步 S2。

进入步 S2 后，它的动作方框上方的两个监控定时器开始定时，它们用来计算当前步被激活的时间，其中定时器 U 不包括干扰出现的时间。定时时间达到设定值 6s 时，步 S2 下面的转换条件满足，将自动转换到步 S3。在 PLCSIM 中用 I1.1 模拟停止按钮的操作，将会观察到由步 S3 转换到步 S4 的过程，延时 5s 后自动返回初始步。

各个动作右边的小方框内是该动作的 0、1 状态。用梯形图表示的转换条件

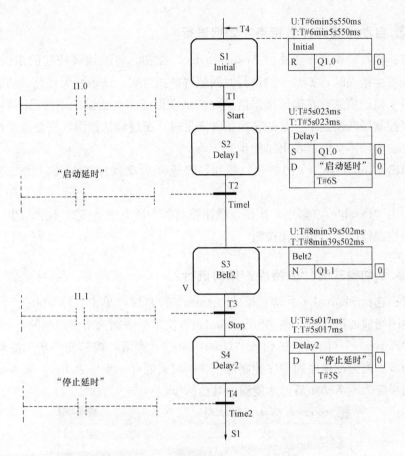

图 5-52　RUN 模式下的顺序控制图

中的触点接通时，触点和它右边有"能流"流过的"导线"将变为绿色。

问 66　顺序控制器的运行模式有几种?

答：计算机与 CPU 建立起通信联系后，将 S7 Graph FB 和它的背景数据块下载到 CPU，在 S7 Graph 编辑器中执行菜单命令"Debug"→"Control Sequencer"，在弹出的对话框（见图 5-53）中，可以对顺序控制器进行各种监控操作。有四种运行模式：自动（Automatic）、手动（Manual）、单步（Inching）、自动或切换到下一步（Automatic or switch to next）。

PLC 在 RUN 模式下，不能切换工作方式，在 RUN-P 模式下，可以在前三种模式之间进行切换。切换到新模式后，原来的模式用加粗的字体显示。

问 67 **自动模式有什么特点？如何进行？**

答： 在自动模式下单击"Acknowledge"按钮，将确认被挂起的错误信息。当监控发生错误时，如某步的执行时间超过监控时间，该步变为红色，功能块会产生一个错误信息。在确认错误信息之前，应保证产生错误的条件已不再满足，当顺序控制器转换到下一步的转换条件满足时，通过确认错误，将会强制性地转换到下一步，不会停留在出错的步。

单击"Initialize"（初始化）按钮，将重新启动顺序控制器，使之返回初始步。

单击"Disable"（禁止）按钮，顺序控制器中所有的步变为不活动步，要激活顺序控制器应单击初始化按钮。

问 68 **手动模式有什么特点？如何进行？**

答： 选择 Manual（手动）模式（见图 5-53）后，单击"Disable"（禁止）按钮关闭当前的活动步。在"Step number"文本框中输入希望控制的步的编号，单击"Activate"（激活）按钮或"Unactivate"（去活）按钮使该步为活动步或不活动步。因为在单序列顺序控制器中，同时只能有一步是活动步，需要把当前的活动步变为不活动步后，才能激活其他的步。

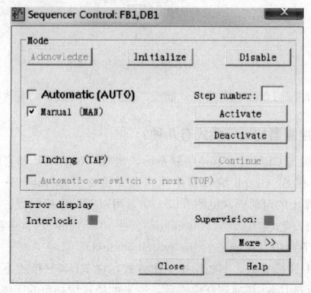

图 5-53 顺序控制器监控对话框

问 69 单步模式有什么特点？如何进行？

答：在单步模式下，某一步之后的转换条件满足时，不会转换到下一步，需要单击"Continue"（继续）按钮，才能使用顺序控制器转换到下一步。

使用此模式应满足下述条件：使用的编辑器是 S7 Graph V5.0 以上的版本，S7 Graph FB 应能使 FC 72/FC 73 在自动模式下运行，设置块的功能的标签"Compile/Save"中没有选择"Lock operating Mode"。

问 70 切换到下一步模式有什么特点？如何进行？

答：在切换到下一步模式下，即使转换条件未满足，单击"Continue"按钮也能从当前步转换到后续步。如果转换条件满足，将自动转换到下一步。

问 71 错误显示如何操作？

答：没有互锁（Interlock）错误或监控（Supervision）错误时，相应的检查框为绿色，反之为红色。

单击图 5-53 中的"More"按钮，可以显示对话框中能设置的其他附加参数，详细的信息可以通过按 F1 键，在"在线帮助"中显示。

问 72 顺序控制器中的动作有几种？

答：可以将顺序控制器中的动作分为标准动作和与事件有关的动作，动作中可以有定时器、计数器和算术运算。

问 73 标准动作有什么作用？包括哪些指令？

答：对标准动作可以设置互锁（在命令的后面加"C"），仅在步处于活动状态和互锁条件满足时，有互锁的动作才被执行；没有互锁的动作在步处于活动状态时就会被执行。标准动作中的指令见表 5-1。

表 5-1　　　　　　　　　　　标准动作中的指令

指　令	地　址　类　型	说　　明
N（或 NC）	Q、I、M、D	只要步为活动（且互锁条件按满足），动作对应的地址为 1 状态，无锁存功能
S（或 SC）	Q、I、M、D	置位；只要步为活动步（且互锁条件满足），该地址被置为 1 并保持为 1 状态

指　令	地址类型	说　明
R（或 RC）	Q、I、M、D	复位：只要步为活动步（且互锁条件满足），该地址被置为 0 并保持为 0 状态
D（或 DC）	Q、I、M、D	延迟：（如果互锁条件满足），步变为活动步 n 秒后，如果步仍然是活动的，该地址被置为 1 状态，无锁存功能
	T♯〈常数〉	有延迟的动作的下一行为时间常数
L（或 LC）	Q、I、M、D	脉冲限制：步为活动步（且互锁条件满足），该地址在 n 秒内为 1 状态，无锁存功能
	T♯〈常数〉	有脉冲限制的动作的下一行行为时间常数
CALL（或 CALLC）	FC、FB、SFC、SFB	块调用：只要步为活动步（且互锁条件满足），制定的块被调用

表 5-1 中的 Q、I、M、D 均为位地址，括号中的内容用于有互锁的动作。

问 74　与事件有关的动作有什么作用？

答：动作可以与事件结合，事件是指步、监控信号、互锁信号的状态变化，信息（Message）的确认（Acknowledgment）或记录（Registration）信号被置位。控制动作的事件见表 5-2。命令只能在事件发生的循环周期执行，如图 5-54 所示。

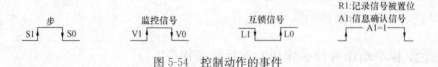

图 5-54　控制动作的事件

除了命令 D（延迟）和 L（脉冲限制）外，其他命令都可以与事件进行逻辑组合。

在检测到事件，并且互锁条件被激活（对于有互锁的命令 NC、RC、SC 和 CALLC）时，在下一个循环内，使用 N（NC）命令的动作为 1 状态，使用 R（RC）命令的动作被置位一次，使用 S（SC）命令的动作被复位一次，使用 CALL（CALLC）命令的动作的块被调用一次。

问 75　ON 命令与 OFF 命令有什么作用？

答：用 ON 命令或 OFF 命令可以分别使命令所在的步之外的其他步变为活

动步或不活动步。

ON 和 OFF 命令取决于"步"事件，即该事件决定了该步变为活动步或变为不活动步的时间，这两条指令可以与互锁条件组合，即可以使用命令 ON 和 OFFC。

指定的事件发生时，可以将指定的步变为活动步或不活动步。如果命令 OFF 的地址标识符为 S _ ALL，将命令"S1（V1，L1）OFF"所在的步之外其他的步变为不活动步。

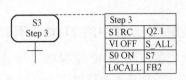

图 5-55 步与动作（1）

图 5-55 中的步 S3 变为活动步后，各动作按下述方式执行。

表 5-2 控制动作的事件

名 称	事 件 意 义
S1	步变为活动步
S0	步变为不活动步
V1	发生监控错误（有干扰）
V0	监控错误消失（无干扰）
L1	互锁条件解除
L0	互锁条件变为 1
A1	信息被确认
R1	在输入信号 REG _ EF/REG _ S 的上升沿，记录信号被置位

（1）一旦 S3 变为活动步且互锁条件满足，命令"S1 RC"使输出 Q2.1 复位为 0 并保持为 0。

（2）一旦监控错误发生（出现 V1 事件），除了动作中的命令"V1 OFF"所在的步 S3，其他的活动步变为不活动步。

（3）S3 变为不活动步（出现事件 S0）时，将步 S7 变为活动步。

（4）只要互锁条件满足（出现 L0 事件），就调用指定的功能块 FB2。

问 76 动作中的计数器计数器有什么功能？

答：动作中的计数器的执行与指定的事件有关。互锁功能可以用于计数器，对于有互锁功能的计数器，只有在互锁条件满足和指定的事件出现时，动作中的计数器才会计数。计数值为 0 时计数器位为 0，计数值非 0 时计数器位为 1。

事件发生时，计数器指令 CS 将初值装入计数器。CS 指令下面一行是要装入的计数器的初值，它可以由 IW、QW、MW、LW、DBW、BIW 来提供，或用常数 C♯0～C♯999 的形式给出。

事件发生时，CU、CD、CR 指令使计数值分别加 1、减 1 或将计数值复位为 0。计数器指令与互锁组合时，命令后面要加上"C"。

问 77　动作中的 TL 命令有什么功能？

答：动作中的定时器与计灵敏器的使用方法类似，事件出现时定时器被执行。互锁功能也可以用于定时器。

TL 为扩展的脉冲定时器命令，该命令的下面一行是定时器的定时时间 "time"，定时器位没有闭锁功能。定时器的定时时间可以由 IW、QW、MW、LW、DBW、BIW 来提供，或用 "S5T♯time constant" 的形式给出（"♯"后面是时间常数值）。

一旦事件发生，定时器被启动，启动后将继续定时，而与互锁条件和步是否是活动步无关。在指定的时间 "time" 内，定时器位为 1，此后变为 0。正在定时的定时器可以被新发生的事件重新启动，重新启动后，在指定的时间 "time" 内，定时器位为 1。

问 78　动作中的 TD 命令有什么功能？

答：TD 命令用来实现定时器位有闭锁功能的延迟。一旦事件发生，定时器被启动。互锁条件 C 仅仅在定时器被启动的第一时刻起作用。定时器被启动后将继续定时，而与互锁条件和步的活动性无关。在指定的时间 "time" 内，定时器位为 0。正在定时的定时器可以被新发生的事件重新启动，重新启动后，在指定的时间 "time" 内，定时器位为 0，定时时间到时，定时器位变为 1。

问 79　动作中的 TR 命令有什么功能？

答：TR 是复位定时器命令，一旦事件发生，定时器停止定时，定时器位与定时值被复位为 0。

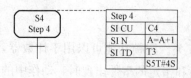

Step 4	
SI CU	C4
SI N	A=A+1
SI TD	T3
	S5T♯4S

图 5-56　步与动作（2）

当图 5-56 中的步 S4 变为活动步，事件 S1 使计数器 C4 的值加 1。C4 可以用来计步 S4 变为活动步的次数，只要步 S4 变为活动步，事件 S1 使 A 的值加 1。

S4 变为活动步后，T3 开始定时，T3 的定时器位为 0 状态，4s 后 T3 的定时器位变为 1 状态。

问 80 **动作中的算术运算表达式是什么？**

答：在动作中可以使用下列简单的算术表达式语句。

（1）A：=B。

（2）A：=函数（B）。

（3）A：=B<运算符号>C。

注意必须使用英文中的符号。包含算术表达式的动作应使用"N"命令，动作可以用事件来决定，可以设置为事件出现时执行一次，或步处于活动状态时在每一个扫描循环周期都执行；动作也可以与互锁组合（命令后面加"C"）。

（1）直接指定（Direct Assignments）。直接指定可以使用下面的数据类型，用表达式 A：=B 直接指定。

1）8bits：BYIE，CHAR。

2）16bits：WORD，INT，DATE，S5TIME。

3）33bits：DWORD，DINT，REAL，TIME，TIME-OF-DAY。

（2）使用内置的函数。通过格式"A：=函数（B）"可以使用 S7 Graph 内置的函数。例如，数据类型的转换，常用的浮点数函数，求补码、反码和循环移位等。

（3）使用运算符号指定数学运算。通过格式"A：=B<运算符号>C"，如"A：=B+C"和"A：=BANDC"等。

问 81 **顺序控制器中条件的概念是什么？**

答：条件由梯形图或功能块图中的元器件根据布尔逻辑组合而成。逻辑运算的结果（RLO）可能影响某步个别的动作、整个步、到下一步的转换或整个顺序控制器。

条件可以是事件，如退出活动步；也可以是状态，如输入量 I2.1 等。

条件可以在转换（Transition）、互锁（Interlock）、监控（Supervision）和永久性指令（Permanent instructions）中出现。

问 82 **转换条件有什么功能？**

答：转换中的条件使顺序控制器从一步转换到下一步。

没有对条件编程的转换称为空转换，空转换相当于不需要转换条件的转换。

如果某一步前后的转换同时满足，该步不会变为活动步。因此，必须在 S7 Graph编辑器中进行下面的设置：执行菜单命令"Options"→"Block Settings"，在弹出的"Block Settings"对话框的"Compile /Save"标签（见图 5-57)的"Sequencer Properties"选项组中，选中"Skip Steps"（跳过步）复选框。

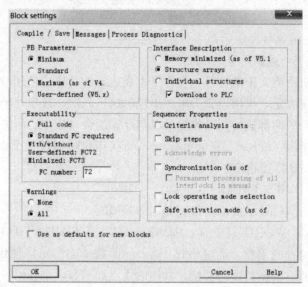

图 5-57　功能块的参数设置

问 83　互锁条件有什么功能？

答：互锁条件是可以编程的条件，用于步的连锁，能影响某个动作的执行。

如果互锁条件的逻辑满足，受互锁控制的动作被执行。例如，在互锁条件满足时，执行动作中的命令"L0CALL FC10"，调用功能 FC10。

如果互锁条件的逻辑不满足，不执行受互锁控制的动作，发出互锁错误信号（事件 L1）。在单步显示模式下对互锁编程。

问 84　监控条件有什么功能？

答：监控（Supervision）条件是可编程的条件，用于监视步，可能影响顺序控制器从一步转换到下一步的方式。

在单步显示模式下对监控编程，在所有的显示模式，用步的左下角外的字母"V"来表示该步已对监控编程（见图 5-53 中的步 S3）。

如果监控条件的逻辑运算满足，表示有干扰事件 V1 发生。顺序控制器不会转换到下一步，保持当前步为活动步，监控条件满足时立即停止对步的活动时间值 Si. U 的定时。

发果监控条件的逻辑运算不满足，表示没有干扰，如果后续步的转换条件满足，顺序控制器转换到下一步。

每一步都可以设置监控条件，但是只有活动步被监控。

发出和确认监控信号之前，必须在 S7 Graph 编辑器中先执行菜单命令"Options"→"Block Settings"，在弹出的"Block Settings"对话框的"Compile/Save"标签中作下面的设置。

（1）在"FB Parameters"选项组中选中"Standard"、"Maximum"或"User-defined"单选按钮，这样 S7 Graph 可以用功能块的输出参数 ERR-FLT 发出监控错误信号。

（2）在"Sequencer Properties"选项组中选中"Acknowledge errors"复选框。在运行时发生监控错误，必须用功能块的输入参数 ACK-EF 确认。必须确认的错误只影响有关的顺序控制器序列，只有在错误被确认后，受影响的序列才能重新被处理。

问 85 **S7 Graph 地址在条件中如何应用？**

答：可以在转换、监控、互锁、动作和永久性的指令中，以地址的方式使用关于步的系统信息（见表 5-3）。

表 5-3   **S7 Graph 地址**

地　址	意　　义	应　用　于
Si. T	步：当前或前一次处于活动状态的时间	比较器，设置
Si. U	步：处于活动状态的总时间，不包括干扰时间	比较器，设置
Si. X	指示步：是否是活动的	常开触点，常闭触点
Transi. TT	检查转换：所有的条件是否满足	常开触点，常闭触点

问 86 **监视步的活动时间如何操作？**

答：有很多场合需要监视步的活动时间。例如，某产品需要搅拌 50s，可以在监控条件中监视地址 Si. U。比较 32 位整数的指令用来比较地址 Si. U 和 50s（见图 5-58），步 3 被激活的时间（不包括干扰时间）与 50s 比较，如果步 3 被激活的时间大于等于 50s，条件满足。

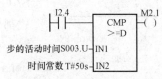

图 5-58　步的活动时间监控

问 87 如何设置 S7 Graph FB 参数中顺序控制系统的四种运行模式？

答：通过对 S7 Graph FB 的参数进行设置，可以选择顺序控制系统的四种运行模式（见图 5-53），从而决定顺序控制器对步与步之间的转换的处理方式。

（1）自动（Automatic）模式。在自动模式下，当转换条件满足时，由当前步转换到下一步。

（2）手动（Manual）模式。与自动模式相反，在手动模式下，转换条件满足并不能转换到下一步，步的活动或不活动状态的控制是手动完成的。

（3）单步（Inching）模式。单步模式与自动模式的区别在于它对步与步之间的转换有附加的条件，即只能在转换条件满足和输入参数 T-PUSH 的上升沿，才能转换到下一步。

（4）自动或切换到下一步（Automatic or switch to next）模式。在该模式下，只要转换条件满足或在功能块的输入信号 T-PUSH（见表 5-5）的上升沿，都能转换到下一步。

在 RUN 模式下可以用功能块的输入参数来选择四种工作模式，在下列参数的上升沿激活相应的工作模式。

（1）SW-AUTO：自动模式。

（2）SW-MAN：手动模式。

（3）SW-TAP：单步（Inching）模式。

（4）SW-TOP：自动或切换到下一步（Automatic or Switch to next）模式。

问 88 S7 Graph FB 的参数集包括哪些内容？

答：S7 Graph FB 有四种不同的参数集（见表 5-4），图 5-59 所示是梯形图中最小参数集的 S7 Graph FB 符号，V5 版的"Definable/Maximum"（可定义/最大）参数集使用表 5-5 和表 5-6 中所有的参数。

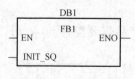

图 5-59 Graph 的
功能块符号

FB 的参数集见表 5-4，S7 Graph FB 的输入参数见表 5-5，S7 Graph FB 的输出参数见表 5-6，工作模式与 S7 Graph FB 的输入参数的关系见表 5-7，四种工作模式都要使用的 S7 Graph FB 的输出参数见表 5-8。

在 S7 Graph 程序编辑器中执行菜单命令"Options"→"Block Settings"，在弹出的"Block Settings"对话框的"Compile/Save"标签（见图 5-57）的"FB Parameters"选项

组中，可以选择需要的参数集。为了选择不同的运行模式，必须指定"Minimum"之外的参数集。

表 5-4   FB 的参数集

名　　称	任　　务
Minimum	最小参数集，只用于自动模式，不需要其他控制和监视功能
Standard	标准参数集，有多种操作方式，需要反馈信息，可选择确认报文
Maximum（＜＝V4）	最大参数集，用于 V4 及以下的版本，需要更多的操作员控制和用于服务和调试的监视功能
Definable/Maximum（V5）	可定义最大参数集，需要更多的操作员控制和用于服务和调试的监视功能，它们由 V5 的块提供

表 5-5   S7 Graph FB 的输入参数

参数	数据类型	参数说明	标准	最大
EN	BOOL	使能输入，控制 FB 的执行，如果直接连接 EN，将一直执行 FB	√	√
OFF _ SQ	BOOL	OFF _ SEQUENCE：关闭顺序控制器，使所有的步变为不活动步	√	√
INT _ SQ	BOOL	INT _ SEQUENCE：激活初始步，复位顺序控制器	√	√
ACK _ FF	BOOL	ACKNOWLEDG _ EERROR _ FAULT：确认错误和故障，强制切换到下一步	√	
REC _ FF	BOOL	REGTSTRAT _ EERROR _ FAULT：记录所有的错误和干扰		
ACK _ S	BOOL	REGISTRATE _ STEP：确认在 S _ ND 参数中指明的步		
REG _ S	BOOL	REGISTRATE _ STEP：记录在 S _ ND 参数中指明的步		
HALT _ SQ	BOOL	HALT _ SEQUENCE：暂停/重新激活顺序控制器		√
HALT _ TM	BOOL	HALT _ TIMES：暂停/重新激活所有步的活动时间和顺序控制器与时间有关的命令（L 和 N）		√
ZERO _ OP	BOOL	ZERO _ OPERANDS：将活动步中 L、N 和 D 命令的地址复位为 0，并且不执行动作/重新激活的地址和 CALL 指令		√
ENIL	BOOL	ENABLE _ INTERLOCKS：禁止/重新激活监控（顺序控制器就像互锁条件没有满足一样）		√

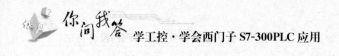

参数	数据类型	参数说明	标准	最大
EN_SV	BOOL	ENABLE_SUPERVISONS：禁止/重新激活监控（顺序控制器就像监控条件没有满足一样）		√
EN_ACKREQ	BOOL	ENABLE_ACKNOWLEDGE_REQUIRED：激活强制的确认请求		
DISP_SACT	BOOL	DISPLAY_ACTIVE_STEPS：只显示活动步		
DISP_SEF	BOOL	DISPLAY_STEPS_WITH_ERROR_OR_FAULT：只显示有错误和故障的步		
DISP_SALL	BOOL	DISPLAY_ALL_STEPS：显示所有的步		
S_PREV	BOOL	PREVIOUS_STEP：自动模式从当前活动步后退一步，步序号在 S_NO 中显示手动模式在 S_NO 参数中指明序号较低的前一步	√	√
S_NEXT	BOOL	NEXT_STEP：自动模式从当前活动步前进一步，步序号在 S_NO 中显示手动模式在 S_NO 参数中显示下一步（下一个序号较高的步）	√	√
SW_AUTO	BOOL	SWITCH_MODE_AUTOMATIC：切换到自动模式	√	√
SW_TAP	BOOL	SWITCH_MODE_TRANSITION_AND_PUSH：切换到单步模式	√	√
SW_TOP	BOOL	SWITCH_MODE_TRANSITION_OR_PUSH：切换到自动或转向下一步模式		
SW_MAN	BOOL	SWITCH_MODE_MANUAL：切换到手动模式，不能触发自动执行	√	√
S_SEL	INT	STEP_SELECT：选择用于输出参数 S_ON 的指定的步，手动模式用 S_ON 和 S_OFF 激活或禁止步	√	√
S_SELOK	BOOL	STEP_SELECT_OK：将 S_SEL 中的数值用于 S_ON		
S_ON	BOOL	STEP_ON：在手动模式激活显示的步	√	√
S_OFF	BOOL	STEP_OFF：在手动模式使显示的步变为不活动的步	√	√
T_PREV	BOOL	PREVIOUS_TRANSITION：在 T_NO 参数中显示前一个有效转换		

参数	数据类型	参数说明	标准	最大
T_NEXT	BOOL	NEXT_TRANSITION：在 T_NO 参数中显示下一个有效的转换		
T_PUSH	BOOL	PUSH_TRANSITION：条件满足并且在 T_PUSH 的上升沿时，转换实现。只用于单步和自动切换到下一步模式。如果块的版本为 V4 或者更早的版本，第一个有效的转换将实现；如果块的版本为 V5，且设置了输入参数 T_NO，被显示编号的转换将实现，否则第一个有效转换实现	√	√
EN_SSKIP	BOOL	ENARLE_STEP_SKIPPING：激活跳步		

表 5-6　　　　　　　　　　　　**S7 Graph FB 的输出参数**

参　数	数据类型	参数说明	标准	最大
ENO	BOOL	Enable Output：使能输出，FB 被执行且没有出错时 ENO 为 1，否则为 0	√	√
S_NO	INT	STEP_NUMBER：显示步的编号	√	√
S_MORE	BOOL	MORE_STEPS：有其他步是活动步	√	√
S_ACTIVE	BOOL	STEP_ACTIVE：被显示的步是活动步	√	√
S_TIME	TIME	TEP_TIME：步变为活动步的时间		
S_TIMEOK	DWORD	STEP_TIME_OR：在步的活动期内没有错误发生		
S_CRILOC	DWORD	STEP_CRITERIA：互锁标准位		
S_CRITLOCERR	DWORD	S_CRITERIA_IL_LAST_ERROR：用于 L1 时间的互锁标准位		
S_CRITSUP	DWORD	STEP_CRITERIA：监控标准位		
S_STATE	WORD	STEP_STATE：步的状态位		
T_NO	INT	TRANSITION_NUMBER：有效的转换编号		
T_MORE	BOOL	MORE_TRANSITIONS：其他用于显示的有效转换		
T_CRIT	DWORD	TRANSITION_CRITERIA：转换的标准位		
T_CRITOLD	DWORD	T_CRITERIA_LAST_CYCLE：前一周期的转换标准位		

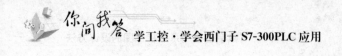

续表

参　数	数据类型	参数说明	标准	最大
T _ CRITFLT	DWORD	TCRITERIA _ LAST _ FAULT：时间 V1 的转换标准位		
ERROR	BOOL	INTERLOCK _ ERROR：任何一步的互锁错误		
FAULT	BOOL	SUPERVISION _ FAULT：任何一步的监控错误		
ERRFLT	BOOL	IL _ ERROR _ OR _ SV _ FAULT：组故障	√	√
SQ _ ISOFF	BOOL	SEQUENCE _ IS _ OFF：顺控器完全停止（没有活动步）		
SQ _ HALTED	BOOL	SEQUENCE _ IS _ HALTED：顺控器暂停	√	
TM _ HALTED	BOOL	TIMES _ ARE _ HALTED：定时器停止		√
OP _ ZEROED	BOOL	OPERANDS _ ARE _ ZEROED：地址被复位		√
IL _ ENABLED	BOOL	INTERLOCK _ IS _ ENABLED：互锁被使能		√
SV _ ENANLED	BOOL	SUPERVISION _ IS _ ENABLED：监控器被使能		√
ACKREQ _ ENABLED	BOOL	ACKNOWLEDGE _ REQUIRED _ IS _ ENABLED：强制的确认被激活		
SSKIP _ ENABLED	BOOL	STEP _ SKIPPING _ IS _ ENABLED：跳步被激活		
SACT _ DISP	BOOL	STEPS _ WITH _ ERROR _ FAFAULT _ WERE _ CVDISPLAYED：只显示 S _ NO 参数中的活动步		
SEF _ DISP	BOOL	STEPS _ WITH _ ERROR _ FAULT _ WERE _ OVDISPLAYED：在 SNO 参数中只显示出错的步和有故障的步		
SALL _ DISP	BOOL	ALL _ STEPS _ WERE _ DISPLAYED：在 S _ NO 参数中显示所有的步		
AUTO _ ON	BOOL	AUTOMATIC _ IS _ ON：显示自动模式	√	√
TAP _ ON	BOOL	TANDPUSH _ IS _ ON：显示单步自动模式		
TOP _ ON	BOOL	T _ OR _ PUSH _ IS _ ON：显示 SWTOP 模式	√	√
MAN _ ON	BOOL	MANUAL _ IS _ ON：显示手动模式	√	√

表 5-7　　　　　　　　　　　工作模式与 S7 Graph FB 的输入参数的关系

参数	数据类型	参数说明	自动	手动	单步	自动或切换到下一步
OFF＿SQ	BOOL	关闭顺序控制器，使所有的步变为不活动步	√	√	√	√
INIT＿SQ	BOOL	激活初始步，初始化顺序控制器	√	√	√	√
ACK＿EF	BOOL	确认故障，强制切换到下一步	√	√	√	√
S＿PREV	BOOL	从当前的活动步后退，步序号在 S＿NO中显示	√	√	√	
S＿NEXT	BOOL	从当前的活动步前进，步序号在 S＿NO中显示	√	√	√	√
SW＿AUTO	BOOL	自动模式请求		√	√	√
SW＿TAP	BOOL	单步模式请求		√	√	√
SW＿TOP	BOOL	自动或切转向下一步模式请求	√	√	√	
SW＿MAN	BOOL	手动模式请求	√	√		√
S＿SEL	INT	步的选择，在手动模式用 S＿ON 或 S＿OFF激活或禁止的步		√		
S＿ON	BOOL	手动模式激活 S＿SEL 指定的步		√		
S＿OFF	BOOL	手动模式禁止 S＿SEL 指定的步		√		
T＿PUSH	BOOL	条件满足并且在 TPUSH 的上升沿时，转换到下一步		√	√	

表 5-8　　　　　　　　四种工作模式都要使用的 S7 Graph FB 的输出参数

参数	数据类型	参数说明
S＿NO	INT	显示用 S＿PREV 或 S＿NEXT 选择的活动步的编号
S＿MORE	BOOL	有其他步是活动步
S＿ACTIVE	BOOL	S＿NO 显示的步是活动步
ERR＿FLT	BOOL	有故障或干扰出现
AUTO＿ON	BOOL	指示自动模式
TAP＿ON	BOOL	指示半自动模式
TOP＿ON	BOOL	指示自动或切换到下一步模式
MAN＿ON	BOOL	指示手动模式

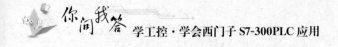

在手动模式下用 S-SEL 选择步的方法如下。

（1）用输入参数 SW-MAN 的上升沿选择手动模式。

（2）用输入参数 S-SEL 指定要选择的步。

（3）用输入参数 S-ON 或 S-OFF 的上升沿激活或禁止（去活）选择的步。

对于顺序控制器的并行序列，如果需要选择的不止一步，重复步骤（2）和（3）的操作。

问 89 符号表中有哪些主要符号？

答：系统的符号表中主要的符号（见表 5-9）。

表 5-9   符 号 表

符号	地址	符号	地址	符号	地址	符号	地址	符号	地址
自动数据块	DB1	松开按钮	10.7	单步	12.2	自动模式	M0.3	下降阀	Q4.0
下限位	10.1	下降按钮	11.0	单周期	12.3	原点条件	M0.5	夹紧阀	Q4.1
上限位	10.2	右行按钮	11.1	连续	12.4	转换允许	M0.6	上升阀	Q4.2
右限位	10.3	夹紧按钮	11.2	启动按钮	12.6	连续标志	M0.7	右行阀	Q4.3
左限位	10.4	确认故障	11.3	停止按钮	12.7	回原点上升	M1.0	左行阀	Q4.4
上升按钮	10.5	手动	12.0	自动允许	M0.0	回原点左行	M1.1	错误报警	Q4.5
左行按钮	10.6	回原点	12.1	单周连续	M0.1	夹紧延时	M1.2	—	—

问 90 初始化程序、手动程序与自动回原点程序如何设置？

答：在 PLC 进入 RUN 模式的第一个扫描周期，系统调用组织块 OB100。OB100 中的初始化程序与图 5-37 完全相同；手动程序 FC2 与图 5-39 完全相同；自动返回原点的梯形图程序 FC3 与图 5-42（b）相同。

问 91 主程序 OB1 如何设置？

答：在 OB1 中，用块调用的方式来实现各种工作方式的切换。公用程序（功能 FC1）是无条件调用的，供各种工作方式使用。手动工作方式时调用功能 FC2，如图 5-60 所示，"回原点"工作方式时调用功能 FC3，连续、单周期和单步工作方式（总称为"自动方式"）时，调用 S7 Graph 语言编写的功能块 FB1，它的背景数据块 DB1 的符号名为"自动数据块"。

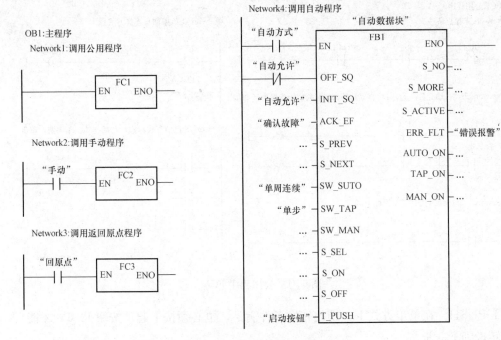

图 5-60　主程序 OB1 的设置

问 92　公用程序是怎样运行的?

答： 图 5-61 所示是公用程序 FC1，在手动方式或自动回原点方式，如果原点条件满足，图中的"自动允许"（M0.0）被置位为 1，M0.0 的常开触点闭合，使 FB1 的输入参数 INIT-SQ（激活初始步）为 1，它使初始步变为活动步，为自动程序的执行做好准备；原点条件不满足时，M0.0 被复位为 0，M0.0 的常闭触点使 FB1 的输入信号 OFF-SQ（关闭顺序控制器）为 1 状态，将顺序控制器中所有的活动步变为不活动步，禁止自动程序的执行。

在公用程序中将控制单步、单周期和连续这三种自动方式的 I2.2、I2.3 和 I2.4 的常开触点并联，来控制符号名为"自动方式"的 M0.3，用 M0.3 作为 FB1 的使能（EN）输入信号，即只在这三种工作方式下调用 FB1。

在公用程序中将控制单周期和连续这两种自动方式的 I2.3 和 I2.4 的常开触点并联，来控制符号名为"单周连续"的 M0.2，它用来为 FB1 提供输入信号 SW-AUTO（自动工作方式）。

在单步工作方式，符号名为"单步"的 I2.2 为 1，它的常开触点为 FB1 提供输入信号 SW-TAP（单步工作方式），启动按钮（I2.6）为 FB1 提供输入信号

FC1:公用程序

Network 1:原点条件

```
    I0.4      I0.2      Q4.1      M0.5
────┤├────────┤├────────┤/├───────( )────
```

Network 2:"自动允许"为1时将自动程序FB1中的初始步置为活动步

```
    I2.0      M0.5                M0.0
────┤├────────┤├─────────────────( S )───
    I2.1      M0.5                M0.0
────┤├────────┤/├─────────────────( R )───
```

Network 3:非连续方式时清连续标志M0.7

```
    I2.4                          M0.7
────┤/├──────────────────────────( R )───
```

Network 4:单周期与连续方式标志

```
    I2.3                          M0.2
────┤├───────────────────────────( )────
    I2.4
────┤├────
```

Network 5:自动方式标志、包括连续、单周期、单步

```
    I2.2                          M0.3
────┤├───────────────────────────( )────
    I2.3
────┤├────
    I2.4
────┤├────
```

图 5-61 公用程序 FC1

T-PUSH。在单步方式下,即使转换条件满足,也必须按下起动按钮 I2.6,才能转换到下一步。

"确认故障"按钮(I1.3)为 FB1 提供输入信号 ACK-ET,某步出现监控事件,如该步处于活动状态的时间超过了设定值时,该步变为红色。如果转换条件满足,需要按下"确认故障"按钮,才能转换到下一步。

问 93　自动程序是怎样运行的?

答: 自动程序 FB1 是用 S7 Graph 语言编写的,前面已经介绍了怎样用 FB1 的输入参数来区分单步方式和非单步(单周期和连续)方式。单周期和连续方式是用 M0.7(连续标志)和顺序控制器中的选择序列来区分的。M0.7 的控制电路放在 FB1 的顺序控制器之前的永久性指令中,如图 5-62 所示,每次扫描都要执行永久性指令。

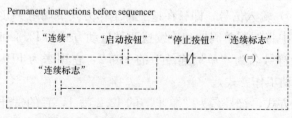

Permanent instructions before sequencer

图 5-62　顺序控制器之前的永久性指令

图 5-63 所示是 FB1 中的顺序控制器，在步 S27 之后生成选择序列的分支时，首先用鼠标指针选中步 S27，然后单击"Sequencer"工具条上的"选择序列的分支"按钮。生成选择序列的分支后，分别对两条支路上的转换条件编程。最后在两个转换上生成跳步（Jump），分别跳到步 S1、S20。步 S1 和 S20 之前标有 T9 和 T10 的箭头是自动生成的，它们用来表示选择序列的合并。

在单周期工作方式下，连续标志 M0.7 处于 0 状态，当机械手在后最一步 S27 返回最左边时，左限位开关 I0.4 为 1 状态，因为连续标志的常闭触点闭合，转换条件 T9 满足，使系统返回并停留在初始步 S1。按一次启动按钮，系统只工作一个从步 S0 到步 S27 的工作周期。

在连续工作方式下，I2.4 为 1 状态，在初始状态按下启动按钮 I2.6，"连续标志"M0.7 的线圈"通电"并自保持，步 S20 变为 1 状态，机械手下降。以后的工作过程与在单周期工作方式下相同，机械手在步 S27 返

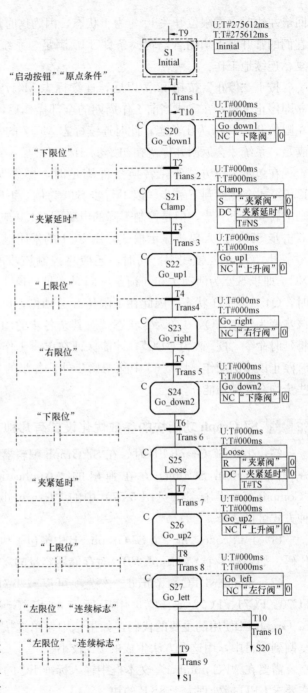

图 5-63　自动程序 FB1 中的顺序控制器

回最左边时，左限位开关 I0.4 为 1 状态，因为这时连续标志 M0.7 也为 1 状态，它们的常开触点均闭合，转换条件 T10 满足，系统返回步 S20，以后将这样反复、连续地工作。

按下"停止"按钮 I2.7 以后，连续标志 M0.7 变为 0 状态，但是系统不会立即停止工作。在完成当前工作周期的全部操作后，小车在步 S27 返回最左边，左限位开关 I0.4 为 1 状态，此时连续标志 M0.7 的常闭触点闭合，转换条件 T9 满足，系统才会返回并停留在初始步 S1。

在单步工作方式下，转换条件满足时，操作人员必须按下"启动"按钮 I2.6，才会转换到下一步。以下行步 S20 为例，下限位开关 I0.1 为 1 时，不会马上转换到下一步，但是控制下降的电磁阀 Q4.0 应变为 0 状态。因此，编程时双击步 S20，进入单步显示模式，用 I0.1 的常闭触点控制步 S20 的中间标有大写字母"C"的互锁线圈。同时，还应将控制该步的动作 Q4.0 的命令 N 改为 NC，即步 S20 为活动步和互锁条件同时满足（I0.1＝0，I0.1 的常闭触点闭合）时，Q4.0 才为 1 状态，因此在下限位开关动作，I0.1＝1，互锁条件不满足时，该步变为红色，Q4.0 变为 0 状态。对其余各步的动作，均应作相同的处理，并将延时命令"D"改为"DC"，才能保证在单步工作模式时，转换条件满足后及时停止该步的动作。图 5-63 中除初始步外，各步的左上角均标有"C"，表示这些步均有互锁功能。

问 94 S7 Graph 功能块的参数优化设置有几种方式？

答：生成 S7 Graph FB 时，在 S7 Graph 编辑器中执行菜单命令"Options"→"Application Settings"，在弹出的"Application Settings"对话框中的"Compile/Save"标签（见图 5-57）中的"Executability"选项组中，有以下两种方式可供选择。

（1）Full code。每一个 S7 Graph FB 中都包了执行 S7 Graph FB 所需的全部代码。如果有多个 S7 Graph FB，对存储器容量的需求将会显著增加。

（2）Standard FC required。该选项可以减小对存储器的需求，标准功能 FC70、FC71、FC72 或 FC73 用于所有的 S7 Graph FB，它们包含所有的 S7 Graph FB使用的主要的代码，如果选中该单选按钮，有关的 FC 将被自动地复制到项目中，用这个方法生成的 FB 较小。

需要在"FC number"文本框中输入标准 FC 的编号，FC72 是默认的设置，它要求 CPU 能处理大于 8KB 的块。

FC70 和 FC71 小于 8KB，可供较小的 CPU 使用。FC70 只能用于可执行

SFC17/18 的诊断功能的 CPU，如果 CPU 没有该功能，应使用 FC71。要想知道 CPU 是否有 SFC17/18，在与 CPU 建立起通信联系后，可执行菜单命令 "PLC" → "Display Accessible Nodes"，在块文件夹中显示该 CPU 中的系统功能块。

FC73 需要的存储容量小于 8KB，可以在所有的 CPU 中使用，它可以显著地减少 S7 Graph FB 的存储器需求。应在 "Compile/Save" 标签中的 "Interface Description"（接口描述）选项组中选中 "Memory minimized" 单选按钮（存储器最小化）。

用预先设置好的默认显示模式打开 S7 Graph FB，执行菜单命令 "Options" → "Application Settings"，在弹出的对话框的 "General" 标签的 "New Window View" 选项组中，可选择打开 FB 时默认的显示模式和显示的内容，如图5-64所示。

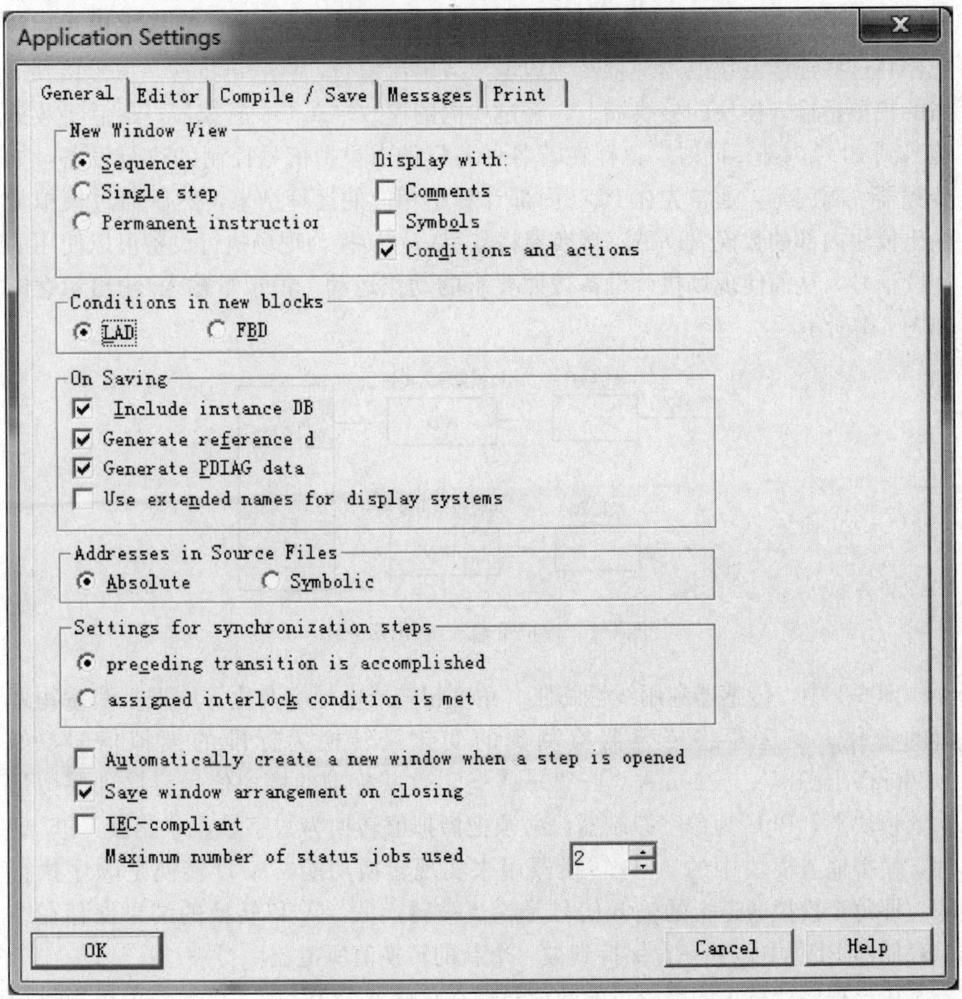

图 5-64　功能块的参数优化设置

模拟量处理及闭环控制

问 1 模拟量处理的过程是如何进行的？

答：在工业生产过程中，存在着大量的连续变化的信号（模拟量信号），如温度、压力、流量、位移、速度、旋转速度、pH 值、黏度等。通常先用各种传感器将这些连续变化的物理量转换成电压或电流信号，然后再将这些信号接到适当的模拟量输入模块的接线端上，经过块内的模数（A/D）转换器，最后将数据传入到 PLC 内部；同时，也存在着各种各样的由模拟信号控制的执行设备，如变频器、阀门等，通常先在 PLC 内部计算出相应的运算结果，然后通过模拟量输出模块内部的数模（D/A）转换器将数字信号转换为现场执行设备可以使用的连续信号，从而使现场执行设备按照要求的动作运动。模拟量输入/输出示意图如图 6-1 所示。

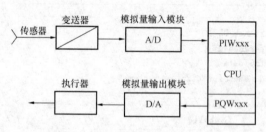

图 6-1　模拟量输入/输出示意图

图 6-1 中，传感器利用线性膨胀、角度扭转或电导率变化等原理来测量物理量的变化。变送器将传感器检测到的变化量转换为标准的模拟信号，如 $\pm 500\text{mV}$、$\pm 10\text{V}$、$\pm 20\text{mA}$，$4\sim 20\text{mA}$ 等，这些标准的模拟信号将接到模拟量输入模块上，PLC 为数字控制器，必须把模拟值转换为数字量，才能被 CPU 处理，模拟输入模块中的 A/D 转换器用来实现转换功能。A/D 转换是顺序执行的，即每个模拟通道上的输入信号是轮流被转换的。A/D 转换的结果保存在结果存储器 PIW 中，并一直保持到被一个新的转换值所覆盖。

用户程序计算出的模拟量的数值存储在存储器 PQW 中，该数值由模拟量输出模块中的 D/A 转换器转换为标准的模拟信号，控制连接到模拟量输出模块上的采用标准模拟输入信号的模拟执行器。

问2 模拟量的地址范围是什么？

答：S7-300 为模拟量输入和输出保留了特定的地址区域，以便与数字模块的输入/输出映像区的地址（PII/PIQ）区分开。默认情况下，模拟量地址范围是字节 256~767，每个模拟量通道占两个字节，如图 6-2 所示。

机架3	电源模块	IM（接收）	640 to 654	656 to 670	672 to 686	688 to 702	704 to 718	720 to 734	736 to 750	752 to 766
机架2	电源模块	IM（接收）	512 to 526	528 to 542	544 to 558	560 to 574	576 to 590	592 to 606	608 to 622	624 to 638
机架1	电源模块	IM（接收）	384 to 398	400 to 414	416 to 430	432 to 446	448 to 462	464 to 478	480 to 494	496 to 510
机架0	电源模块	CPU	IM（发送）	256 to 270	272 to 286	288 to 302	304 to 318	320 to 334	336 to 350	352 to 366	368 to 382
槽口号	2	3	4	5	6	7	8	9	10	11

图 6-2 S7-300 模拟量模块的寻址示意图

问3 模拟量模块包括几部分？

答：模拟量模块主要包括模拟量输入模块 SM33i，模拟量输出模块 SM332，模拟量输入/输出模块 SM334 和 SM335 等。

问4 如何进行硬件设置？

答：每个模拟量模块可以选择不同的测量类型和范围，通过量程卡上的适配开关可以设定测量的类型和范围。没有量程卡的模拟量模块具有适应电压和电流测量的不同接线端子，通过正确地连接有关端子可以设置测量的类型。

具有适配开关的量程卡安放在模块的左侧，如图 6-3 所示。在安装模块前必须正确地设置它，允许的设置为"A"、"B"、

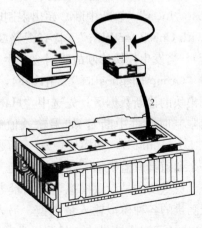

图 6-3 量程卡
1、2—步骤 1、步骤 2

213

"C"和"D",关于设置不同的测量类型及测量范围的简要说明印在量程卡上。其最常见的含义为"A"为热电阻、热电偶,"B"为电压,"C"为四线制电流,"D"为二进制电流。

在一些模块上,几个通道被组合在一起构成一个通道组(Group)。此时,适配开关的设定应用于整个通道组。

如果没有正确设定量程卡,则可能会损坏模拟量模块,在连接传感器到模块之前,应确保量程卡设定正确。

问5 如何设置硬件属性?

答: 在硬件接线方面设定了模拟量模块的测量类型和范围后,还需要在 SIMATIC STEP 7 软件中对模块进行参数设定。必须在 CPU 为"停止"模式下才能设置参数,且需要将参数进行下载。当 CPU 由"停止"模式转换为"运行"模式后,CPU 即将设定的参数传送到每个模拟量模块中。

通过系统功能块 SFC55 可以修改当前用户程序中的动态参数,但是当 CPU 从"运行"到"停止"再到"运行"模式后,将恢复软件设定的模块参数。

在硬件组态编辑器中,右击模拟量模块选择属性,弹出模拟量模块的属性对话框,此处先以模拟量输入模块 SM331 AI2×12Bit 为例,如图 6-4 所示。"General"(概述)选项卡给出了该模块的描述、名称、订货号和注释等,"Addresses"(地址)选项卡给出了输入通道的地址,取消"System default"(系统默认)选项卡可以自己定义通道地址。

在"Inputs"(输入)选项卡中,根据模块类型及控制要求可以设置"Diagnostic Inter"(诊断中断)超出限制时硬件中断"Group Diagnostics"(组诊断)、"with Check for Wire"(检查线路断开)等。选中"Diagnostic Inter"(诊断中断),当发生模块诊断故障时会产生一个异步错误中断并由 CPU 调用 OB82;选中"Group Diagnostics"(组诊断),有模块发生诊断错误时,会将相关信息记录到模块的诊断数据区;先选中"Hardware Interrupt When Limit Exceeded"(超出限制时硬件中断),如果输入值超过定义的上限("Hight Limit")和下限("Low Limit"),则模块触发一个硬件中断,由 CPU 调用 OB40。注意,只有第一个通道具有监视输入超限的功能。

更重要的是设置模拟量的测量类型和范围,图 6-3 中显示了 SM331 模块所能测量的各种模拟输入量类型,另外设置要与实际变送器量程相符。注意,图 6-3 中的两路模拟量输入的测量类型和范围是一致的,不能单独设置某一通道。

"干扰频率"与模数转换的积分时间有关,分辨率是通过在硬件组态中选择

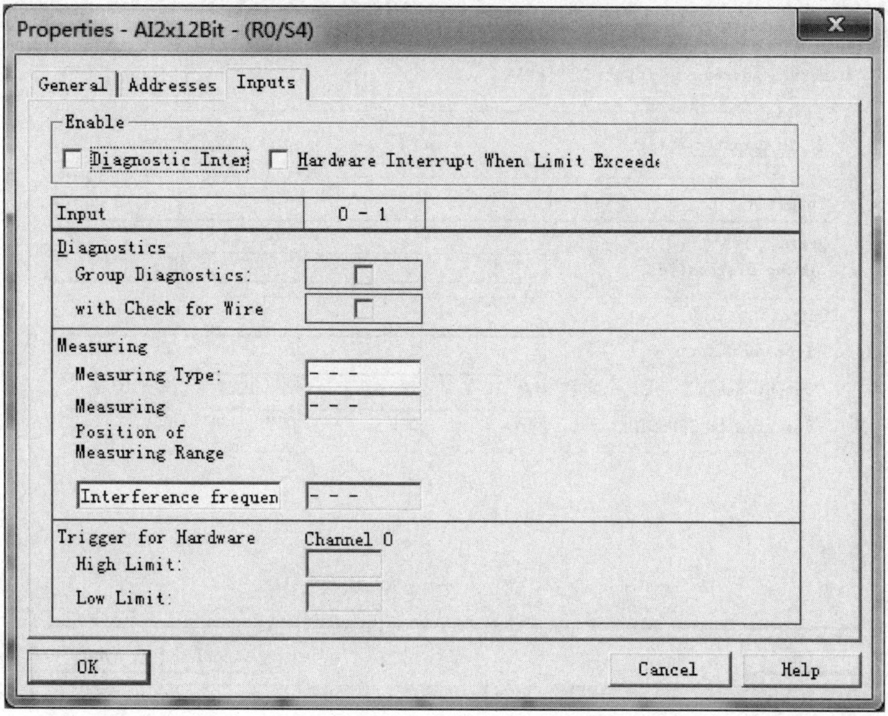

图 6-4　SM331 模块属性对话框

积分时间来间接定义的。SM331 模块的积分时间、分辨率和干涉频率的关系见表 6-1。

表 6-1　　　　　　　SM331 模块的积分时间、分辨率和干涉频率的关系

积分时间/ms	分辨率/bit	干涉频率抑制/Hz
2.5	9＋符号位	400
16.6	12＋符号位	60
20	12＋符号位	50
100	14＋符号位	10

　　再来讨论模拟量输入/输出模块，此处以 SM335 AI4/A04×14/12Bit 为例，如图 6-5 所示。其中，包含 "General"（常规）、"Addresses"（地址）、"Inputs"（输入）和 "Outputs"（输出）4 个选项卡，与 SM331 一样，"General"（常规）项给出了该模块的描述、名称、订货号和注释等，"Addresses"（地址）项给出了输入/输出通道的地址，取消 "System default"（系统默认）选项可以自己定

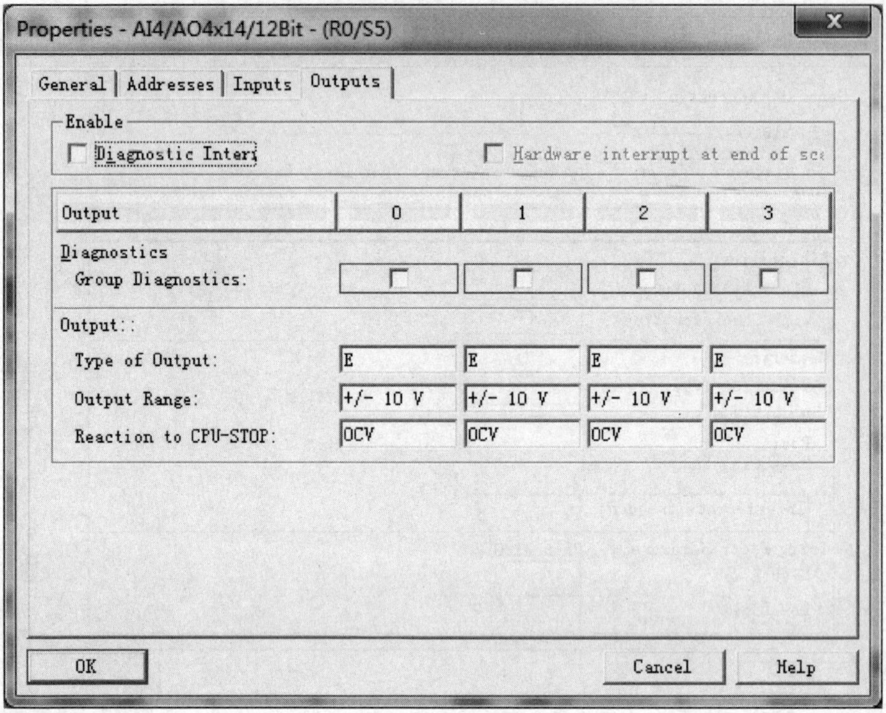

图 6-5　SM335 模块属性对话框

义通道地址。

"Inputs"（输入）选项卡同图 6-3 所示的 SM331 的 "Inputs"（输入）选项卡类似，只是 SM335 的 "Hardware Interrupt When Limit Exceeded"（超出限制时硬件中断）功能呈现灰度，表示该模块无此功能。另外，SM335 的四路模拟量输入可以单独设置测量范围，且可以设置 A/D 转换的扫描循环时间。扫描循环时间是指模块对所有被激活的模拟输入转换一次所需的时间，允许的设置范围是 0.5～16ms。

在 "Outputs"（输出）项，同样可以设置模拟量输出的类型和范围，对 "Reaction to CPU-STOP"（CPU STOP 模式的响应）项用于设置当 CPU 停止时，模拟量输出是无输出电压或电流（OCV）还是保持最终值（KLV）。注意，不用于模拟量输出通道在硬件上必须保持开路（与模拟输入不同），在软件中选择 "deactivated"（不激活）。

问 6　模拟量的转换时间由什么组成？有什么作用？

答： 模拟量的转换时间由基本转换时间和模块测试及监控处理时间组成。基

216

本转换时间直接取决于模拟量输入模块的转换方法（积分转换、瞬时值转换）。对于积分负方法，积分时间将直接影响负时间，积分时间取决于软件中所设置的干扰频率。

模拟量输入通道的扫描时间，即模拟量输入值由本次转换到下一次转换时所经历的时间，是指模拟量输入模块的所有激活模拟量输入通道的转换时间总和。图 6-6 所示为一个 n 通道模拟量模块的扫描时间的构成。

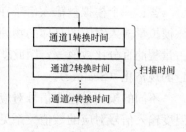

对于不同模拟量模块的基本转换时间和其他处理时间，请参考相关模块的技术手册。

图 6-6 模拟量模块的扫描时间

模拟量输出通道的转换时间由两部分组成：数字量数值从 CPU 存储器传送到输出模块的时间和模拟量模块的数模转换时间。模拟量输出通道也是顺序转换，即模拟量输出通道依次转换。扫描时间，即模拟量输出值本次转换到再次转换时所经历的时间，是指模拟量输出模块的所有激活的模拟量输出通道的转换时间总和，如图 6-6 所示。因此，最好在 SIMAT-IC 软件中禁用所有没有使用的模拟量通道，以降低 I/O 扫描时间。

问 7 **模拟量模块的分辨率如何表示？**

答：通过 SM331 和 SM335 可以看出，模拟量模块的分辨率是不同的，从 8 位到 16 位都有可能。如果模拟量模块的分辨率小于 15 位，则模拟量写入累加器时向左对齐，不用的位用"0"填充，如图 6-7 所示。这种表达方式使得当更换

位的序号	单位		15	14	13	12	11	10	9	8	7	6	5	4	3	2	1	0
位值	十进制	十六进制	VZ	2^{14}	2^{13}	2^{12}	2^{11}	2^{10}	2^9	2^8	2^7	2^6	2^5	2^4	2^3	2^2	2^1	2^0
位的分辨率+符号	8	128	80	*	*	*	*	*	*	*	*	1	0	0	0	0	0	0	0
	9	64	40	*	*	*	*	*	*	*	*		1	0	0	0	0	0	0
	10	32	20	*	*	*	*	*	*	*	*			1	0	0	0	0	0
	11	16	10	*	*	*	*	*	*	*	*				1	0	0	0	0
	12	8	8	*	*	*	*	*	*	*	*					1	0	0	0
	13	4	4	*	*	*	*	*	*	*	*						1	0	0
	14	2	2	*	*	*	*	*	*	*	*							1	0
	15	1	1	*	*	*	*	*	*	*	*								1

图 6-7 模拟量的表达方式和测量值的分辨率

同类型模块时，不会因为分辨率的不同导致负值的不同，无需调整程序。

问8 什么是模拟量规格化？

答：一个模拟量输入信号在 PLC 内部已经转换为一个数，而通常希望得到该模拟量输入对应的具体的物理量数值（如压力值、流量值等）或对应的物理量占量程的百分比数值等，因此就需要对模拟量输入的数值进行转换，这称为模拟量的规格化（Scaling）。

不同的模拟量输入信号对应的数值是有差异的，不同的电压、电流、电阻或温度输入信号对应的数值关系见表 6-2。此处仅选取部分典型信号作为示意。

由表 6-2 可以看出，额定范围内的模拟量输入信号双极性对应数值范围为 $-27\ 648 \sim +27\ 648$，如 $\pm10V$ 对应 $\pm27\ 648$ 并呈现线性关系；单极性信号对应数值范围为 $-0 \sim 27\ 648$，如 $0 \sim 10V$，$4 \sim 20mA$，$0 \sim 300\Omega$ 等都对应 $0 \sim 27\ 648$；而对于 Pt100 测温范围 $200 \sim 850℃$ 对应的数值范围为 $-2\ 000 \sim 8\ 500$，即 10 倍关系。

对于上面的各种模拟量输入信号的对应关系，需要编写相应的处理程序来将 PLC 内部的数值转换为对应的实际工程量（如温度、压力）的值，因为工艺要求是基于具体的工程量而定的，如"当压力大于 3.5MPa 时打开排气阀"，所以不进行模拟量转换，就无法知道当前在 $0 \sim 27\ 648$ 范围内的这个数值具体对应的压力是多少，也就无法实现编程。

问9 模拟输入量的转换如何实现？

答：STEP7 软件的系统库中提供了用于模拟量转换的块 FC105 和 FC106。FC105 用来将模拟输入量规范化，即实现模拟输入量的转换。

表 6-2　不同的电压、电流、电阻或温度输入信号对应的数值关系

范围	电压/V 例如：测量范围 $-10 \sim +10$		电流/mA 例如：测量范围 $4 \sim 20$		电阻/Ω 例如：测量范围 $0 \sim 300$		温度/℃ 例如：测量范围 $-200 \sim 850$	
超上限	≥11.759	32 767	≥22.815	32 767	≥352.778	32 767	≥10 000.1	32 767
超上界	11.758 9 … 10.0004	32 511 … 27 649	22.8100 … 20.000 5	32 511 … 27 649	352.767 … 300.011	32 511 … 27 649	1000.0 … 850.1	10 000 … 8 501

范围	电压/V		电流/mA		电阻/Ω		温度/℃	
	例如： 测量范围−10～+10		例如： 测量范围4～20		例如： 测量范围0～300		例如： 测量范围−200～850	
额定 范围	10.00 7.50 … −7.5 −10.00	27 648 20 736 … −20 736 −27 648	20.000 16.000 … 4.000	27 648 20 736 … 0	300.000 225.000 … 0.000	27 648 20 736 … 0	850.0 … −200.0	8500 … −2000
超下界	10.000 4 … −11.759 0	−27 649 … −32 512	−3.999 5 … −32 512	−1 … −4 864	不允许 负值	−1 … −4 864	−200.1 … −243.0	−2001 … −2430
超下限	≤−11.76	−32 768	≤1.184 5	−32 768		−32 768	≤−243.1	−32 768

展开指令浏览树的"库"（Libraries）→"标准库"（Standard Library）→"T1-S7 转换块"（T1-S7 Converting Blocks），选择"FC105"块，如图 6-8 所示。

图 6-8 中，输入参数 IN 输入的是需要转换的数值，即模拟量输入地址；输入参数 HI_LIM 和 LO_LIM 输入的是图 6-4 设置的测量范围对应的实际物理量或工程量的量程；输入参数 BIPOLAR 输入的是模拟量输入的极性，为 1 时表示双极性输入，为 0 时表示单极性输入；输出参数 RET-VAL 输出模拟量转换的状态，即转换

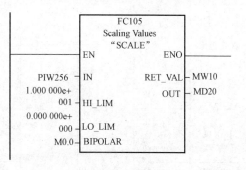

图 6-8　模拟量输入模范化块 FC105

过程的返回代码，如果转换正确，则返回值为 0，否则为其他代码，根据返回代码可以查看转换出错的原因；输出参数 OUT 输出转换后的物理量。

需要说明的是，当变送器输出的量程范围与图 6-4 设置的测量范围不一致时，需要将变送器量程对应的工程量范围转换为图 6-4 设置的测量范围对应的工程量范围，以此确定 FC105 的上下限。例如，当变送器输出电压范围为 0～10V 时，对应的实际工程量范围为 0～10MPa，而 SM331 模拟量输入模块设置的测量范围为−10～+10V 时，则调用 FC105 时设置的上下限应该为±10MPa。

问 10　模拟输出量的转换如何实现？

答：模拟输出量的分析过程与模拟输入量刚好相反，PLC 运算的工程量要转换为一个 0～27 648 或−27 648～+27 648 的数，再经 D/A 转换为连接续的电

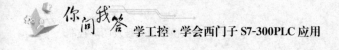

压电流信号，数值和执行器量程的对应关系见表 6-3。

模拟输出量转换块 FC106 是将模拟输出操作规范化（UNSCALING），即将用户程序运算得到的实际物理量转化为模拟输出模块所需要的 0～27 648 或 −37 648～＋3 764 8，16 位整数。

表 6-3　　　　　　　不同的数值对应的输出电压、电流关系

范　围		电压/V			电流/mA		
		输出范围			输出范围		
		0～10	1～5	−10～+10	0～20	4～20	−20～+20
超上限	＞32 767	0	0	0	0	0	0
超上界	32 511	11. 758 9	5. 879 4	11. 758 9	23. 515 0	22. 810	23. 515 0
	...	...	...	...	...	...	...
	27 649	10. 000 4	5. 000 2	10. 000 4	20. 000 7	20. 005	20. 000 7
额定范围	27 648	10. 000 0	5. 000 0	10. 000 0	20. 000	20. 000	20. 000
	...	...	...	...	...	...	...
	0	0. 000 0	1. 000 0	0. 000 0	0. 000	4. 000	0
	...	...	...	...			
	−6912						
	−6913			...			
	...						
	−27 648	0	0. 999 9	−10. 000 0		3. 999 5	−20. 000
超下界	−27 649	0	0	−10. 000 4			−20. 007
	...			...			...
	−32 512			−11. 758 9			−23. 515
超下限	≤−32 513	0		0			0

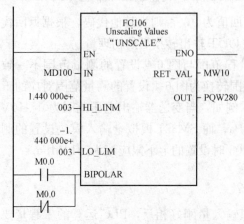

图 6-9　模拟量输入模范化块 FC106

例如，用户程序通过计算要求变频器转速为 1 200RPM（r/min），PLC 通过 PWQ280 输出 −10～＋10V 的电压信号对应变频器 −1 440～1 440RPM 的转速信号，则 FC106 的调用如图 6-9 所示，MD100 为用户程序计算的要求工程量，即 1200RPM，上下限输入的是如图 6-6 所示硬件组态的模拟量输出模块的输出范围对应的工程量范围，即 −1 440～＋1 440，设置为双极性输出，OUT 端输出的

规范值为 16 位整数，可以直接传送互输出模块上。

注意：用于模拟量转换的 FC105 和 FC106 块只能用来转换对应数值为 0～27 648 或±27 648 的情况。另外，当有模拟量转换块 FC105 和 FC106 时，不能再建立一个自定义块 FC105 或 FC106，当不需要调用库中的块 FC105 或 FC106 时，可以建立一个名称为 FC105 或 FC106 的块实现任何希望实现的功能，与模拟量转换没有关系。

问 11 **如何实现模拟量闭环控制系统？**

答： 典型的 PLC 模拟量闭环控制系统如图 6-10 所示。其中，被控量 $e(t)$ 是连续变化的模拟量信号（如压力、温度、流量、转速等），多数执行机构（如晶闸管调速装置、电动调节阀和变频器等）要求 PLC 输出模拟量信号，而 PLC 的 CPU 只能处理数字量信号，故 $e(t)$ 首先被测量元件（传感器）和变送器转换为标准量程的直流电流信号或直流电压信号 $pv(t)$，如 4～20mA，1～5V，0～10V 等，PLC 通过 A/D 转换器将其转换为数字量 $pv(n)$。图中虚线框的部分都是由 PLC 实现的。

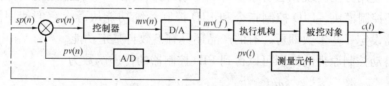

图 6-10　PLC模拟量闭环控制系统方框图

图 6-10 所示的 $sp(n)$ 是给定值，$pv(n)$ 为 A/D 转换后的实际值，通过控制器中对给定值与实际值的误差 $ev(n)$ 的 PID 运算，经 D/A 转换后去控制执行机构，进而使实际值趋近给定值。

例如，在压力闭环控制系统中，由压力传感器检测罐内压力，压力变送器将传感器输出的微弱的电压信号转换为标准量程的电流或电压信号，然后传送给模拟量输入模块，经 A/D 转换后得到与压力成比例的数字量，CPU 将它与压力给定值进行比较并按某种控制规律（如 PID 控制算法或其他智能控制算法等）对误差值进行运算，将运算结果（数字量）全模拟量输出模块，经 D/A 转换后变为电流信号或电压信号，用来控制数字 PID 控制器的输出频率，进而控制电动机的转速，实现对压力的闭环控制。

问 12 **数字 PID 控制器有哪些优点？**

答： PID 是比例（P）、积分（I）、微分（D）的缩写，PID 控制器是工业现场应用最广泛的闭环控制器，具有以下优点。

（1）不需要被控对象的数学模型。自动控制理论中对系统的分析和设计方法主要建立在被控对象的线性定常系统模型的基础上。该模型忽略了实际系统中的非线性和时变性，与实际系统有一定的差距。另外，对于许多工业控制对象，根本无法建立较为准确的数学模型，因此自动控制理论中的设计方法很难适用，此时使用 PID 控制可以得到比较满意的效果。

（2）结构简单，容易实现。PID 控制器的结构典型，程序设计简单，计算工作量较小，各参数有明确的物理意义，参数调整方便，容易实现多回路控制、串级控制等复杂的控制。

（3）具有较强的灵活性和适应性。根据被控对象的具体情况，可以采用 PID 控制器的多种变种和改进的控制方式，如 PI、PD、带死区的 PID、被控量微分 PID、积分分离 PID 和变速积分 PID 等，但比例控制一般是必不可少的。随着智能控制技术的发展，PID 控制与神经网络控制等现代控制方法结合，可以实现 PID 控制器的参数自整定，使 PID 控制器具有经久不衰的生命力。

（4）使用方便。现在已有很多 PLC 厂家提供具有 PID 控制功能的产品，如 PID 闭环控制模块，PID 控制指令和 PID 控制系统功能块等，它们使用简单方便，只需设定一些参数即可，有的产品还具有参数自整定功能。

由自动控制原理的知识可以得到 PID 控制器的传递函数为

$$\frac{mv(s)}{ev(s)} = K_p \left(1 + \frac{1}{T_i s} + T_D s\right) \tag{6-1}$$

模拟量 PID 控制器的输出表达式为

$$mv(t) = K_p \left[ev(t) + \frac{1}{T_I} \int ev(t)\,\mathrm{d}t + T_B \frac{\mathrm{d}ev(t)}{\mathrm{d}t} \right] + M \tag{6-2}$$

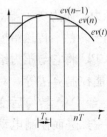

图 6-11　积分的近似运算

由于 PLC 为数字式控制器，故需要对 PID 中的积分和微分环节进行近似。积分对应于曲线与坐标轴包围的面积，可以用若干下矩形的面积和来近似精确积分，容易计算每块矩形的面积，故积分环节的近似计算如图 6-11 所示，$ev\,(T,\,in)$ 简写为 $ev\,(n)$，输出量 $mv\,(T,\,n)$ 简写为 $mv\,(n)$。各块矩形的面积为 $T_n \sum\limits_{j=1}^{n} ev(j)$，微分环节的近似计算为

$$\frac{\mathrm{d}ev(t)}{\mathrm{d}t} = \frac{\Delta ev(t)}{\Delta t} = \frac{ev(n) - ev(n-1)}{T_n} \tag{6-3}$$

由此，可以得到 PID 的数学表达式为

$$mv(n) = K_{\mathrm{p}} \left\{ ev(n) + \frac{T_n}{T_1} \sum_{j=1}^{n} ev(j) + \frac{T_{\mathrm{D}}}{T_n} [ev(n) - ev(n-1)] \right\} + M \quad (6\text{-}4)$$

进行化简为

$$ev(n) = K_{\mathrm{p}} ev(t) + K_1 \sum_{j=1}^{n} ev(j) + K_{\mathrm{D}} [ev(n) - ev(n-1)] + M \quad (6\text{-}5)$$

式中：K_1 和 K_{D} 分别是积分系数的微分系数。

问 13 **S7-300PLC** 的模拟量闭环控制功能如何实现?

答： S7-300 为用户提供了功能强大、使用简单方便的模拟量闭环控制功能。除专用的闭环控制模块外，还可以用 PID 控制功能块来实现 PID 控制，此时需要配置模拟量输入模块和模拟量输出模块（或数字量输出模块）。连续控制器通过模拟量输出模块输出模拟量数值，步进控制器输出开关量（数字量），如二级控制器和三级控制器用数字量模块输出脉冲宽度可调的方波信号。

系统功能块 SFB 41～SFB 43 位于程序编辑器库文件夹 "\ 库 \ Standard Library \ System Function Blocks" 中，用于 CPU 31xC 的闭环控制。SFB 41 "CONT _ C" 用于连续控制，SFB 42 "CONT _ S" 用于步进控制，SFB 43 "PULSEGEN" 用于脉冲宽度调制。下面以 SFB 41 为例介绍 PID 功能块的使用方法。

PID 控制（Standard PID Control）块还包括程序编辑器库文件夹 "\ 库 \ Standard Library \ PID Controller" 中的 FB 41～FB 43，并与 SFB 41～SFB 43 兼容。

SFB41 "CONT _ C" 可以作为单独的 PID 恒值控制器，或在多闭环控制中实现级联控制器、混合控制器和比例控制器。SFB41 可以用脉冲发生器 SFB 43 进行扩展，产生脉冲宽度调制的输出信号来控制比例执行机构的二级或三级（Two or Three Step）控制器。

SFB41 包括大量的输入输出参数，要掌握 SFB41 的使用，必须理解图 6-12 所示的框图。从图中可以看出，除了设定值的过程值外，SFB41 还通过持续操作变量输出和手动影响操作值的选项实现完整的 PID 控制器功能。

（1）设定值分支。以浮点格式在 SP _ INT 输入设定值。

（2）过程变量分支。外部设备（I/O）或以浮点格式输入过程变量。CRP _ IN 功能根据式将 PV _ PER 外部设备值转换为 $-100\sim +100\%$ 的浮点格式值。

$$PV \_ R = PV \_ PER \times 100 / 27 \ 648 \quad (6\text{-}6)$$

PV _ NORM 功能根据式 6-7 统一 CRP _ IN 输出的格式。

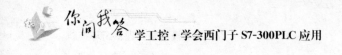
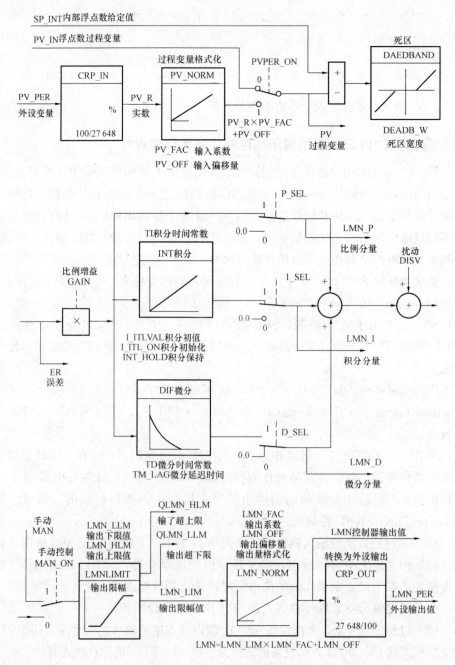

图 6-12　SFB41 "CONT-C" 框图

PV _ NORM 的输出＝（CPR _ IN 的输出）×PV _ FAC＋PV _ OFF　（6-7）

式中，PV _ FAC 的默认值为 1，PV _ OFF 的默认值为 0。

（3）误差值。设定值和过程变量间的差就是误差值。为消除操作变量量化导致的小幅恒定振荡（例如，在使用 PULSEGEN 进行脉宽调制时），将死区（DEADBAND）应用于误差值。如果 DEADB _ W＝0，将关闭死区。

（4）PID 算法。比例（P）、积分（I）和微分（D）操作以并联方式连接，因而可以分别激活或取消激活，这使对 P、PI、PD 和 PID 控制器进行组态成为可能，还可以对纯 I 和 D 控制器进行组态。

（5）手动值。可以在手动和自动模式间进行切换。在手动模式下，使用手动选择的值更正操作变量。积分器（INT）内部设置为 LMN _ LMN _ P _ DISV，微分单元（DIF）设置为 0 并在内部进行匹配。这意味着切换到自动模式不会导致操作值发生任何突变。

（6）操作值。使用 LMNLIMIT 功能可以将操作值限制为所选择的值。输入变量超过限制时，信号位会给予指示。

LMN _ NORM 功能根据式 6-8 统一 LMNLIMIT 输出的格式。

LMN＝（LMNLIMIT 的输出）×LMN _ FAC＋LMN _ OFF　　（6-8）

式中，LMN _ FAC 的默认值为 1；LMN _ OFF 的默认值为 0。

也可以得到外部设备格式的操作值。CPR _ OUT 功能根据式 6-9 将浮点值 LMN 转换为外部设值。

$$LMN \_ RER＝LMN×27648/100 \qquad (6-9)$$

（7）前馈控制。可以在 DISV 输入前馈干扰变量。

（8）初始化。SFB41 "CONT _ C" 有一个在输入参数 COM _ RST＝TRUE 时自动运行的初始化程序。在初始化过程中，把积分器内部设置为初始化值 I _ ITVAL。以周期性中断优先级调用它时，它会从此值开始继续工作。将所有其他输出设置为它们各自的默认值。

（9）出错信息。输出参数 RET _ VAL。

结 构 化 编 程

问 1　PLC 的编程方法有几种？各有什么特点？

答： PLC 的编程方法有线性化编程、模块化编程和结构化编程三种。线性化编程是将整个用户程序放在主程序 OB1 中，在 CPU 循环扫描时执行 OB1 中的全部指令。其特点是结构简单，但效率低下。一方面，某些相同或相近的操作需要多次执行，这样会造成不必要的编程工作；另一方面，由于程序结构不清晰，因此会造成管理和调试的不方便。所以在编写大型程序时，应避免线性化编程。

模块化编程是将程序根据功能分为不同的逻辑块，且每一个逻辑块完成的功能不同。在 OB1 中，可以根据条件调用不同的功能（FC）或功能块（FB）。其特点是易于分工合作，调试方便。由于逻辑块是有条件的调用，因此可以提高 CPU 的利用率。

结构化编程是将过程要求类似或相关的任务归类，在功能（FC）或功能块（FB）中编程，形成和解决方案。通过不同的参数调用相同的功能（FC）或通过不同的背景数据块调用相同的功能块（FB）。其特点是结构化编程必须对系统功能进行合理分析、分解和综合，所以对设计人员的要较高。另外，当使用结构化编程方法时，需要对数据进行管理。

在结构化编程中，OB1 或其他块调用这些通用块，通用的数据和代码可以共享，这与模块化编程是不同的。结构化编程的优点是不需要重复编写类似的程序，只需对不同的设备代入不同的地址，可以在一个块中写程序，用程序把参数（如要操作的设备或数据的地址）传给程序块。这样，可以写一个通用模块，更多的设备或过程可以使用此模块。但是，使用结构化编程方法时，需要管理程序和数据的存储与使用。

问 2　模块化编程如何应用？

答：

例 1　有两台电动机，其控制模式相同。按下起动按钮（电动机 1 为 I0.0，电动机 2 为 I1.0），电动机起动运行（电动机 1 为 Q4.0，电动机 2 为 Q4.1）；按下停止按钮（电动机 1 为 I0.1，电机 2 为 I1.1），电动机停止运行。

这是典型的起保停电路，采用模块化编程的思想，分别在 FC1 和 FC2 中编写控制程序，如图 7-1（a）和图 7-1（b）所示，图 7-1（c）为在主程序 OB1 中进行 FC1 和 FC2 的调用。

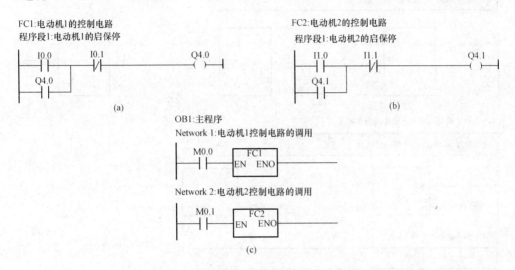

图 7-1　电动机控制的模块化编程示例

（a）、（b）在 FC1 和 FC2 中编写控制程序；（c）在主程序 OB1 中调用 FC1 和 FC2

由图 7-1 可以看出，电动机 1 的控制电路 FC1 和电动机 2 的控制电路 FC2 从形式上是完全一样的，只是具体的地址不同，可以编写一个通用的程序分别赋给电动机 1 和电动机 2 的相应地址。

例 2　采用模块化编程思想实现公式 $a = \sqrt{a^2 + b^2}$。

假设 a 为整数存放于 DB1. DBW0，b 为整数存放在 DB1. DBW2 中，c 为实数存放于 DB1. DBD4，建立 DB1 及相应的存储区域。

在 FC10 中编写程序，如图 7-2（a）所示，图 7-2（b）所示为在主程序中调用 FC10。

由图 7-2 可以看出，尽管程序的最终目的是获得平方根而不是 a 的平方、b 的平方及平方和的值，但是仍需要填写全局地址来存储相应的中间结果，这样极大地浪费了全局地址的使用。在这种情况下，可以使用临时变量。

FC10:Title:

计算a的平方加上b的平方和的平方根

Network 1:a的平方加上b的平方

建立数据块DB1及相应的存储区域

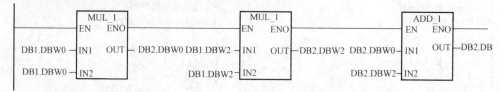

Network 2:将*a*和*b*的平方和转换为实数

建立数据块DB2及相应的存储区域

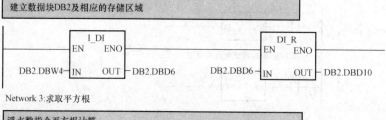

Network 3:求取平方根

浮点数指令平方根计算

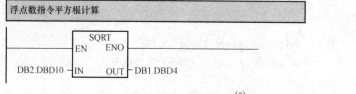

(a)

OB1:主程序

Network 1:调用FC10

FC10
EN　　　ENO

(b)

图 7-2　模块化的编程示例

（a）在 FC10 中编写程序；（b）在主程序中调用 FC10

问3　临时变量有什么功能？

答：临时变量可以用于所有块（OB、FC、FB）中。当块执行的时候它们被用来临时存储数据，当退出该块时这些数据将丢失。这些临时数据存储在 LStack（局部数据堆栈）中。

临时变量是在块的充数量声明表中定义的，在"temp"行中输入变量名和数据类型，注意临时变量不能赋予初值。当块保存后，地址栏中将显示其在 LStack 中的位置。

在 FC10 的块区定义临时变量，如图 7-3 所示。

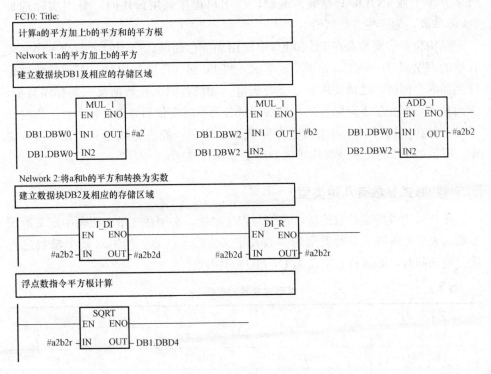

Interface	Name	Data Type	Address	Comment
IN	a2	Int	0.0	a的平方
OUT	b2	Int	2.0	b的平方
IN_OUT	a2b2	Int	4.0	二者的平方和
TEMP	a2b2d	DInt	6.0	a方和b方的和转换为双整数
RETURN	a2b2r	Real	10.0	a方和b方的和由双整数转换为实数

图 7-3　定义临时变量

将图 7-2（a）中相应的全局地址更换为图 7-3 所示的临时变量，如图 7-4 所示。

FC10: Title:

计算a的平方加上b的平方和的平方根

Nelwork 1:a的平方加上b的平方

建立数据块DB1及相应的存储区域

MUL_1
EN ENO
DB1.DBW0 — IN1 OUT — #a2
DB1.DBW0 — IN2

MUL_1
EN ENO
DB1.DBW2 — IN1 OUT — #b2
DB1.DBW2 — IN2

ADD_1
EN ENO
DB1.DBW0 — IN1 OUT — #a2b2
DB2.DBW2 — IN2

Nelwork 2:将a和b的平方和转换为实数

建立数据块DB2及相应的存储区域

I_DI
EN ENO
#a2b2 — IN OUT — #a2b2d

DI_R
EN ENO
#a2b2d — IN OUT — #a2b2r

浮点数指令平方根计算

SQRT
EN ENO
#a2b2r — IN OUT — DB1.DBD4

图 7-4　使用临时变量的示例

可以通过符号寻址访问临时变量，如图 7-4 中的 a2、b2 等，也可以采用绝对地址（如 LWO 等）来访问临时变量，建议采用符号寻址以使程序更加易读。

注意：程序编辑器自动地在局部变量名前加上"♯"号来标示它们（全局变

229

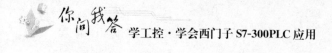

量或符号使用引号），局部变量只能在变量表中对它们定义过的块中使用。

问 4　结构化编程有哪些优点？

答：模块化编程可能会存在大量的重复代码，块不能被分配参数，程序只能用于特定的设备，但在很多情况下，一个大的程序要多次调用，这时某一个功能应建立通用的可分配参数的块（FC、FB），这些块的输入输出使用形式参数，当调用时赋给实际参数。

结构化编程有如下优点。

（1）程序只需生成一次，它显著地减少了编程时间。

（2）该块只在用户存储器中保存一次，显著地降低了存储器用量。

（3）该块可以被程序任意次调用，每次使用不同的地址。该块采用形式参数（IN、OUT 或 IN/OUT 参数）编程，当用户程序调用该块时，要用实际地址（实际参数）为这些参数赋值。

结构化编程要涉及在 FC 和 FB 中使用局部存储区，使用的名字和大小必须在块的声明部分中确定，如图 7-3 所示。当 FC 或 FB 被调用时，实际参数被传递到局部存储区。之前使用的是全局变量（如位存储区和数据块）来存储数据，下面利用局部变量来存储数据。局部变量分为临时变量和静态变量两种。临时变量是一种在块执行时，用来暂时存储数据的变量；静态充数量只能用于 FB 块中。赋值给 FB 的背景数据块用做静态变量的存储区。

问 5　形式参数有几种类型？

答：对于可传递参数的块，在编写程序之前，必须在变量声明表中定义形式参数。表 7-1 列举了三种类型的参数及定义方法。注意，当需对某个参数进行读、写访问时，必须将它定义为 IN/OUT 型参数。

表 7-1　　　　　　　　　　形式参数的类型

参数类型	定　义	使用方法	图形显示
输入参数	IN	只能读	在块的左侧
输出参数	OUT	只能写	在块的右侧
输入/输出参数	IN/OUT	可读/可写	在块的左侧

在声明表中，每一种参数只占一行。如果需要定义多个参数，可以用 Enter 键来增加新的参数定义；也可以选中一个定义行后，通过执行菜单命令"插入"→"声明行"来插入新的参数定义行。当块已被调用后，如果再插入或删除定义

230

行，则必须重新编写调用指令。

现在重新编写前述电动机的控制电路程序。

新建块 FC3，定义形式参数见表 7-2。

表 7-2　　　　　　　　　　定义形式参数

参数类型	名　　称	数据类型
IN	start	
IN	stop	BOOL
OUT	motor	

使用形式参数编写 FC3 程序，如图 7-5 所示，单击按钮，弹出如图 7-6 所示对话框，提示程序接口已改变，调用时需要注意。

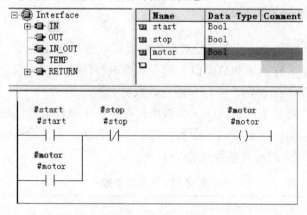

图 7-5　FC3 程序

注意：

（1）在编程一个块的使用符号名时，编辑器将在该块的变量声明表中查找该符号名。如果该符号名存在，编辑器将把它当作局部变量，并在符号名前加"♯"号。

（2）如果该符号名不属于局部变量，则编辑器将在全局行号表中搜索。如果找到该符号名，编辑器将把它当作全局变量，并在符号名上加引号。

（3）如果在全局变量表和变量声明表中使用了相同的符号名，编辑器将始终把它当作局部变量。然而，如果输入该符号名时加了引号，则可成为全局变量。

在 OB1 中调用 FC3，输入实际参数，如图 7-7 所示。可以看出，此时 FC3 有两个输入参数和一个输出参数，分别输入相应的实际地址，实现的功能与前述例子相同，但是此时只编写了一个块 FC3。

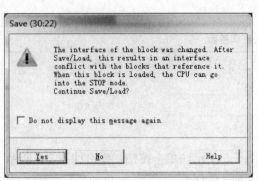

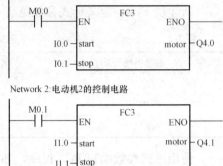

DB1:主程序
Network 1:电动机1的控制电路

Network 2:电动机2的控制电路

图 7-6　接口参数改变提示对话框　　　　　图 7-7　在 OB1 调用 FC3

例 3　工业生产中，经常需要对采集的模拟量进行滤波处理。本例通过将采集的最近的三个采样值求和后除以 3 的方式来进行软件滤波。假设模拟量输入处理后的工程量存储在 MD44 中，为浮点数数据类型。

编程思路：将采集的最近的三个数值保存在三个全局地址区域，在每个扫描周期进行更新以确保是最新的三个数，将三个数相加后求平均值即可。

首先定义 FC1 的形式参数见表 7-3。

表 7-3　　　　　　　　　　定义 FC1 的形式参数

参数类型	名　　称	数据类型	注　　释
IN	RawValue		要处理的原始数值
IN/OUT	EarlyValue		最早的一个数
IN/OUT	LastValue		较早的一个数
IN/OUT	LatestValue	REAL	最近的一个数
OUT	ProcessedValue		处理后的数
TEMP	Temp1		中间结果
TEMP	Temp2		中间结果

注意：定义的形式参数中，三个采集值 EarlyVast、LastValue 和 LatestValue 的参数类型为 IN/OUT 型，不能为 TEMP 型，否则将无法保存该数值。

在 FC1 中编写程序，如图 7-8 (a) 所示。"程序段 1"的含义是根据循环扫描工作方式从左到右的顺序将三个最近时间的采集值保存，注意三个 MOVE 指令的次序不能改变；"程序段 2"的含义将三个数相加后求平均值。

程序段 1:保存最近的三个采样值

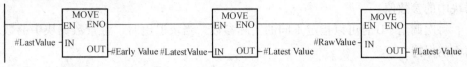

程序段 2:求平均值

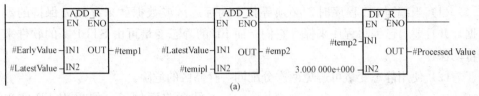

(a)

程序段 1:调用FC1

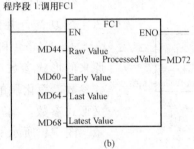

(b)

图 7-8　程序例子

(a) 子程序；(b) 主程序 OB1

图 7-8 (b) 中，调用 FC1，并赋值实际参数，求得的平均值存放在 MD72 中。这样，通过不同的实际参数可以重复调用 FC1 进行多路滤波。

但是，通过此例也可以看出一个问题：我们关心的只是三个数的平均值，而调用 FC1 子程序时，却需要为三个采集值寻找全局地址进行保存，这样做不但麻烦而且容易造成地址重叠，能不能既不用人为寻找全局地址而又能保存数值呢？通过 FB 就可以实现。

问 6　FB 的功能是什么？其优点是什么？

答：FB (Function Block) 不同于 FC 块的是它带有一个存储区，即有一个局部数据块被分配给 FB，这个数据块称为背景数据块 (Instance Data Block)。当调用 FB 时，必须指定背景数据块的号码，该数据块将自动打开。

背景数据块可以保存静态变量，故静态充数量只能用于 FB 中，并在其变量声明表中定义。当 FB 退出时，静态变量仍然保持。

当 FB 被调用时，实际参数的值被存储在它的背景数据块中。如果在调用块时，没有实际参数分配给形式参数，则在程序执行中将采用上一次存储在背景数据块中的参数值。

每次调用 FB 时可以指定不同的实际参数。当块退出时，背景数据块中的数据仍然保持。

可以看出，FB 的优点如下。

（1）当编写 FC 程序时，必须寻找空的标志区或数据区来存储需保持的数据，并且要自己编写程序来保存它们。而 FB 的静态变量可由 STEP 7 的软件来自动保存。

（2）使用静态变量可避免两次分配同一存储区的危险。

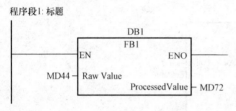

图 7-9 调用 FB1 子程序

结合前面例子，如果用 FB 实现 FC1 的功能，并用静态变量 EarlyVast、LastValue 和 LatestValue 来代替原来的形式参数，将可省略这三个形式参数，简化块的调用。在 FB1 中定义形式参数，编写程序同 7-8（a）所示。图 7-9 所示为调用 FB1 子程序，其中 DB1 为 FB1 的背景数据块，在输入时若 DB1 不存在，则将自动生成该背景数据块。双击背景数据块 DB1 将其打开，可以看到 DB1 中保存的是在 FB 的接口定义的形式参数（见表 7-4）。对于背景数据块，无法进行编辑修改，而只能读写其中的数据。

表 7-4   定义 FB 的形式参数

参数类型	名　称	数据类型	注　释
IN	RawValue		要处理的原始数值
STAT	EarlyValue		最早的一个数
STAT	LastValue		较早的一个数
STAT	LatestValue	REAL	最近的一个数
OUT	ProcessedValue		处理后的数
TEMP	Temp1		中间结果
TEMP	Temp2		中间结果

调用 FB 块时需要为其指定背景数据块（见图 7-10），这称为 FB 背景化，类似于 C 语言等高级有语言中的背景化，即在变量名称和数据类型下面建立一个变量。只有通过用于存储块参数和静态变量的"自有"数据区，FB 才能成为可

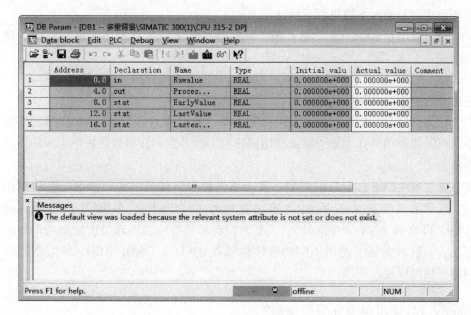

图 7-10　背景数据块

执行的单元（FB 背景）；然后，使用 FB 背景，即分配有数据区域的 FB，就能控制实际的处理设备，同时，该过程单元的相关数据存储在这个数据区域里。

问 7　**STEP 7 中的背景有何特点？**

答：STEP 7 中的背景具有如下特点。

（1）在调用 FB 时，除了对背景 DB 进行赋值之外，不需要保存和管理局部数据。

（2）按照背景的概念，FB 可以多次使用。例如，对几台相同类型的电动机进行控制，可以使用一个 FB 的几个背景来实现，同时各个电动机的状态数据也存储在该 FB 的静态变量之中。

问 8　**块调用的前提是什么？**

答：在块调用中，块（FC 或 FB）的形式参数必须要赋予合适的实际参数值。参数是在调用块和被调用块之间传递信息的通道。参数的符号名、数据类型及初始化值在声明表中建立。参数分为输入型（IN）参数、输出型（OUT）参数和输入/输出型（IN/OUT）参数，参数的类型指明了数据传递的方向。

（1）输入型（IN）参数：用于将信息由调用块传递到被调用块之中去，在

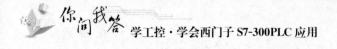

被调用块内对输入参数进行只读访问。

（2）输出型（OUT）参数：用于将信息（结果）从被调用块返回到调用块之中去。

（3）输入/输出型（IN/OUT）参数：用于双向信息传递，即可以对输入、输出参数进行读及写访问。

同局部变量一样，参数也有符号和类型（数据或参数类型）。在块的代码段中，可以像使用局部变量一样来使用同种类型的参数，故参数在块内也叫作形式参数。

为了避免误解（指数据类型）或者错误使用所传递的实际参数，在块调用时，程序编辑器会检查所创建的实际地址是否与形式参数类型完全一样（POINTER 和 ANY 类型除外）。类型的检查和参数传递机理与所使用的编程语言无关，这就保证了使用不同的程序编辑器（STL、LAD、FBD、SCL 等）所创建的块可以相互调用。

问 9 **FC 调用要遵守哪些规则？**

答：FC 是无存储区的、可分配参数的逻辑块。在 STEP 7 中，不同的 CPU 提供了足够多的 FC 输入参数、输出参数和输入/输出参数。FC 没有存储区，没有独立的、永久的用来存储结果的数据区域。FC 执行期间所产生的临时结果，只能存储在各自局部数据堆栈的临时变量中。实际上，FC 扩充了处理器的指令集。

FC 的主要功能是向调用块返回功能值，如数量学功能，使用二进制逻辑操作的信号控制等。

如果要创建与 IEC1131-3 标准要求相一致的功能，则必须遵守如下规则。

（1）FC 可以具有足够满足需要的输入参数，但却只能向输出参数 RET_VAL 返回一个结果。

（2）在 FC 内部不允许读或写（访问）全局变量。

（3）FC 内部不允许读或写（访问）绝对地址。

（4）FC 内部不允许调用功能块。

由于 FC 没有"存储区域"，因此标准一致性 FC 的返回结果只取决于参数的值，对于同样的输入参数值，FC 也返回一个相同的结果。

问 10 **基本数据类型的传送机理有何特点？**

答：基本类型的实际参数通常位于位存储地址区域、过程映像区和局部堆栈区。待处理的数据可以作为实际参数传递给被调用的 FC，这种数据传递通过 CALL 指令弹出的参数列表进行输入。CALL 指令弹出的块参数的名称和数据类型，是在 FC 的声明部分定义的，可以声明的能数类型有输入参数（只读）、输出参数（只写）及输入/输出参数（读/写）。

参数的数目除存储空间的容量影响之外没有其他限制，参数名称最多可以有 24 个字符。此外，还可以给参数加一个详细的说明，如果块没有任何参数，那么在 FC 调用时将省略参数列表。

随着调用 CALL 指令，STL、LAD 或 FBD 程序编辑器首先根据参数列表中给出的实际参数，计算交叉区域指针，并在 FC 调用指令之后立即存储这些指针。此时，如果在该 FC 内部访问形式参数（如 A On-1、On-1 为形式参数），CPU 就根据存储在 B 堆栈中的返回地址确定该 FC 调用指令，然后根据相关的参数列表，FC 就可确定与形式参数对应的实际参数的交叉区域指针。于是，通过这个指针就实现了对实际参数的访问。

这种传递机理与"按引用调用"相一致，如果在某一 FC 中访问了形式参数，结果也访问了相应的实际参数，这种通过指针的访问机理有如下要求。

（1）在 FC 调用中，所有的块参数必须赋值。

（2）在参数声明中，不能对块参数进行初始化。

如果是用 DB 中的实际参数对块参数进行赋值，或者传递的是复杂类型参数，那么参数传递将变得更加复杂。

问 11　**复杂数据类型的传送有何特点**？

答：复杂数据类型参数为调用块和被调块之间传递大批量数据提供了一种清晰而有效的数据传递方式，因而更加顺应了"结构化编程"的理念。数组或结构可以作为一个完整的变量传递到被调用 FC 中去。

为了进行参数传递，在被调用 FC 中必须声明一个与实际参数类型相同的参数。这种类型参数（数据类型为 ARRAY、STRUCT、DATE-AND-TIME 及 STRING）的传递只能通过符号传递的方式进行，图 7-11 所示为向 FC 传递一个 ARRAY。

Network1：在 FC21 里，声明一个数组 Mes_Val。

CALL FC21

Mes_Val：="Temperature".sequence　//只能通过符号形式传递参数

由于复杂数据类型变量只能够在数据块或局部数据块中建立，因此实际参数必须存储在数据块（全局或静实例数据块）中，或者存储在调用块的局部堆栈中。

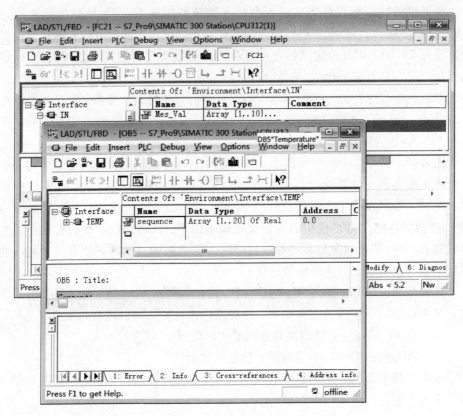

图 7-11　向 FC 传递一个 ARRAY

　　STL、LAD 或 FBD 程序编辑器对实际参数和传递到 FC 的块参数的数据类型进行一致性检查之后，只向被调 FC 传递一个带有 DB 号的 POINTER 参数及指向实际参数的交叉区域指针。这个 POINTER 参数是通过调用宏，在调用块（V 区域）的 LStack（局部数据堆栈）中建立的，当编程不得不用间接寻址的方式访问所传递参数时，POINTER 参数具有十分重要的意义。

　　可以通过执行菜单命令"视图"→"块属性"查看所占用的局部堆栈的大小。如果 ARRAY 或 STRUCT 类型元素的数据类型与块参数的类型相同，这些元素也可以传递到块参数中去。

问 12　FC 调用的特点是什么？

　　答：CALL 指令为宏指令，用于块 FC、SFC、FB 及 SFB 的调用。在调用 FC 时，只有通过 CALL 指令才能在调用块和被调块之间进行直接的信息交换，

CALL 指令确保了形式参数被正确地赋值。在使用 CALL 指令时，必须考虑到如下事实：CALL 指令是通过宏来执行的，而宏又是由一些 STL 指令组成的。

如果形式参数是用 DB 中的地址赋值的，那么就使用 DB 寄存器进行参数传递，应注意以下几点。

（1）在被调块 FC 内，当前打开的 DB 可能并不是在 CALL 指令之前所打开的 DB。

（2）如果在处理被调用 FC 期间，CPU 进入 STOP 模式，那么，在"B Stack DB-Register"中显示的值就是 STL 编辑器用于在参数分配中覆盖 DB 寄存器的值。

（3）如果在调用处理后，程序又回跳至调用块内，那么 CALL 指令之前所打开的 DB 块，可能不再处于打开状态。

CALL 指令的处理时间取决于实际参数的数目和存储单元的位置。

问 13　FB 调用可以通过几种方式实现？

答： FB 为具有存储器的逻辑块，可以由 OB、FB 和 FC 调用。FB 根据需要可以具有足够多的输入参数、输出参数和输入/输出参数及静态和临时变量。

与 FC 不同的是，FB 是背景化的块。FB 可以由其私有数据区域的数据进行赋值，在其私有数据区域中，FB 可以"记住"调用时的过程状态。最简单的形式为该专用数据区便是 FB 的自有 DB，也就是所谓的背景 DB。

可以在 FB 的声明部分声明静态变量，FB 可以在这些变量中"记住"这些调用信息。FB 这种对多次调用信息的"记住"能力是其与 FC 的本质区别。

使用这种"存储区域"，FB 可以执行计数器和定时器功能或者控制过程设备，如过程站、驱动站、锅炉等。特别地，FB 十分适合控制其性能特性不仅取决于外部影响，而且也取决于内部状态（如工步、速度、温度等）的处理设备，当控制这种设备时，过程单元的中部状态数据就复制到 FB 的静态变量中去。

在 STEP 7 中创建 FB 背景，即在 FB 调用时对其自有的存储区域进行赋值，可以通过以下两种方式来实现。

（1）在 FB 调用时，直接声明所谓的背景数据块（DI）。

（2）在更高级 FB 中（多重实例模型）显式声明 FB 实例，然后，STEP 7 确保在更高级的 FB 内，建立创建该背景所需的数据区。

问 14　FB 调用过程中的参数传递有何特点？

答： 待处理的数据可通过一个已调用的 FB 背景来处理，可使用 CALL 指令之后所弹出的参数列表进行参数的传递，在 FB 的声明部分对类型（输入、输出或输入/输出参数）、名称及参数的数据类型进行定义。

和 FC 的调用不同的是，在 FB 的调用过程中，不需要为输入和输出参数及元素数据类型的输入/输出参数分配实际参数，这是由传送到被调用 FB 中的实际参数的运行机制所决定的。

如果一个背景 DB 是为了一个 FB 而创建，那么块编辑器将自动为块参数（输入、输出或输入/输出参数）和在 FB 声明部分声明的静态变量保留存储空间。背景 DB 中的参数和静态变量的地址，恰好是程序编辑器所提供的位地址或字节地址，这些参数和静态变量位于 FB 声明部分的第一栏。

在一个使用 CALL 宏调用的 FB 背景调用过程中，背景 DB 通过 DI 寄存器来打开，且在进行背景的 FB 处理前，当前输入和输入/输出参数的值被复制到背景 DB 中。

然后切换到 FB 处理过程。如果此时在 FB 调用过程内部访问形式参数，那么将导致访问属于背景 DB 的地址。该访问在内部通过使用寄存器间接寻址，使用 DI 寄存储器和 AR2 寄存器来实现。

FB 过程处理之后，形式输出和输入/输出参数的值被复制到 CALL 过程中所指定的实际参数中。此后，才能继续执行 CALL 指令之后的下一条指令。

问 15 复杂数据类型的 FB 调用有何特点？

答：和 FC 中一样，复杂数据类型（ARRAY、STRUCT、DATE＿TIME 和 STRING）的地址可完整地传递给一个被调用的功能块。

要进行传送，必须在被调用的 FB 中，声明一个参数，该参数的数据类型与需要传送的实际参数的数据类型相同。这样的参数只允许使用符号来进行分配。

对于复杂数据类型的输入和输出参数，实际参数的值所对应的地址在背景 DB 中创建。在 FB 的调用过程中，输入参数的实际值将在实际切换到 FB 的指令部分之前，通过 SFC20（BLKMOV）（"Passing by Value"）复制到背景 DB 中。

按照与此前相同的方式，在 FB 处理完毕后，输出参数的值将从背景数据块中复制回实际参数中。结果，在对输入和输出参数进行赋值的过程中，可能会发生相当多的复制操作，这些复制操作通过输入/输出参数进行。

对于复杂数据类型的输入或输出参数，不发生"按值传递"。在背景数据区域，只为每个输入/输出参数保留 6B 的空间，将指向实际参数的 POINTER 输入到这些字节中，即"按引用传递"。

复杂数据类型的输入和输出参数可以在 FB 的声明部分进行初始化，而输入/输出参数则不可以。在进行 FB 调用的过程中，不需要为复杂数据类型的输入参数和输出参数赋值，而输入/输出参数则必须赋值。

复杂数据类型的输入参数、输出参数或输入/输出参数的存储器或寄存器间址访问方法的设置，和基本参数的设置有所不同。

例如，将一个 RRAY 传送到一个功能块 FB，定义的符号参数如图 7-12 所示。

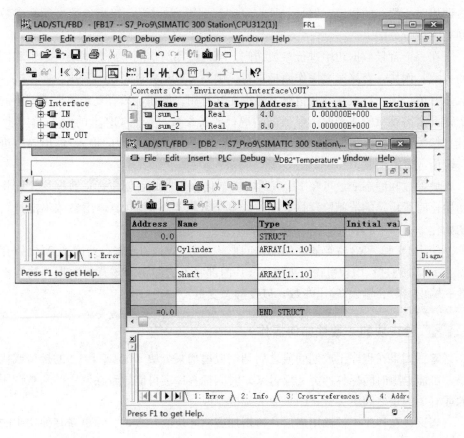

图 7-12 定义的符号参数

Network 1：

    CALL FB17，DB2

    Meas _ 1：= "Temperature".Cylinder

    Sun _ 1：= MD20

    Sun _ 2：= MD30

Meas _ 2： = "Temperature".Shaft

可以看出，只允许用符号对复杂参数进行相关分配。

问 16 FB 调用的特点是什么?

答：如果在一个 FB 调用过程中不需要为块参数赋值，则不发生数据复制到背景数据块或从背景数据块向外复制数据的操作。背景数据块中的参数将保持一次调用时所保存的数值。但是，具有复杂数据类型的输入/输出参数必须在参数列表中进行分配。

在一个背景数据块中进行参数访问，可以使用与访问全局数据块的地址相同的方式。例如，直接通过操作面板进行。因此可以从外部对块参数进行赋值或者取消赋值。这个特点在某些情况下显得尤其有用。例如，只有复杂数据类型中的个别元素需要赋值或者取消赋值的情况，或者参数直接与 OP 上的输入/输出区域直接关联的情况。但是，不能从"外部"对复杂数据类型的输入/输出参数进行赋值或者取消赋值。

块参数和静态变量可在 FB 声明中初始化。如果此后创建背景数据块，则将初始化时所指定的值赋给背景数据块。复杂数据类型的输入/输出参数不能进行初始化。

使用 DI 和 AR2 寄存器在内部访问形式参数，如果 DI 寄存器或者 AR2 寄存器在 FB 处理过程中被覆盖，那么在 FB 内部将不再能访问该背景数据（输入参数、输出参数、输入/输出参数，以及静态变量）。

问 17 检查块的一致性如何操作?

答：如果在程序生成期间或之后调整或增加某个块（FC 或 FB）的接口或代码，可能导致时间标签冲突。反过来，时间标签冲突可能导致在调用的和被调用的或有关的块之间不一致，结果要大幅度修改。

当该块在程序中被调用之后，再增加或删除块的参数，必须更新其他块中的该块的调用。否则，由于在调用时该块新增的参数没有被分配实际参数，CPU会进入 STOP 状态或者块的功能不能实现。因此，当块的声明表由于插入或删除形式参数被修改之后保存时，将弹出图 7-6 所示的警告信息，提示可能出现的问题。

在 SIMATIC 管理器树形目录中选择文件夹，右击后在弹出的快捷菜单中选择"检查块的一致性"命令，将弹出如图 7-13 所示的"检查块的一致性"窗口，清楚地显示所有时间标签冲突和块不一致的信息。

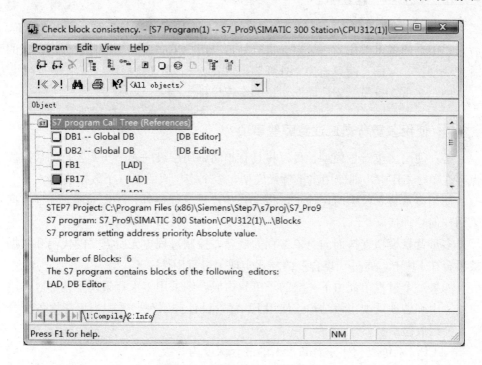

图 7-13 "检查块的一致性"窗口

在图 7-13 中，通过工具栏中的（调用树：参考）按钮，可以显示块文件夹中对象之间的引用关系，如同一个用户程序结构，调用树显示调用对象和被调用对象的引用关系；通过工具栏中的（从属树）按钮，可以显示块文件夹中所有对象之间的所有从属关系；通过工具栏中的（从属树：仅冲突）按钮，可以只显示从属树中有冲突的对象。

存在时间标记冲突时，打开的调用块中不一致的块调用被标为红色，单击不一致的块调用方框，在弹出的对话框中选择"更新块调用"功能，将显示出旧的（有故障的）和新的块调用，确认后，可对块调用进行刷新。如果是 FB 块，将重新生成背景数据块。

问 18 多重背景有哪些优点？

答：除了通过在一个 FB 调用中指定背景数据块将 FB 背景化之外，STEP 7还支持在更高一层的 FB 中显示声明 FB 背景。

使用多重背景模型具有如下优点。

（1）各个背景不是每次需要其自己的数据块。在对 FB 进行调用的层级中，只有一个背景数据块"浪费"在调用"外部" FB 上。

（2）多重背景模型将一个 FB 和一个背景数据区域"焊接"到一个对象（FB 背景）中，两者可以作为一个单元进行处理。用户不必关心单个背景数据区域的管理（创建、寻址）而只需为"外部"FB 提供一个背景数据块。

（3）多重背景模型支持面向对象的编程风格。

问 19　使用多重背景应注意哪些事项?

答：使用多重背景模型，可以将具有相同调用层级的多个实例各自的数据段保存在单个 DB 中，即使用多重背景模型，多个实例只需要一个数据块。

使用多重背景模型时，除了需指定公共背景数据块外，无需对本地 FB 数据采用任何管理措施。

多重背景模型支持面向对象编程的概念，控制过程单元所需要的代码和数据被集合在 FB 中，通过"集合"的方式实现了可重用性。

如果一个过程单元由下一级的子单元构成，则采用多重背景模型就可以在用户程序中确切地反映出该结构。使用 FB 背景设计控制程序，相当于使用各个分立元件组成整个机器。

STEP 7 能够支持多重背景模型的嵌套深度为 8 级。

为了正确地将 FB 用作多重背景，必须遵从以下几点。

（1）对于过程控制，不允许 CPU 的全局地址（如输入和输出）进行直接访问，每个对输入和输出的访问都会与可重用性发生冲突。

（2）只使用 FB 参数和处理器及其他的程序部分进行通信。

（3）只有将 FB 集合到更高一层的单元中之后，FB 调用通过参数列表对 FB 的"赋值"才得以执行。有关受控单元的状态和其他信息，必须"记忆"在 FB 自己的静态变量中。

问 20　多重背景如何应用?

答：下面以图 7-8 所示的例子来说明多重背景的应用。对于图 7-9 所示的 FB1 程序，当多次调用 FB 时，每次调用都需要生成一个背景数据块，但是这些背景数据块中使用的存储区域很小，这就造成了极大的"浪费"。使用多重背景可以减少背景数据块的数量。

此例中先生成 FB1，如图 7-9 所示，多次调用 FB1 时分别生成相应的背景数据块，使用多重背景时只需要一个背景数据块 DB10，另外还需要增加一个功能块 FB10 来调用作为"局部背景"的 FB1，FB1 的数据存储在 FB10 的背景数据块 DB10 中，这样就不必再为 FB1 分配背景数据块，即原来每调用一次 FB1 需要的背景数据块都被 DB10 代替，但是需要在 FB10 的变量声明表中声明数据类型为 FB1 的静态变量。

　　然后生成 FB10，在 FB10 的变量声明表中定义静态变量 AI＿Filter1、AI＿Filter2 和 AI＿Filter3，数据类型为 FB1，如图 7-14 所示。注意：变量声明表中的 AI＿Filter1、AI＿Filter2 和 AI＿Filter3 文件夹中的变量（如 Raw Value、Processed Value、Early Value、Last Value、Lastest Value 等）来自 FB1 的变量声明表，不是用户输入的。生成 FB10 后，AI＿Filter1、AI＿Filter2 和 AI＿Filter3 将出现在图 7-14 所示窗口左侧指令树的"多重实例"（也译为多重背景）目录中，将其拖放到 FB10 的编程区，输入不同的参数，分别完成相应的模拟量处理，如图 7-15 所示。

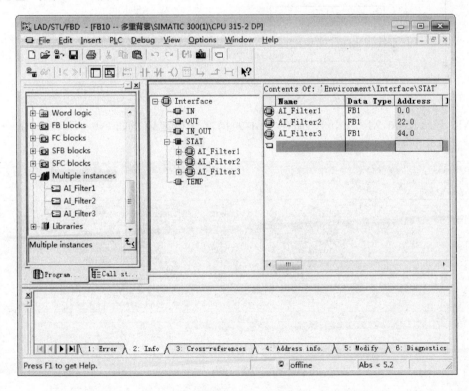

图 7-14　FB10 的变量声明表

　　在 OB1 中调用 FB10，指定其背景数据块为 DB10，如图 7-16 所示。

　　这样，三路模拟量处理的数据都存储在多重背景数据块 DB10 中，如图 7-17 所示，DB10 代替了原来的多个背景数据块。DB10 中的变量是自动生成的，与 FB10 的变量声明表中的相同。可以看出，多重背景的名称 AI＿Filter1、

程序段1: 模拟量1的滤波处理

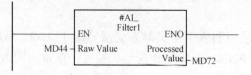

程序段2: 模拟量2的滤波处理

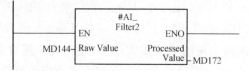

程序段3: 模拟量3的滤波处理

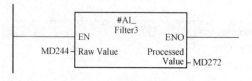

程序段1: 调用FB10

图 7-15　FB10 程序　　　　　　图 7-16　OB1 程序

AI _ Filter2 和 AI _ Filter3 加在 FB1 的局部变量之前, 如 AI _ Filter1、Raw Value 等。

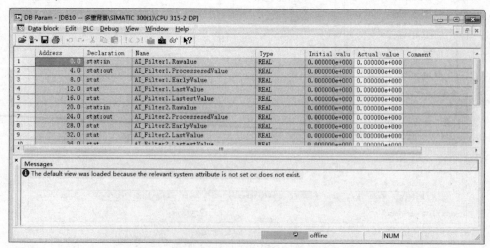

图 7-17　多重背景数据块 DB10 的数据显示

使用多重背景需要注意以下几点。

(1) 首先应生成需要多次调用的功能块, 此例为 FB1。

(2) 管理多重背景的功能块必须设置为有多重背景功能, 此例为 FB10, 如

图 7-18 所示,在生成 FB 块时需要选中"Mul. Inst. Cap."复选框。

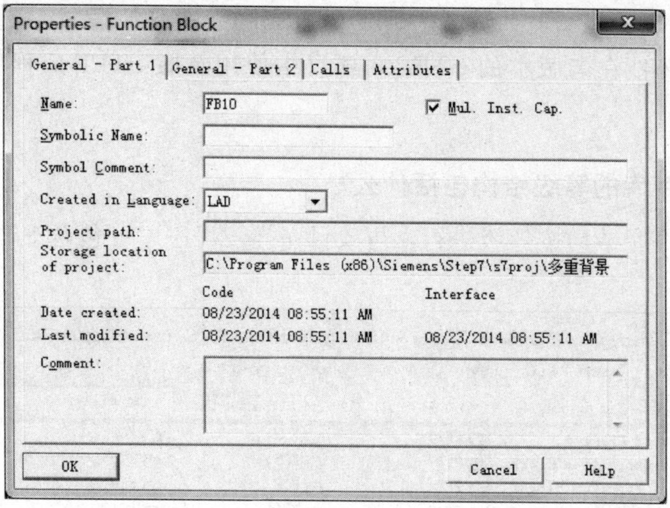

图 7-18　设置多重背景功能

(3) 在管理多重背景的功能块的变量声明表中,为被调用的 FB 的每一次调用生成一个静态变量作为多重背景,以被调用的功能块的名称作为该静态变量的数据类型。

(4) 必须有一个背景数据块分配给管理多重背景的功能块,此例为 DB10,背景数据块中的数据是自动生成的。

本例多重背景的调用示意图如图 7-19 所示。

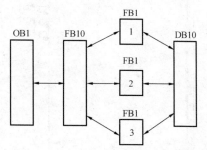

问 21　程序块有什么特点?

图 7-19　调用多重背景的结构示意图

答: SIMATIC 管理器中的程序库指的是西门子公司提供的可由用户调用的用于处理复杂功能的,可以多次重复调用的程序块,程序块可从现有的项目中复制到一个库中,也可以直接在库中独立于项目而产生。用户可以将这些程序块复制到用户程序中所需要的地方。通过程序库,用户可以重复调用块,节省了大量的编程时间,并提高了效率。

可以在程序库中生成 S7/M7 程序,做法与在项目中生成程序相同,只是没有测试功能,另外程序库中的程序块不能直接下载到 CPU。

SIMATIC 管理器允许程序名字多于八个字符,但是程序库目录名多于八个

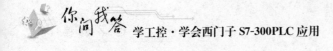

字符将被截去，所以各程序库的名称在前八个字符中不能相同，名字不必区分大小写。

注意，不能在老版本的 STEP 7 项目中使用新版 STEP 7 程序库中的程序块。

问 22 **程序库的等级结构包括什么？**

答：程序库结构按等级进行，与项目一样，程序库可包含 S7 程序，如图 7-20所示。

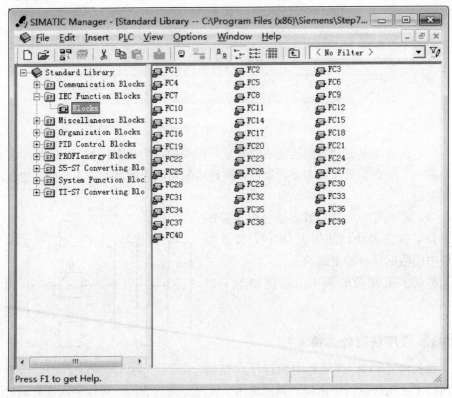

图 7-20　程序库的等级结构

一个 S7 的 Program 可含有一个 Blocks（块）文件夹（用户程序），一个 Source Files（源文件）文件夹，一个 Charts（图表）文件夹，和一个 Symbols 对象（符号表）。

Blocks 文件夹包含有可下载到 S7 CPU 中的各种程序块，在文件夹中的变量表（VAT）和用户定义数据类型不能下载到 CPU 中。

Source Files 文件夹包括各种编程语言生成的源文件程序。

Chart 文件夹包含 CFC 图表（只有安装了 CFC 可选软件后才出现）。

当插入一个新的 S7 程序时，Blocks 文件夹、Source Files 文件夹和 Symbols 对象会自动插入。多次重复使用的块可保存在程序库中，可将块从程序库中复制到相关的用户程序中，并被其他块调用。

问 23 标准程序库总览的内容包括哪些？

答： 在安装 STEP 7 软件时，标准库会自动安装到硬盘上，图 7-20 所示窗口左侧以根目录的形式展示了标准程序库中包含的 S7 程序文件夹。

（1）Communication Blocks（通信块）：包含使用 S7-300 PROFIBUS CP 时连接分布式 I/O 的功能和功能块。

（2）IEC Function Blocks（IEC 功能块）：包含 IEC 功能块，处理时间和日期信息，比较操作、字符串处理及选择最大值和最小值。

（3）Organization Blocks（组织块）：包含所有具有符号化标识符的关于启动信息的 OB。

（4）PID Control Blocks（PID 控制块）：用于 PID 控制的功能块。

（5）S5-S7 Converting Blocks（S5-S7 转换块）：包含将 S5 程序转换成 S7 程序所需的标准功能块。

（6）System Function Blocks（系统功能块）：包含 S7-300 的所有系统功能（SFC）和系统功能块（SFB）。

（7）TI-S7 Converting Blocks（TI-S7 转换块）：包含通用标准块，模拟数值的规范化等。

（8）其他块：用于时间标签和 TOD 同步的块。

通常附加库是在安装可选包时创建的，因此在安装可选软件包时，可增加其他库。

当安装 STEP 7 时，所提供的程序一般是自动安装。如果编辑了这些程序库，在重新安装 STEP 7 时，修改时的程序库将会被原始的程序库覆盖。因此，在进行任何改动之前复制所提供的程序库，然后只在复制的程序库中进行编辑。

问 24 系统功能块有哪些功能？

答： 不能由 STEP 7 指令执行的功能（如创建 DB、与其他的 PLC 通信等）可以借助于 SFC 和 SFB 在 STEP 7 中实现。

SFC 和 SFB 是保存在 CPU 操作系统中而不是保存在用户存储器中，因此，

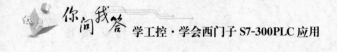

在从 CPU 读取一个 SFC 或者 SFB 时，实际的指令部分并没有发送，而只发送了 SFC 或者 SFB 的声明部分。借助 STL、LAD 或 FBD 程序编辑器，可打开读出的块并且显示其声明部分。

在用户程序中，可以使用 CALL 指令像调用 FB 一样调用 SFC 和 SFB。因此，对于 SFB 来说，必须将用户数据指定为 SFB 的背景数据块。

SFC 和 SFB 的种类很多，使用哪些类型的 SFC 和 SFB 分别取决于使用的 PLC 系统及系统的 CPU。

表 7-5 列出了部分 SFC。

表 7-5 系统功能 SFC

功 能 块 组	功 能	功 能 块
复制和块函数	块移动	SFC20
	预先设置域	SFC21
	生成 DB	SFC22
	删除 DB	SFC23
	测试 DB	SFC24
	压缩	SFC25
	ACCU1 中的替代值	SFC44
程序控制	多处理器中断	SFC35
	触发扫描周期	SFC43
	停止状态	SFC46
	延时（等待）	SFC47
运行时钟	设定时钟时间	SFC0
	读时钟时间	SFC1
	同步	SFC48
运行时数计时器	设定计数器	SFC2
	开始和停止	SFC3
	读出	SFC4
	读系统时间	SFC64
传输数据记录	写动态参数	SFC55
	写入已定义参数	SFC56
	为模块分配参数	SFC57
	写数据记录	SFC58
	读数据记录	SFC59

功 能 块 组	功 能	功 能 块
时间中断	置位	SFC28
	取消	SFC29
	激活	SFC30
	扫描	SFC31
延时中断	开始	SFC32
	取消	SFC33
	扫描	SFC34
同步错误	屏蔽错误	SFC36
	接触错误屏蔽	SFC37
	读状态寄存器	SFC38
中断错误和异步错误	取消新的中断	SFC39
	使能新的中断	SFC40
	将新的中断延时	SFC41
	使能高优先级的中断	SFC42
系统诊断	读开始信息	SFC6
	读部分系统状态表	SFC51
	写诊断缓冲区	SFC52
过程映像 I/O 区	更新 PII 输入	SFC26
	更新 PIQ 输出	SFC27
	在 I/O 中置位位区域	SFC79
	在 I/O 中复位位区域	SFC80
模块寻址	确定逻辑地址	SFC5
	确定插槽	SFC49
	确定所有逻辑地址	SFC50
分布式 I/O	触发硬件中断	SFC7
	同步 DP 从站	SFC11
	读诊断中断	SFC13
	读用户数据	SFC14
	写用户数据	SFC15
全局数据通信	发送 CD 包	SFC60
	接收 CD 包	SFC61

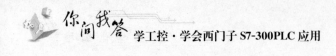

续表

功 能 块 组	功 能	功 能 块
数据交换使用 SFC，未组态的连接	对外发送数据	SFC65
	对外接收数据	SFC66
	对外读数据	SFC67
	对外写数据	SFC68
	对外取消数据	SFC69
	对内读数据	SFC72
	对内写数据	SFC73
	对内取消连接	SFC74
集成闭环控制	连续控制	SFB41
	步骤控制	SFB42
	脉冲修整	SFB43
整合技术	调用汇编块	SFC63
集成功能	高速计数器	SFB29
	频率计数	SFB30
	A/B 计数器	SFB38
	定位功能	SFB39
IEC 定时器和 IEC 计数器	脉冲	SFB3
	On 延时	SFB4
	Off 延时	SFB5
	加计数	SFB0
	减计数	SFB1
	加/减计数	SFB2
块参考信息	无应答报文	SFB36
	有应答报文	SFB33
	具有 8 个通配符的报文	SFB35
	没有通配符的报文	SFB34
	发送存档数据	SFB37
	禁止存档数据	SFB10
	激活报文	SFB9

问 25 复制函数和块函数包括哪些内容？

答：（1）SFC20：将一个存储区域（源地址）的内容复制到另一存储区域（目标地址）。

（2）SFC21：在一个存储区域（目标地址）中填充指定存储区域（源地址）的内容。

（3）SFC22：在工作存储器中创建一个没有预设值的 DB。

（4）SFC23：在工作存储器中（也可能是在装载存储器中）删除一个 DB。

（5）SFC24：确定一个 DB 是否出现在工作存储器中。

（6）SFC25：压缩存储器，当修改块时，会在内存中产生碎片，碎片在压缩过程中被清除。

（7）SFC44：在 OB122 中调用，在 ACCU 中为一个故障输入模块保存替代数值，也可在 OB121 中使用。

问 26 程序控制包括哪些内容？

答：（1）SFC35：可触发所有 CPU 上的 OB60 同步启动。

（2）SFC43：重新开始 CPU 的扫描周期监控。

（3）SFC46：将 CPU 设置为 STOP（停止）状态。

（4）SFC47：在用户程序中执行最长达 32 767us 的等待时间。

问 27 运行时钟包括哪些内容？

答：（1）SFC0：设定 CPU 实时时钟的日期和时间。

（2）SFC1：读取当前 CPU 实时时钟的日期和时间。

（3）SFC48：同步一个总线网段上所有的从站时钟，发送时钟的 CPU 必须设为时钟主站。

问 28 运行时数计数器包括哪些内容？

答：CPU 具有一定数量的运行时数计数器，可以通过它们记录设备的运行寿命。

（1）SFC2：将工作时数计数器设定为一个特定值。

（2）SFC3：启动或者停止工作时数计数器。

（3）SFC4：读取当前的工作时数和状态。

（4）SFC64：读取 CPU 的系统时间。该系统时间是一个自由运行的计时器，每隔 10ms（S7-300）计数一次。

问 29　传输数据记录包括哪些内容?

答: 存在一个系统数据区,用于存放可分配参数模块的参数和诊断数据。该区域包含 0~255 的数据记录,并可读出和写入。

(1) SFC55:将动态参数传送到已经分配地址的模块,CPU 中 SDB 中的相关内容并不被覆盖。

(2) SFC56:将参数(数据记录 RECNUM)传送到模块。

(3) SFC57:将所有数据记录从 SDB 传送到模块。

(4) SFC58:将 RECORD 数据记录传送到模块。

(5) SFC59:从模块读出所有的 RECORD 数据记录。

问 30　时间中断包括哪些内容?

答: 这类块用于处理日期时间中断组织块(OB10~OB17),可以通过 STEP 7 软件或者下面的函数定义起始点。

(1) SFC28:为日期时间中断组织块 OB 设定起始日期和时间。

(2) SFC29:删除日期时间中断组织块 OB(OB10~OB17)所设定的起始日期和时间。

(3) SFC30:激活日期时间中断组织块 OB。

(4) SFC31:查询日期时间中断组织块 OB 的状态。

问 31　延时中断包括哪些内容?

答: (1) SFC32:以延时方式启动一个中断(OB20~OB27)。

(2) SFC33:取消延时中断。

(3) SFC34:查询延时中断的状态。

问 32　同步错误包括哪些内容?

答: (1) SFC36:屏蔽一个同步错误,即出现一个故障并不导致调用相关的同步错误 OB。

(2) SFC37:解除一个同步错误屏蔽。

(3) SFC38:读取 Error Register(故障寄存器)。

问 33　中断错误和异步错误包括哪些内容?

答: (1) SFC39:禁止处理中断和异步错误事件。

（2）SFC40：允许处理中断和异步错误事件。

（3）SFC41：延时处理中断和异步错误事件。

（4）SFC42：允许再一次处理被延时的中断和异步错误事件。

问 34   系统诊断包括哪些内容？

答：（1）SFC6：读出上次调用的 OB 的启动信息和当前启动 OB 的启动信息。

（2）SFC51：读出系统状态表的一部分内容。该表包含系统数据、诊断状态数据和诊断缓冲区。

（3）SFC52：在诊断缓冲区中写入一个用户信息。

问 35   过程映像 I/O 区包括哪些内容？

答：（1）SFC26：更新全部的或者部分的过程映像输入表。

（2）SFC27：将整个或部分的过程映像传输到输出模块。

（3）SFC79/80：结合 Master Control Relay 功能用于在 I/O 区将位区域置位或复位。

问 36   模块寻址包括哪些内容？

答：（1）SFC5：为物理地址提供提供逻辑地址。

（2）SFC49：从逻辑地址确定物理地址。

（3）SFC50：提供一个模块的所有逻辑地址。

问 37   分布式 I/O 包括哪些内容？

答：（1）SFC7：在 DP 主站触发一个硬件中断，SFC7 在一个智能从站（CPU315-2DP）的用户程序中调用。

（2）SFC11：同步一个或者多个 DP 从站组。

（3）SFC13：读 DP 从站的诊断信息。

（4）SFC14：从一个 DP 从站读连续数据。

（5）SFC15：向一个 DP 从站写连续数据。

问 38   全局数据通信包括哪些内容？

答：不使用 SFC 时全局数据可循环（如每隔 8 周期）传送。借助于 SFC60 和 SFC61 系统功能，可在用户程序中发送和接收数据包。

（1）SFC60：发送全局数据包。

（2）SFC61：接收全局数据包。

问 39　使用 SFC 进行数据交换包括哪些内容？

答：使用 SFC 进行数据交换的通信在 S7-300 可以实现。SFC 通信，包括以下内容。

（1）无需进行连接组态。

（2）不需要背景数据块。

（3）最大用户数据长度 76B。

（4）连接动态建立。

（5）通过 MPI 或者 K 总线通信。

问 40　集成闭环控制包括哪些内容？

答：这些集成的系统功能块已经集成在新版本的 CPU 314FM 中。

问 41　整合技术的功能是什么？

答：对于 CPU 614（S7-300），单个的块可以使用 C 语言创建。SFC63 系统函数用于调用这些块。

问 42　集成函数包括哪些内容？

答：这些块仅用于 CPU 312IFM（S7-300）。

（1）SFB29：计数集成 CPU 输入端的脉冲。

（2）SFB30：用于测量集成输入端频率。

问 43　IEC 定时器和计数器的功能是什么？

答：IEC 定时器和计数器是根据 IEC1131-3 标准提供的。基于兼容性的考虑，保留的定时器和计数器函数可用于 SIMATIC S5。IEC 定时器和计数器与 S7 的定时器和计数器在计时值的计数值范围方面有很大的不同。

问 44　块参考消息的功能是什么？

答：这些块用于 HMI 系统，如过程控制系统、提供报文处理等。这些报文在 S7 CPU 中以某种步骤生成，包含过程变量在内的报文发送到登录在线的显示设备。使用了中央应答的概念，即当在一台显示设备上应答一个报文时，有一个应答送到了发起消息的 CPU。信息从该 CPU 分布式地传送到了所有登录在线的用户。信号输入端的信号边沿变化触发报文。

处理与块相关的报文也可使用 SFC18 "Interrupt_S" 和 SFC17 "Interrupt_SQ"。这使得具有图形功能的 OP 可以处理这些报文（使用 PROTOOL/ProAgent 开放 Interrupt_S 报文）。

当调用一个系统函数时，系统函数自动复制到相关的用户程序中。此外，所有的系统函数都保存在 Standard Library（标准库）、S7-Program System Function Blocks 中，可将 SFC 和 SFB 从这个库复制到用户程序中。库中有一个完整的符号表（具有英文名称），块使用的符号自动从库复制到用户程序的符号表中。

一个 SFC 在用户程序中可显示 CPU 是否成功地执行 SFC 功能。可以在状态字的 BR 位中或者在输出参数 RET_VAL（返回值）中收到相应的错误信息。

首先需要评价状态字的 BR 位，接着检查 RET_VAL 的输出参数。如果在 BR 或者在 RET_VAL 中有个常规错误码，表明 SFC 的处理过程发生了故障，就不需要再检查 SFC 的特定输出参数。

常规错误码用于表示在所有系统功能中可能发生的错误。一个常规错误码包含下列两个数据。

（1）一个介于 1～127 的参数码，1 表示调用的 SFC 的第一个参数，2 表示第二个参数，以此类推。

（2）一个介于 0～127 的事件号码。事件号码表示一个同步错误。

特定错误是指系统功能（SFC）的一个返回值提供的一个特定的错误代码。该错误代码表明在功能的实现过程中发生了一个特定的系统功能错误。

问45 **TI-S7 转换块包括哪些内容？**

答：表 7-6 列出了部分 TI-S7 转换块。

表 7-6   **TI-S7 转换块**

转换块	符 号	含 义
FC80	TONR	作为保持接通延时的启动时间
FC81	IBLKMOV	间接传送数据区域
FC82	RSET	将位存储区或者 I/O 区复位
FC83	SET	将位存储区或者 I/O 区置位

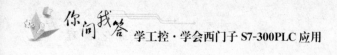

续表

转换块	符　号	含　义
FC84	ATT	在表中输入数据
FC85	FIFO	输出表中第一个数据
FC86	TBL_FLND	在表中搜索数据
FC87	LIFO	输出表中最后一个数据
FC88	TBL	执行表格操作
FC89	TBL_WRD	从表中复制数据
FC90	WSR	将数据保存在移位寄存器中
FC91	WRD_TBL	将数值和表中的元素进行逻辑组合并保存
FC92	SHRB	将位移到移位寄存器
FC93	SEG	为数字显示生成位格式
FC94	ATH	将 ASCⅡ字符串转换成十六进制数
FC95	HTA	将一个十六进制数转换成 ASCⅡ字符串
FC96	ENCO	在字中设置指定的位
FC97	DECO	读最低有效位的位号
FC98	BCDCPL	产生 10 的补码
FC99	BITSUM	计算设置位的数目
FC100	RSETT	立即复位输出区域
FC101	SETI	立即置位输出区域
FC102	DEV	标准偏差
FC103	CDT	关联数据表
FC104	TBL_TBL	表格逻辑操作
FC105	SCALE	刻度值
FC106	UNCALE	非刻度值
FB80	LEAD_LAG	Lead/Lag 算法
FB81	DCAT	离散控制中断
FB82	MCAT	电动机控制中断
FB83	IMC	索引矩阵比较
FB84	SMC	矩阵扫描器
FB85	DRUM	顺序处理器
FB86	PACK	收集/分发表格数据

（1）FC80：以保持接通延时方式（TONR）开始计时。FC80 累计时间值，直到当前的运行时间值（♯ET）到达或者超过预设时间值（♯PV）。

（2）FC81：使用间接传送数据段的功能（IBLKMOV），可以将一个包含字节、字、整数（16 位）、双字或双整数（32 位）的数据段从源地址传送到目的地址。块中，"POINTERS"指针♯S-DATA 和♯D-DATA 分别指向源区域和目的区域的起点。复制的区域的长度由另外的参数定义。

（3）FC82/83：如果 MCR 位为"1"，将位于一个特定区域的位的状态设定为"1"（FC83）或者"0"（FC82）；如果 MC 位为"0"，该区的位信号状态不改变。

（4）FC84～FC92：该组功能用于处理表格功能，执行 FIF0 功能，数据以字的格式输入并且长度可调整。

（5）FC93～FC99：该组实现了多种转换功能。

（6）FC100/FC101：如果 MCR 位为"1"，该功能（RSET1）将字节中指定范围内的信号状态复位为"0"或"1"；如果 MCR 位为"0"，则 FC100～FC101 内的信号状态不改变。

（7）FC102：标准偏差（DEV）功能，从在一个表（TBL）中的一组数值计算标准偏差，结果保存在 OUT 中。

（8）FC103：相关数据表（CDT）功能，将一个输入值（♯IN）与一个已经存在的表比较，结果含很多输入值（♯IN-TBL），查找第一个大于或等于这个输入值的数值。

借助于本地数值索引，该数值之后被复制到输出值表（♯OUT-TBL）中各自的输出值（♯OUT）处。

（9）FC104/FC105：用于从模拟输入或者向一个模拟输出量化模拟值。

问 46　**通信块包括哪些内容**？

答：表 7-7 列出了用于通信的功能块，库功能 FC1、FC2、FC3 和 FC4 只用于具有外部 PROFIBUS CP 342-5 的 S7-300 CPU 的场合，而在其他情况下，即对于具有集成 PROFIBUS-DP 接口的 S7-300 系统，则使用标准加载和传输命令（L，T）或者使用 SFC14（DPRD-DAT）、SFC15（DPWR-DAT）、SFC11（DPSYC-FR）和 SFC13（DPNRM-DG）来实现通信功能。

（1）FC1：DP_SEND 块将一个指定的 DP 输出区域的数据传递到 PROFI-BUS-CP 以传向分布式 I/O。

（2）FC2：DP_RECV 块接收分布式 I/O 的过程数据及指定 DP 输入区的状态信息。

表 7-7   通信功能块

功能块	符 号	含 义
FC1	DP_SEND	向 PROFIBUS-CP 发送数据
FC2	DP_RECV	从 PROFIBUS-CP 接收数据
FC3	DP_DIAG	加载一个站得诊断数据
FC4	DP_CTRL	向 PROFIBUS-CP 发送控制任务

（3）FC3：FC 块 DP_DIAG 用于请求诊断信息。下列各种类型的任务有所差异。

1）请求 DP 站列表。

2）请求 DP_Diagnostic 列表。

3）请求 DP 单个诊断信息。

4）非循环地读取一个 DP 从站的输入/输出数据。

5）读 DP 运行模式。

（4）FC4：FC 块 DP_CTRL 将控制任务传向 PROFIBUS-CP。下面几种任务之间的区别。

1）全局控制循环/非循环。

2）删除旧的诊断。

3）设定当前的 DP 工作模式。

4）设定 DP 工作模式用于 PLC/CP 停机。

5）周期性地读输入/输出数据。

6）设置 DP 从站的处理模式。

问 47 **PID 控制块包括哪些内容？**

答： PID 控制块见表 7-8。

表 7-8   PID 控制块

控制块	符 号	含 义
FB41	CONT_C	连续 PID 控制功能块
FB42	CONT_S	二进制输出的 PI 控制
FB43	FULSECEN	脉冲输出 PID 控制

（1）FB41。SFB "CONT-C"（连续控制）用于 SIMATIC S7 可编程逻辑控制器，用来控制具有连续输入和输出变量的技术处理，在参数设置阶段，可以激活或者禁止 PID 控制器的子功能，调整控制器以适合该过程，可将该控制器用

做一个 PI 固定设定点控制器或者多环控制中的一个级联环、混合或者比率控制器。控制器的功能基于一个具有模拟输出信号的采样控制器的 PID 控制算法，如果需要可扩展为添加一个脉冲发生机构，来产生脉冲宽度调制输出信号，服务于具有比例执行机构的二级或者三级控制器。

（2）FB42。SFB "CONT-S"（步进控制器）在 SIMATIC S7 可编程逻辑控制器中用于控制需要向集成执行机构输出数字型输出信号的技术处理。在参数设置阶段，可以激活或者禁止 PI 步进控制器的子功能，以便使控制器适用于过程。可将该控制器用作一个 PI 固定设定点控制器或者级联控制中的一个二级环、混合或者比率控制器，但不能作为首级控制器。控制器的功能建立在采样控制器的 PI 控制算法上，并把从模拟执行信号产生二进制输出信号的功能作为补充。

（3）FB43。SFB "PULSEGEN"（脉冲发生器）用于将一个 PID 控制器和脉冲输出组织到一起服务于比例执行机构。使用 SFB43 "PULSECEN"，可组态具有脉冲宽度调制的 PID 二级或者三级控制模块。该功能通常与连续控制器 "CONT-C" 结合使用。

问 48 IEC 功能块包括哪些内容？

答： IEC 功能块中包含了用于处理 IEC 数据类型的一些功能。IEC 标准库处理 STRING 型变量的 FC 如下。

（1）FC2（CONCAT）：将两个 STRING 变量组合成一个字符串。

（2）FC4（DELETE）：在一个字符串中删除 L 个字符，直到字符 P 位置为止。

（3）FC11（FINF）：提供第一个字符串中的第二个字符串的位置。

（4）FC17（INSERT）：将参数 IN2 处的字符串插入到参数 IN1 处的字符串的字符 Pth 之后。

（5）FC20（LEFT）：提供一个字符串的第一个 L 个字符。

（6）FC21（LEN）：输出字符串当前长度（有效字符数）。

（7）FC26（MID）：提供字符串的中间部分。

（8）FC31（REPLACE）：用第二个字符串（IN2）替换第一个字符串（IN1）的 L 个字符，直到 P 字符位置为止（包括 P 字符）。

（9）FC32（RIGHT）：提供一个字符串的最后 L 个字符。

STRING 型变量与比较相关的功能：FC10（EQ-STRING）、FC13（GE-STRING）、FC15（GT-STRING）、FC19（LE-STRING）、FC24（LT-STRING）、FC29（NE-STRING）。比较功能是对字符串的字母顺序进行比较。从左侧开始，将字符以其 ASCⅡ码值进行比较（如 "a" ＞ "A"，"A" ＜

"B")。第一个不相同的字符决定比较的结果，如果较长字符串的左侧部分与较短字符串相同，则认为较长字符串较大。这些比较功能并不报告任何错误。各比较功能在其返回值 RET-VAL 中表明该比较功能是否完成（RET_VAL = TRUE，完成；RET_VAL=FALSE，未完成）。

通常，使用有关字符串最大长度或所使用的实际字符长度的详细信息，这些功能对错误进行评估。如果这些功能认为有错误发生，那么通常会将 BR 位置为 0。

INT、DINT、REAT 数据类型与 STRING 数据类型转换的库包括 FC5：DI-STRING、FC37：STRING-DI、FC16：I-STRING、FC38：STRING-I、FC30：R-STRING、FC39：STRING-R。

IEC 标准库处理 DT 型变量的 FC 如下。

（1）FC1（AD-DT-TM）：将一个时间段（TIME 格式）加到一个时刻时间（DT 格式）上去，并返回新的时刻时间。

（2）FC34（SB-DT-DT）：将两个时刻时间（DT 格式）相减，返回一个时间段（TIME 格式）。

（3）FC35（SB-DT-TM）：从一个时刻时间（DT 格式）上减去一个时间段（TIME 格式），并返回新的时刻时间（DT 格式）。

（4）FC3（D-TOD-DT）：将 DATE 和 TIME-OF-DAY（TOD）日期格式组合起来，并将它们转换成 DATE-AND-TIME（DT）这种日期格式。

（5）FC6（DT-DATE）：从 DATE-AND-TIME 格式中提取日期。

（6）FC7（DT-DAY）：从 DATE-AND-TIME 格式中提取星期。

（7）FC8（DT-TOD）：从 DATE-AND-TIME 格式中提取 TIME-OF-DAY。

（8）DT♯变量比较函数：FC9（EQ-DT）、FC12（GE-DT）、FC14（GE-DT）、FC18（LE-DT）、FC23（LT-DT）、FC28（NE-DT）。

在使用这些 FC 时要注意以下几点。

（1）FC1、FC35 时刻时间（参数 T）必须在 DT♯1990-01-01-00：00：00.000 和 DT♯2089-12-31-23：59：59.999 之间。该 FC 并不检查其输入参数。如果加或减的结果不在上面所规定的范围之内，那么加或减的结果均被限制到各自的值，并将二进制结果位 BR 置为 0。

（2）FC34 时刻时间必须在 DT♯1990-01-01-00：00：00.000 和 DT♯2089-12-31-23：59：59.999 之间。该 FC 并不检查其输入参数。如果第一个时刻时间（参数 T1）大于第二个时刻时间（参数 T2），则结果为正值；如果第一个时刻时间小于第二个时刻时间，则结果为负值；如果相减的结果超出了 TIME 格式的数值范围，那么结果被限制到各自的值，并将二进制结果位 BR 置为"0"。

FC3、FC6、FC7、FC8 这些功能计算的结果值不报告任何错误信息，必须由用户保证向其输入有效数值参数。

比较功能也不进行任何错误评估，各比较功能在其返回值 RET_VAL 中表明该比较功能是否完成（RET_VAL=TRUE，完成；RET_VAL=FALSE，未完成）。

问 49 S5-S7 转换块有哪几种功能类型？

答：库中包含转换 S5 程序所需的 S7 标准块，即如果一个 FB240 出现在一个 S5 程序中，库中的 FC81 替换 FB240（因为 S5 中的 FB240 与 S7 中的 FC81 功能相同）。

由于转换仅需要传送 FC81 块的调用，必须将被调用的块从库中复制到 S7 程序中。

库中的这些功能可分为下列几种功能类型。

（1）浮点运算，如加法和减法。

（2）信号发生功能，如以双信频率闪烁的 First-Up 信号。

（3）集成功能，如代码负 BCD-Dual。

（4）基本的逻辑功能，如 LIFO。

问 50 系统库如何使用？

答：下面通过一个读取 PLC 系统时间的例子说明系统库中的块的使用情况。

可以使用系统功能 SFC1 读取系统时间，在程序编辑器"指令总览"中选择"库"→"Standard Library"→"System Function Blocks"→"SFC1（Read CLK）"，双击或拖动到编辑区，如图 7-21 所示，此时系统自动在 SIMATIC 管理器的 S7 程序的"块"中

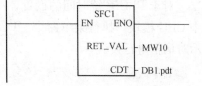

图 7-21　读取系统时间的程序

插入 SFC1。输出参数 CDT 的数据类型为 DT 型，即 DATE_AND_TIME 型，需要在数据块中建立相应的存储区域。新建数据块 DB1，修改默认变量为 pdt，数据类型为 DT，如图 7-22 所示。在图 7-21 中输入 SFC1 的实际参数，MW10 存储返回值，将读取的系统时间存储在 DB1.pdt 中，新版本 STEP 7 支持这种

Address	Name	Type	Initial value	Comment
0.0		STRUCT		
+0.0	pdt	DATE_AND_TIME	DT#90-1-1-0:0:0.000	当前日期时间
=8.0		END_STRUCT		

图 7-22　新建 DT 型变量

"一半地址,一半符号"的寻址方式,否则需要在符号表中定义数据块的符号名称,编程时通过符号形式寻址。

下载项目,插入一个变量表,监视读取的系统时间如图 7-23 所示,由于对 DATE_AND_TIME 型数据无法直接监视,故分别监视组成 DB1.pdt 的各个字节的内容。

	Address		Symbol	Display format	Status value	Modify value
1	DB1.DBB	0		HEX	B#16#09	
2	DB1.DBB	1		HEX	B#16#01	
3	DB1.DBB	2		HEX	B#16#14	
4	DB1.DBB	3		HEX	B#16#13	
5	DB1.DBB	4		HEX	B#16#44	
6	DB1.DBB	5		HEX	B#16#03	
7	DB1.DBB	6		HEX	B#16#12	
8	DB1.DBB	7		HEX	B#16#24	
9						

图 7-23　监视读取的系统时间

对于 PLC 系统时间的设置,可以在线连接 CPU,在硬件组态编辑器中,选中 CPU 模块,执行菜单命令"PLC"→"Set Time of Day",弹出如图 7-24 所示对话框进行设置。

图 7-24　设置系统时间对话框

问 51　如何进行用户自定义库的操作?

答:对于编程实现的特定功能,可以新建一个库文件为后续项目继续使用,正如使用系统库一样。此处通过一个求取平方根的例子说明用户自定义库的实现步骤。

在 SIMATIC 管理器中新建一个"库"项目,命名为"SQRT",在项目树中插入一个 S7 程序,在 S7 程序的"块"文件夹中插入一个功能 FC1,也

可以命名为其他的名称，在 FC1 中按照前面所述的结构化编程步骤编写图 7-8
（a）所示的求取平方根的程序，形式参数 a_in 和 _b_in 为 IN 型整数，c_out
为 OUT 型实数，保存后关闭程序。

在新建的用户项目中，打开程序编辑器，可以调用用户定义的库文件，如图
7-25 所示。

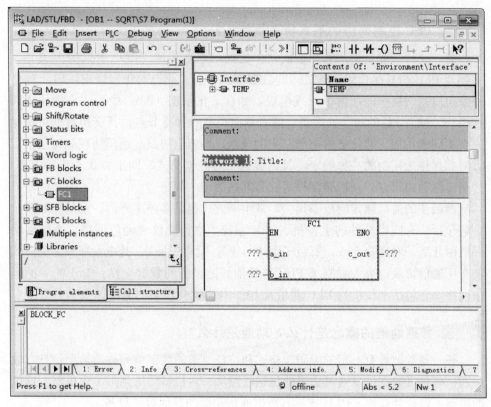

图 7-25　调用用户自定义库文件

S7-300 系列 PLC 的通信与网络

问 1 **PLC 控制网络的基本特点是什么？**

答： 通信一般是指消息在不同对象之间的有效传递。PLC 通信包含了 PLC 之间及 PLC 与其他智能设备之间的数据交换。在工业自动化网络中，PLC 通信对象可以是网络中的任何单元或模块，如自动化系统（AS）中的中央模块或通信模块，或者 PC 的通信处理器，或者其他类型的智能节点，其交换数据可满足完全不同的用途。通信必须遵守一定的规则，即通信协议。通信协议是指通信双方对数据传送控制的一种约定，其内容包括对数据格式、同步方式、传送速率、传送步骤、纠错方式及控制字符定义等问题的统一规定。

西门子的通信涵盖的范围很广，其组网方式也是多种多样的。现代控制系统一般包括装有监控软件的上位机、PLC 系统、执行元件和通信网络，通信网络一般由几级子网复合而成，每级子网中可配置不同的协议，其中大部分为供应商的专用通信协议，大大限制了 PLC 与其他智能设备的数据交换。对于简单的通信网络，它包括上位机与 PLC 通信及 PLC 与自动化设备的通信。

问 2 **数据通信的概念是什么？功能是什么？**

答： 通常把具有一定的编码、格式和位长要求的数字信号称为数据信息。数据通信就是将数据信息通过适当的传送线路从一台机器传送到另一台机器。这里的机器可以是计算机、PLC 或具有数据通信功能的其他数字设备。

数据通信系统的任务是把地理位置不同的计算机和 PLC 及其他数字设备连接起来，高效率地完成数据的传送、信息交换和通信处理。

数据通信系统一般由传送设备、传送控制设备和传送协议及通信软件等组成。

问 3 **数据传输按时空顺序可以分为几类？**

答：（1）并行通信。是以字（16 位）或字节（8 位）为单位的数据传输方式，它的数据传输速率很快，常用于近距离传输。

（2）串行通信。是以二进制的位（bit，即 1 位）为单位的数据传输方式，常用于远距离的数据通信。在控制中，计算机之间一般采用串行通信方式。

问 4　数据传输按是否搬移和调试信号可以分为几类？

答：（1）基带通信。对信号不做任何调制，直接传输的数据传输方式。在 PLC 网络中，大多数采用基带通信。

（2）频带通信。用调制器把二进制信号调制成能在公共电话上传输的音频信号（模拟信号），在通信线路上进行传输。信号传输到接收端后，再经过解调器的解调。三种调制方式为调幅、调频和调相。

问 5　串行通信有几种同步技术？

答：串行通信可分为异步通信和同步通信。

（1）异步通信。也称为起止式通信，每一个传输的字符都有一个附加的起始位和多个停止位，如图 8-1（a）所示。

（2）同步通信。它把每个完整的数据块（帧）作为整体来传输，由定时信号（时钟）来实现发送端同步。如图 8-1（b）所示。

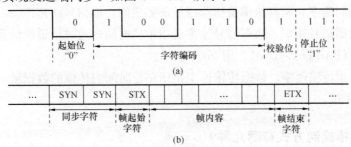

图 8-1　异步通信与同步通信

(a) 异步通信；(b) 同步通信

同步通信的速度要高于异步通信，通常可达 56 000bit/s 或更高，但是它要求用同一个时钟实现发送与接收之间的同步，因此硬件要更复杂、时钟信息可以通过一根独立的信号线进行传输，也可以通过将信息中的时钟代码化实现，如曼彻斯特编码方法。

问 6　线路通信方式有哪几种？

答：（1）单工通信方式。单工通信是指信息的传送始终保持同一个方向，而不能进行反向传送，如图 8-2（a）所示。

（2）半双工通信方式。半双工通信是指信息流可以在两个方向上传送，但同一时刻只限于一个方向传送，如图 8-2（b）所示。

（3）全双工通信方式。全双工通信能在两个方向上同时发送和接收信息，如图 8-2（c）所示，A 站和 B 站双方可以一边发送数据，一边接收数据。

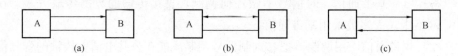

(a)　　　　　　　　　　　(b)　　　　　　　　　　　(c)

图 8-2　线路通信方式

（a）单工；（b）半双工；（c）全双工

由于半双工和全双工通信方式可实现双向数据传输，因此在 PLC 中使用比较广泛。

问 7　传输速率的概念是什么？分为哪几种？

答：传输速度是指单位时间内传输的信息量，在数据传输中定义三种速率：调制速率、数据信号速率和数据传输速率。

（1）调制速率。调制速率是指调制解调器之间传输信号的速率。

（2）数据信号速率。数据信号速率是指单位时间内通过信道的信息量，单位是比特/秒（Bit Per Second），用 bit/s 表示。

（3）数据传输速率。数据传输速率是指单位时间内传输的数据量，通常以字符/分钟为单位。

问 8　差错控制方式有哪几种？

答：差错控制是对传输的数据信号进行错误检测和错误纠正，有以下三种。

（1）自动检错重传（ARQ）。发送方将检错码与数据一起发送，接收方依据检错码进行差错检测，如果有错误则重发，直到接收方正确接收到信息为止，这种体制称为 ARQ（Automatic Repeat Request），这种方式使接收方能发现出了错，但不知错在何处。

（2）前向纠错（FEC）。发送方将纠错码随数据一起发送，接收方依据纠错码检验并纠正错误。

（3）混合纠错（HEC）。将 ARQ 与 FEC 结合起来，发送方发送同时具有检错和纠错能力的编码，接收方收到后，检查错误情况，如果错误小于自己的纠错能力，则纠正；如果错误超出自己的纠错能力，则经反向信道要求发送方重发。

问 9 **常用检错码有哪几种？**

答：（1）奇偶校验码。它是以字符为单位的校验方法，一个字符一般由 8 位组成，低 7 位是信息字符的 ASCII 代码，最高位是奇偶校验码。奇偶校验码能检测奇数个错码，不能检测偶数个错码，其依据是具有模 2 加运算关系的监督方程。

（2）循环冗余校验（CRC）码。采用 CRC 码时，通常在信息长度为 k 位的二进制序列之后，附加上 r（$r=n-k$）位监督位，组成一个码长为 n 的循环码。它是利用除法及余数的原理来做错误侦测的。实际应用时，发送方计算出 CRC 值并随数据一同发送给接送方，接收方对收到的数据重新计算 CRC 并与收到的 CRC 相比较，若两个 CRC 值不同，则说明数据通信出现错误。

CRC 码是为信息码加上几位校验码，以增加整个编码系统的码距及增强查错纠错能力。在串行通信中，广泛采用 CRC 码。

问 10 **传输介质有哪几种？各有什么特点？**

答：目前，普遍使用的传输介质有同轴电缆、双绞线、光纤电缆，其他介质（如无线电、红外线、微波等）在 PLC 网络中应用很少。

双绞线是将两根导线扭绞在一起，以减小外部电磁干扰。如果使用金属网加以屏蔽，其抗干扰能力更强。双绞线具有成本低、安装简单等优点。RS-485 接口通常采用双绞线进行通信。

同轴电缆有四层，最内层为中心导体，中心导体的外层为绝缘层，包裹着中心体。绝缘外层为屏蔽层，同轴电缆的最外层为表面的保护皮。同轴电缆可用于基带传输，也可用于宽带数据传输，与双绞线相比，具有传输速率高、距离远和抗干扰能力强等优点，但是其成本比双绞线要高。

光纤电缆有全塑料光纤电缆、塑料护套光纤电缆和硬塑料护套光纤电缆等类型，其中硬塑料护套光纤电缆的数据传输距离最远，全塑料光纤电缆的数据传输距离最近。光纤电缆与同轴电缆相比，具有抗干扰能力强和传输距离远等优点，但是其价格高、维修复杂。双绞线、同轴电缆和光纤光缆的具体性能比较见表 8-1。

表 8-1   传输介质性能比较

性能	传输介质		
	双绞线	同轴电缆	光纤电缆
传输速率	9.6Kbit/s～2Mbit/s	1～45Mbit/s	10～500Mbit/s

续表

性能	传　输　介　质		
	双绞线	同轴电缆	光纤电缆
连接方法	点对点 多点 1.5km 不用中继器	点对点 多点 10km 不用中继器（宽带） 1～3km 不用中继器（基带）	点对点 50km 不用中继器
传输信号	数字调制信号、纯模拟信号（基带）	调制信号、数字（基带）数字、声音、图像（宽带）	调制信号（基带）数字、声音、图像（宽带）
支持网络	星形、环形、小型交换机	总线型、环形	总线型、环形
抗干扰	好（需外屏蔽）	很好	极好
抗恶劣环境	好（需外屏蔽）	好，但必须将电缆与腐蚀物隔开	极好，耐高温和其他恶劣环境

问 11　RS-232C 串行接口标准的特性是什么？

答："RS"是英文"推荐标准"一词的缩写，"232"是标识号，"C"表示此标准修改的次数。它既是一种协议标准，又是一种电气标准。PLC 与上位计算机之间是通过 RS-232C 标准接口来实现的。

（1）接口的机械特性。RS-232 的标准接插件是 25 针的 D 型连接器，顶行针编号从左到右为 1～13，底行针编号从左到右为 14～25。最简单的通信只需三根引线，最多超不过 22 根。所以在上位计算机与 PLC 的通信中，使用的连接器有 25 针的，也有 9 针的，RS-232C 的信号连接如图 8-3 所示。

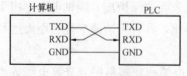

图 8-3　RS-232C 的信号连接

（2）接口的电气特性。RS-232 采用负逻辑，规定逻辑"1"电平在＋15～－5V 范围内，逻辑"0"在＋5～＋15V 范围内，这样在线路上传送的电平可高达±12V，较之小于＋5V 的 TTL 电平有更强的抗干扰性能。最大传送距离为 15m（实际上可达约 30m），最高传输速率为 20kbit/s。

（3）RS-232C 的不足之处。尽管 RS-232C 是目前广泛应用的串行通信的接口，然而 RS-232C 还存在着一系列不足之处。

1) 数据传输速率慢，一般低于 20kbit/s。

2) 传送距离短，一般局限于 15m，即使采用较好的器件及优质同轴电缆，最大距离也不超过 60m。

3) 没有规定标准的连接器，因而产生了 24 针及 9 针等多种设计方案。

4) 信号传输电路为单端电路，共模抑制比较小，抗干扰能力较差。

问 12 RS-499 及 RS-423A/422A 标准的特性是什么?

答：为了解决 RS-232C 标准中的不足，于 1977 年制定了 RS-449 标准。

RS-449 标准定义了 RS-232C 中所没有的 10 种电路功能，规定用 37 脚的连接器。实际上 RS-449 是将三种标准集于一身。RS-423A 和 RS-422A 实际上是 RS-49 标准的子集。

RS-423A 与 RS-232C 兼容，单端输出驱动，双端差分接收。正信号逻辑电平为 +200mV～+6V，负信号逻辑电平为 −200mV～−6V。差分接收提高了总线的抗干扰能力，从而在传输速率和传输距离上优于 RS-232C。

RS-422A 与 RS-232C 不兼容，双端平衡输出驱动，双端差分接收。从而使抗共模干扰的能力更强，传输速率和传输距离比 RS-423A 更进一步。RS-422A 以最大传输速率（10Mbit/s）时，允许的最大通信距离为 12m。传输速率为 100kbit/s 时，最大通信距离为 1200m。

RS-423A 和 RS-422A 带负载能力较强，一台驱动器可以连接 10 台接收器。

RS-423A 和 RS-422A 的电路连接如图 8-4 所示。

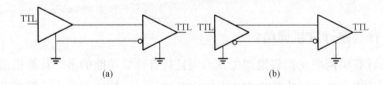

(a)   (b)

图 8-4 RS-423A 和 RS-422A 的电路连接

(a) RS-423A 电路连接；(b) RS-422A 电路连接

问 13 RS-485 标准的特性是什么?

答：在许多工业环境中，要求用最少的信号连线完成通信任务。目前广泛应用的 RS-485 串行接口总线正是适应这种需要而出现的，它几乎已经在所有新设计的装置或仪表中出现。RS-485 实际上是 RS-422A 的简化变形。它与 RS-422A 的不同之处在于 RS-422A 支持全双工通信，RS-485 仅支持半双工通信。RS-485

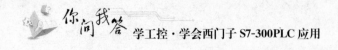

最大通信距离为 1200m，最大传输速率为 10Mbit/s，平衡双绞线的长度与传输速率成反比，在 100kbit/s 时，才可能使用规定最长的电缆长度。

RS-485 需要两个终接电阻，接在传输总线的两端，其阻值要求等于传输电缆的特性阻抗。在短距离传输时可不需终接电阻，即一般在 300m 以内不需终接电阻。

将 RS-485 串行口在 PLC 局域网中应用很普遍，如西门子 S7 系列 PLC 采用的就是 RS-485 接口，如图 8-5 所示。

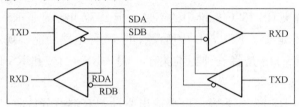

图 8-5　RS-485 的电路连接

问 14　什么是工业局域网？

答：工业局域网是一组计算机或控制器等设备，在物理地址上彼此相隔不远，以允许用户相互通信和共享诸如打印机、存储设备等资源的方式互联在一起的系统。就其技术性定义而言，它是由特定类型的传输介质（如电缆、光缆）和网络适配器（网卡）互联在一起的计算机或控制器，并受网络操作系统监控的网络系统。

问 15　什么是计算机网络？

答：计算机网络是指将地理位置不同且具有独立功能的多个计算机系统连接起来，由功能完善的网络软件实现网络资源共享。计算机网络由计算机系统、通信链路和网络节点组成。

问 16　计算机网络分为哪几类？

答：按所覆盖的地域范围大小，即通信距离的远近，计算机网络可分为远程网、局域网和分布式多处理机三类。

问 17　决定局域网特性的主要技术是什么？

答：决定局域网络特性的主要技术有用以传输数据的传输介质，用以连接各种设备的拓扑结构，用以共享资源的介质访问控制方法。

问 18 什么是拓扑结构？有哪几种类型？

答： 网络中各节点之间连接方式的几何抽象称为网络拓扑（Topology）。局域网的拓扑结构通常有三种类型：星形、环形和总线形，如图 8-6 所示。

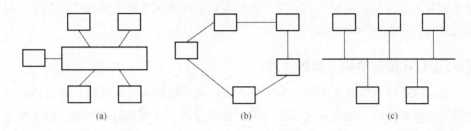

图 8-6 网络拓扑结构图
（a）星形；（b）环形；（c）总线形

问 19 局域网的信息交换方式有哪几种？

答： 局域网络上的信息交换方式有两种。

（1）线路交换。有固定的物理通道，如电话系统。

（2）"报文交换"或"包交换"。无固定的物理通道，如果某节点出现故障，则通过其他通道把数据组送到目的节点，好像传递邮包或电报的方式。

问 20 什么是介质访问控制？有哪几种方式？

答： 介质访问控制是指对网络通道占有权的管理和控制，主要有以下两种方式。

（1）令牌传送方式。这种方式对介质访问的控制权是以令牌为标志的。只有得到令牌的节点才有权控制和使用网络，一般常用总线型和环形结构，尤以 "Token Bus" 颇受工业界青睐。

（2）争用方式。这种方式允许网络中的各节点自由发送信息。但若两个以上的节点同时发送到则会出现线路冲突，故需要加以约束。目前常用的是 CSMA/CD 规约（以太网规约），这种控制方式在轻负载时优点突出，控制分散，效率高，但重负载时冲突增加，传送效率大大降低，而令牌传送方式恰恰在重负载时效率高。

问 21 什么是网络协议？

答：在计算机通信网络中，对所有通信设备或站点来说，它们都要共享网络中的资源，但是由于连接到网络上的设备或计算机可能出自不同的生产厂家，型号也不尽相同，硬件和软件上的差异给通信带来障碍。因此，一个计算机通信网络必须有一套全网"成员"共同遵守的约定，以便实现彼此通信和资源共享，通常把这种约定称为网络协议。

问 22 OSI 模型结构分为哪几层？

答：OSI 模型按系统功能分为七层，每层都有相对的独立功能，相对的两层之间有清晰的接口，因而系统层次分明，便于设计、实现和修改补充。OSI 模型的低四层对用户数据进行可靠的透明传输，另外的高三层分别对数据进行分析、解释、转换和利用。OSI 参考模型如图 8-7 所示。

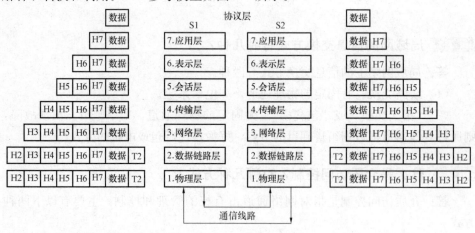

图 8-7　OSI 参考模型

问 23 物理层协议的特性是什么？

答：物理层（PL）是通信网上各设备之间的物理接口，直接把数据从一台设备传送到另一台设备。物理层协议规定了以下四个特性。

（1）机械特性。规定了连接器或插件的规格和安装。

（2）电气特性。规定了传输线上数字信号的电平、传输距离和传输速率等。

（3）功能特性。定义了连接器内各插脚的功能。

（4）过程特性。规定了信号之间的时序关系，以便正确地发送数据和接收数据。

问 24 数据链路层协议的特性是什么？

答：数据链路层（DLL）保证物理链路的可靠性，并提供建立和释放链路的方法，把发送的数据组成帧，进行差错控制和介质访问控制。

问 25 局部区域网络协议的特性是什么？

答：局布区域网络（LAN）的地理范围较小，一般只有 100～250m，是得到广泛使用的一种网络技术。参照 OSI 模型，LAN 采用总线型或环形拓扑结构，没有中间交换点，不需要选择路径。

问 26 什么是现场总线？

答：在传统的自动化工厂中，当位于生产现场的许多设备和装置相距较远、分布较广时，人们迫切需要一种可靠、快速、能经受工业现场环境的低廉的通信总线，将分散于现场的各种设备连接起来，对其实施监控。现场总线（Field Bus）就是在这样的背景下产生的。

IEC（国际电工委员会）对现场总线的定义是"安装在制造和过程区域的现场装置与控制室内的自动控制装置之间的数字式、串行、多点通信的数据总线"。

问 27 现场总线的主要特点是什么？

答：（1）全数字化通信。只用一条通信电缆就可以将控制器与现场设备连接起来，实现了检错、纠错功能，提高了可靠性。

（2）可以实现彻底的分散性和分布性。

（3）有较强的信息集成能力，实现设备状态故障、参数信息的一体化传送。

（4）节省连接导线，降低安装和和维护费用。

（5）具有互操作性和互换性，不同生产厂家的性能类似的设备可以进行互换。

问 28 现场总线有哪几种类型？

答：IEC 61158 是迄今为止制定时间最长、意见分歧最大的国际标准之一。制定时间超过 12 年，先后经过九次投票，在 1999 年年底获得通过。IEC 61158 最后容纳了八种互不兼容的协议。

类型 1：原 IEC 61158 技术报告，即现场总线基金会（FF）的 H1。

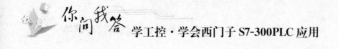

类型 2：Control Net（美国 Rockwell 公司支持）。

类型 3：PROFIBUS（德国西门子公司支持）。

类型 4：P-Net（丹麦 Process Data 公司支持）。

类型 5：FF 的 HSE（原 FF 的 H2，高速以太网，美国 Fisher Rosemount 公司支持）。

类型 6：Swift Net（美国波音公司支持）。

类型 7：WorldFIP（法国 Alstm 公司支持）。

类型 8：Interbus（德国 Phoenix Contact 公司支持）。

各类型将自己的行规纳入 IEC 61158，且遵循以下两个原则。

（1）不改变 IEC 61158 技术报告的内容。

（2）八种类型是平等的，类型 2～8 对类型 1 提供接口，标准并不要求类型 2～8 之间提供接口。

IEC 62026 是供低压开关设备与控制设备使用的控制器电气接口标准，于 2000 年 6 月通过。它包括以下几方面。

（1）IEC 62026-1：一般要求。

（2）IEC 62026-2：执行器-传感器接口 AS-i（Actuator Sensor Interface）。

（3）IEC 62026-3：设备网络 DN（Device Network）。

（4）IEC 62026-4：Lonworks（Local Operating Networks）总线的通信协议 LonTalk。

（5）IEC 62026-5：灵巧配电（智能分布式）系统 SDS（Smart Distributed System）。

（6）IEC 62026-6：串行多路控制总线 SMCB（Serial Multiplexed Control Bus）。

问 29　PROFIBUS 现场总线的结构是什么？

答：PROFIBUS 在世界市场上所占的份额高达 21.5%，居于所有现场总线之首。

PROFIBUS 是一种开放式的现场总线标准，由主站和从站组成。主站能够控制总线，当主站获得总线控制权后，可以主动发送信息；从站通常为传感器、执行器、驱动器和变送器。它们可以接收信号并给予响应，但没有控制总线的权力。当主站发出请求时，从站回送给主站相应的信息。PROFIBUS 除了支持这种主从模式外，还支持多主多从的模式。

PROFIBUS 协议结构以 ISO/OSI 参考模型为基础，其协议结构如图 8-8 所示。第 1 层为物理层，定义了物理的传输特性；第 2 层为数据链路层；第 3～6 层未使用；第 7 层为应用层，定义了应用的功能。

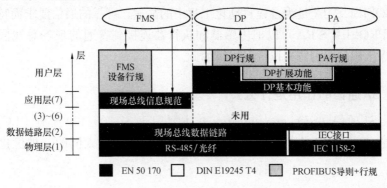

图 8-8　PROFIBUS 协议结构

问 30　**PROFIBUS 包括哪几个部分？**

答： PROFIBUS 包括三个相互兼容的部分。

（1）PROFIBUS-DP（Distributed Periphery，公布式外部设备）。PROFI-BUS-DP 使用了第 1 层、2 层和用户层，第 3～7 层未使用，这种精简的结构可高速传输数据。直接数据链路映象程序（DDLM）提供对第 2 层的访问，在用户接口中规定了 PROFIBUS-DP 设备的应用功能及各种类型的系统和设备的行为特征。

这种为了高速传输用户数据而优化的 PROFIBUS 协议，特别适用于可编程序控制器与现场分散的 I/O 设备之间的通信。

（2）PROFIBUS-FMS（Fieldbus Message Specification，现场总线报文规范）。PROFIBUS-FMS 使用了第 1 层、2 层和第 7 层。应用层（第 7 层）包括 FMS 和 LLI（低层接口），FMS 包含应用协议和提供的通信服务，LLI 建立各种类型的通信关系，并为 FMS 提供不依赖于设备的对第 2 层的访问途径。

FMS 的作用是处理单元级（PLC 和 PC）的数据通信，功能强大的 FMS 服务可在广泛的应用领域内使用，并为解决复杂通信任务提供了很大的灵活性。

PROFIBUS-DP 和 PROFIBUS-FMS 使用相同的传输技术和总线存取协议。因此，它们可以在同一根电缆上同时执行。

（3）PROFIBUS-PA（Process Automation，过程自动化）。PROFIBUS-PA 使用扩展的 PROFIBUS-DP 协议进行数据传输。此外，它执行规定现场设备特性的 PA 设备行规。传输技术依据 IEC 61158-7 标准，确保本质安全和通过总线对现场设备供电。使用段耦合器可将 PROFIBUS-PA 设备很容易地集成到 PRO-FIBUS-DP 网络之中。

PROFIBUS-PA 是为过程自动化工程中的高速、可靠的通信要求而特别设计的。用 PROFIBUS-PA 可以把传感器和执行器连接到普通的现场总线段上，即使在防爆区域的传感器和执行器也可如此。

问 31 S7 通信的作用是什么？

答：S7 通信（S7-Communication）主要用于 S7-300/400 系列 PLC 之间的通信，是 S7 系列 PLC 基于 MPI、PROFIBUS 和工业以太网的一种优化的通信协议。

问 32 工厂自动化系统网络分为哪几层网络结构？

答：一个典型的工厂自动化系统一般有以下三层网络结构：现场设备层、车间监控层和工厂管理层。

问 33 现场设备层的功能是什么？

答：现在设备层的主要功能是连接现场设备，如分布式 I/O、传感器、驱动器、地机构和开关设备等，完成现场设备控制及设备间联锁控制。主站（PLC、PC 或其他控制器）负责总线通信管理及与从站的通信。总线上所有设备生产工艺控制程序存储在主站中，并由主站执行。

西门子的 SIMATIC NET 网络系统如图 8-9 所示，它将执行器和传感器单独分为一层，主要使用 AS-i（执行器-传感器接口）网络。

图 8-9 SIMATIC NET 网络系统

问 34 车间监控层的功能是什么？

答：车间监控层又称为单元层，用来完成车间主生产设备之间的连接，包括生产设备状态的在线监控、设备故障报警及维护等，还有生产统计、生产调度等功能。传输速度不是最重要的，但是应能传送大容量的信息。

问 35 工厂管理层的功能是什么？

答：车间操作员工作站通过集线器与车间办公管理网连接，将车间生产数据传送到车间管理层。车间管理网作为工厂主网的一个子网，连接到厂区骨干网，将车间数据集成到工厂管理层。

S7-300 系列 PLC 有很强的通信功能，CPU 模块集成有 MPI 和 DP 通信接口，有 PROFIBUS-DP 和工业以太网的通信模块，以及点对点通信模块。通过 PROFIBUS-DP 或 AS-i 现场总线，CPU 与分布式 I/O 模块之间可以周期性自动交换数据，在自动化系统之间，PLC 与计算机和 HMI 站之间，均可交换数据。

问 36 **S7-300 PLC 的网络由哪些部分构成？**

答：S7-300 系列 PLC 网络结构如图 8-10 所示，其由 MPI 网络、工业以太网 PROFIBUS、PtP 点对点和 AS-i 网络组成。

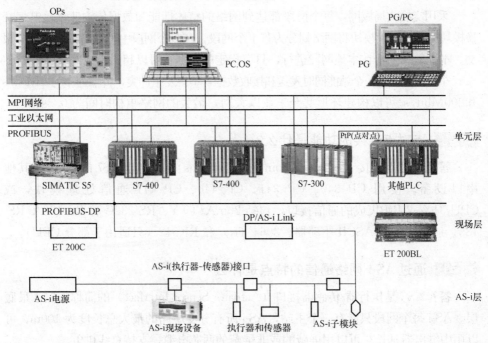

图 8-10 S7-300 系列 PLC 网络结构

问 37 **通过 MPI 协议的数据通信有什么特点？**

答：MPI 是多点接口的英文简称，MPI 的物理层是 RS-485，通过 MPI 能同时连接运行 STEP 7 的编程器、计算机、人机界面（HMI）及其他 SIMATIC S7、M7 和 C7。通过 MPI 接口实现全局数据（GD）服务，周期性地进行数据交换。

问 38 PROFIBUS 的功能是什么?

答:用于车间级监控和现场层的通信系统,开放性 PROFIBUS-DP 与分布式 I/O,最多可以与 127 个网络上的节点进行数据交换,网络中最多可以串接 10 个中继器用来延长通信距离。使用光纤作为通信介质,通信距离可达 90km。

问 39 工业以太网的特点是什么?

答:西门子的工业以太网符合 IEEE 802.3 国际标准,通过网关连接远程网络。通信速率为 10Mbit/s 和 100Mbit/s,最多 1 024 个网络节点,网络的最大传输距离为 150km。

采用交换式局域网,每个网段都达到网络的整体性能和数据传输速率,电气交换模块与光纤交换模块将网络划分为若干个网段,在多个网段中可以同时传输多个报文。本地数据通信在本地网段进行,只有指定的数据包可以超出本地网段的范围。

全双工模式使一个站能同时发送和接收数据,不会发生冲突,传输速率为 20Mbit/s 和 200Mbit/s。可以构建环形冗余工业以太网,最大的网络重构时间为 0.3s。

问 40 点对点连接的功能是什么?

答:点对点连接(Point to Point Connections)可以连接 S7 的 PLC 和其他串口设备。使用 CP 340、CP 341、CP 440、CP 441 通信处理模块,或 CPU 31Xc-2 PtP 集成的通信接口,包括 20mA/TTY、RS-232C 和 RS-422A/RS-485。通信协议有 ASCII 驱动器、3964(R)和 RK512(只适用于部分 CPU)。

问 41 通过 AS-i 网络通信的特点是什么?

答:AS-i 是执行器-传感器接口(Actuator Sensor Interface)的简称,位于最底层。AS-i 每个网段只能有一个主站,AS-i 所有分支电路的最大总长度为 100m,可以用中继电器延长。可以用屏蔽的或非屏蔽的两芯电缆,支持总线供电。

DP/AS-i 网关(Gateway)用来连接 PROFIBUS-DP 和 AS-i 网络。CP 342-2 最多可以连接 62 个数字量或 31 个模拟量 AS-i 从站,最多可以访问 248 个 DI 和 186 个 DO,可以处理模拟量值。

西门子的 LOGO 微型控制器可以接入 AS-i 网络,西门子提供多种 AS-i 产品。

问 42 工业以太网的作用是什么?

答:工业以太网是工业级的以太网,是开放的、独立于制造商的通信系统。

在 SIMATIC 中，工业以太网用于管理级和单元级，工业以太网的设计面向对时间要求不严格的大量数据的传送。

问 43 工业以太网的发展历程是怎样的？

答：随着计算机与网络技术的日益发展，工业自动化控制技术也随之产生了深刻的变革，控制系统的网络化、开放性的发展方向已成为当今自动化控制技术发展的主要潮流。以太网作为目前应用最为广泛的局域网技术，在工业自动化和过程控制领域得到了越来越多的应用。同时，依靠以太网和因特网技术实现信息共享，能给办公自动化带来很大的变革，也必将对控制系统产生深远的影响。

世界上现有的现场总线产品种类较多（约 40 种，其中有八种现场总线符合 IEC 61158 现场总线标准），且技术参差不齐，通用性、兼容性极差，使得现场总线技术的发展速度大大减慢。为了解决这一问题，人们开始寻求新的出路，即将现场总线转向以太网，用它作为高速总线框架，这样就可以使现场总线技术和计算机网络技术的主流技术很好地融合起来。

工业以太网技术是普通以太网技术在控制网络延伸的产物，前者源于后者又不同于后者。以太网技术经过多年发展，特别是它在因特网中的广泛应用，使得它的技术更为成熟，并得到了广大开发商与用户的认同。因此无论从技术上还是产品价格上，以太网较其他类型网络技术都具有明显的优势。另外，随着技术的发展，工业控制网络与普通计算机网络、因特网的联系更为密切。工业控制网络技术需要考虑与计算机网络连接的一致性，需要提高对现场设备通信性能的要求，这些都是工业控制网络设备的开发者与制造商把目光转向以太网技术的重要原因。

为了促进以太网在工业领域的应用与发展，国际上成立了工业以太网协会（Industrial Ethernet Association，IEA），以及工业自动化开放网络联盟（Industrial Automation Open Network Alliance，IAONA）等组织，目标是在世界范围内推进工业以太网技术的发展、教育和标准化管理，在工业应用领域的各个层次运用以太网。这些组织还致力于促进以太网进入工业自动化的现场级，推动以太网技术在工业自动化领域和嵌入式系统的应用。

西门子公司在工业以太网领域有着非常丰富的经验和领先的解决方案。其中 SIMATIC NET 工业以太网基于经过现场验证的技术，符合 IEEE 802.3 标准并提供 10Mbit/s 和 100Mbit/s 快速以太网技术。经过多年的实践，SIMATIC NET 工业以太网的应用已多于 400 000 个节点，遍布世界各地，用于严酷的工业环境，并包括高强度电磁干扰的地区。

问 44 **工业以太网的网络部件由哪几部分组成？**

答： 典型的工业以太网由以下四类网络部件组成。

（1）连接部件。包括 FC 快速链接插座、电气链接模块（ELS）、电气交换模块（ESM）、光纤交换模块（OSM）和光纤电气转换模块（MC TP11）。

（2）通信介质。采用普通双绞线，工业屏蔽双绞线和光纤。

（3）PLC 的工业以太网通信处理器。用于将 PLC 连接到工业以太网。

常用的工业以太网通信处理器（Communication Processor，CP），包括用于 S7 PLC 站上的处理器 CP 243-1、CP 343-1 系列等。

S7-300 系列 PLC 的以太网通信处理器是 CP 343-1 系列，按照所支持协议的不同，可以分为 CP 343-1、CP 343-1 ISO、CP 343-1TCP、CP 343-1IT 和 CP 343-1PN 等。

（4）PG/PC 的工业以太网通信处理器。用于将 PG/PC 连接到工业以太网。

问 45 **工业以太网的网络访问机制是什么？**

答： 工业以太网的网络访问机制是 CSMA/CD（载波监听多路访问/冲突检测），即在发送数据之前，每个站都要检测网络上是否有其他的站正在传输数据，如果没有则可马上发送数据，否则停止发送数据，直到网络空闲时再发送。

问 46 **工业以太网的拓扑结构是怎样的？**

答： 工业以太网的拓扑结构如图 8-11 所示，它使用 ISO 和 TCP/IP 协议，S7/M7/C7 站和 PC 站可以通过 S7 服务进行通信，SIMATIC OP（操作面板）、

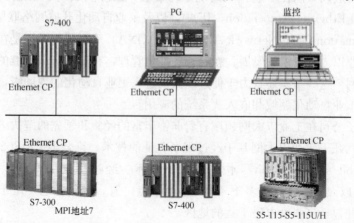

图 8-11 工业以太网的拓扑结构

OS（操作员站）和 PC 站可以通过 PG/OP 服务进行通信。

问 47 工业以太网的通信特性是什么？

答： 工业以太网的通信特性见表 8-2。

表 8-2　　　　　　　　　　　工业以太网的通信特性

项　目	特　性	
标准	IEEE 802.3	
通信站的数量	多于 1000	
网络访问方式	CSMA/CD	
传输速率	100Mbit/s	
传输介质	电气网络	两芯屏蔽同轴电缆 ITP
	光线网络	光纤
最大长度	电气网络	1.5km
	光线网络	4.5km
网络拓扑	总线型、树形、环形和星形	
通信服务	PG/OP S7 通信 S5 兼容通信：ISO Transport、ISO-on-TCP 和 UDP 标准通信 MMS 服务、MAP3.0	

问 48 工业以太网的交换技术有什么优点？

答： 在共享局域网（LAN）中，所有站点共享网络性能和数据传输带宽，所有的数据包都经过所有的网段，在同一时间只能传送一个报文。

在交换式局域网中，每个网段都能达到网络的整体性能和数据传输速率，在多个网段中可以同时传输多个报文。本地数据通信在本网段进行，只有指定的数据包可以超出本地网段的范围。

交换模块是从网桥发展而来的设备，利用终端的以太网 MAC 地址，交换模块可以对数据进行过滤，局部子网的数据依然是局部的，交换模块只传送发送送到其他子网络终端的数据，与一般的以太网相比扩大了可以连接的终端数，可以限制子网内的错误在整个网络上的传输。

交换技术虽然比较复杂，但交换技术与中继技术相比有以下优点。

（1）可以选择用来构建部分网络或网段，通过数据交换结构提高了数据吞吐量和网络性能，网络配置规则简单。

（2）不必考虑传输延时，可以方便地实现 50 个 OSM 或 ESM 的网络拓扑结构，通过连接单个的区域或部分网络，可以实现网络规模的无限扩展。

问 49 全双工模式有什么特点？

答：在全双工模式下，一个站能同时发送和接收数据，不会发生冲突。全双工模式需要采用发送通道和接收通道分离的传输介质，以及能够存储数据包的部件。

由于在全双工连接中不会发生冲突，支持全双工的部件可以同时以额定传输速率发送和接收数据，因此以太网和高速以太网的传输速率分别提高到 20Mbit/s 和 200Mbit/s。由于不需要检测冲突，因此全双工网络的距离仅受到它使用的发送部件和接收部件性能的限制，使用光纤网络时更是如此。

问 50 自适应的概念是什么？

答：自适应功能是能自动检测出信号传输速率（10Mbit/s 或 100Mbit/s）。

工业以太网如果连接成冗余环网，则其中一个交换机（ESM 或 OSM）必须设置成 RM（冗余管理）模式。

问 51 什么是冗余网络？

答：冗余网络结构是一种特殊的总线拓扑，它将总线网络的首尾通过光纤连接起来，构成一个闭合的环网，可以将其中一个 OLM 的端口设置成冗余模式，则连接该端口的一段网线即为冗余连接。与一型网络相比，环网提高了网络的实时性，当其中一个 OLM 发生故障或网线不通时，系统仍然可以保持数据交换，只是该 OLM 连接的设备受到故障影响而无法收发数据。

将 OSM 用光纤连接成闭合的环网，将其中一个 OSM 设置为 RM 模式，则整个环网连接成一个冗余的光纤环网，在该环网上，最多可以有 50 个 OSM，每个 OMS 上的每个端口的通信速率都是 100Mbit/s，每两个 OSM 之间最远可达 3 000m。当网络发生故障时，整个网络的重构时间小于 300ms。通过设置后备（Standby）模式，可以将多个冗余环网互相冗余地连接在一起。

问 52 工业以太网的传输介质有哪几种？

答：根据网络所使用的传输介质不同，工业以太网分为三同轴电缆网络、双绞线网络和光纤网络三种。

问 53　三同轴电缆网络的特点是什么？

答：三同轴电缆网络是以三同轴电缆作为传输介质，通过 ELM 连接的工业以太网。

三同轴电缆网络由若干条总线段组成，每段的最大长度为 500m。一条总线段最多可连接 100 个收发器械，若总线段长度不够时，可通过中继器进行增加。三同轴电缆网络为总线型网络，网络传输速率为 10Mbit/s，因为采用了无源设计和一致性接地的设计，极其坚固耐用。

三同轴电缆网络可以混合使用电气网络和光纤网络，使二者的优势互补，网络的分段反映了网络的性能。

问 54　双绞线网络的特点是什么？

答：双绞线是以双绞线作为基本传输介质，通过 ELM、ESM 与工业双绞线等部件组成的工业以太网网络。

双绞线网络可以采用总线型、星形、环形拓扑结构，网络传输速率为 10Mbit/s 或 100Mbit/s，使用 ELM、ESM 进行连接。

双绞线网络的传输距离与使用的传输介质（如 ITP 标准电缆、FC 电缆或 FC TP 快速连接电缆等）有关，若使用 Sub-D 连接器与 ITP 电缆时，网络最大的传输距离为 100m；若使用 TP 双绞线时，网络最大的传输距离为 50m；若使用 FC TP 电缆时，网络最大的传输距离为 100m。

问 55　光纤网络的特点是什么？

答：光纤网络是以光纤为传输介质，通过 Mini-OTDE 光收发器、OLM、OSM 或 SCALANCE 光纤交换机、ASGE 集线器与光缆等部件组成的工业以太网。

光纤网络可以采用总线型、星形、环形拓扑结构，光纤网络的传输距离与网络控制模块有关，若使用 OLM 时，最大传输距离为 4 500m；若使用 OSM 时，最大传输距离为 150 000m。

问 56　快速以太网的特点是什么？与普通以太网的区别是什么？

答：在某些场合，工业以太网也分为普通以太网（一般直接称为以太网）和快速以太网两种。

快速以太网符合 IEEE 802.3u（100Base-T）标准协议，传输速度为

100Mit/s，使用 OSM 或 ESM。普通以太网和快速以太网采用相同的数据格式、CSMA/CD 访问方法，并使用相同的电缆，在网络中均采用中继器。

普通以太网和快速以太网的区别在于以下几方面。

（1）它们各自的网络范围不同。

（2）同轴或三线电缆及 727-1 连接电缆不能应用到快速以太网中。

（3）快速以太网具有自动识别传输速率的自动侦听功能，并支持全双工的工作模式。

问 57 **S7-300PLC 利用 S7 通信协议进行工业以太网通信的步骤是什么？**

答：S7-300 PLC 利用 S7 通信协议进行工业以太网通信的步骤如下。

（1）新建项目。在 STEP 7 中创建一个项目，取名为"IE-S7"，右击后在弹出的快捷菜单中选择"Insert New Object"→"Station"命令，插入一个 300 站。用同样的方法在项目"IE-S7"下插入另一个 300 站，如图 8-12 所示。

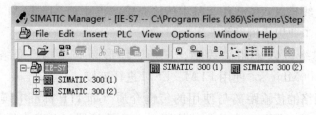

图 8-12　新建项目

（2）硬件组态。

1）单击"SIMATIC 300（1）"，双击"Hardware"进入"HW Config"界面，在机架中插入所需的 CPU 和 CP 模块，如图 8-13 所示。

2）与 ISO 传输协议一样，当插入 CP 模块后，会自动弹出"CP343-1IT"的属性对话框。新建以太网"Ethernet"，因为要使用 ISO 传输协议，故选择"Set MACaddress/use ISO protocol"，本例中设置该 CP 模块的 MAC 地址为 08.00.06.71.6D.D0，IP 地址为 192.168.1.10，子网掩码为 255.255.255.0。

3）用同样的方法，建立中一个 S7-300 站，CP 模块为 CP 343-1，设置 CP 模块的 MAC 地址，连接到同一个网络"Ethernet（1）"上。

（3）网络参数设置。

1）打开"NetPro"设置网络参数，选中一 CPU，右击后在弹出的快捷菜单中选择"Insert New Connection"命令，建立新的连接，在连接类型中，选择"S7 connection"选项，如图 8-14 所示。

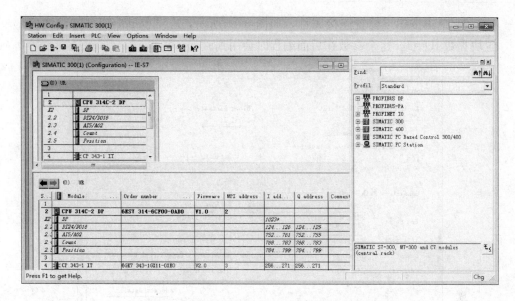

图 8-13　"SIMATIC 300（1）"的硬件组态

图 8-14　选择"S7 connection"连接

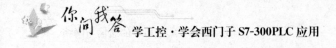

2）单击按钮，设置连接属性，如图 8-15 所示，在"General"选项组中设置块参数 ID＝1。这个参数在后面编程时会用到。

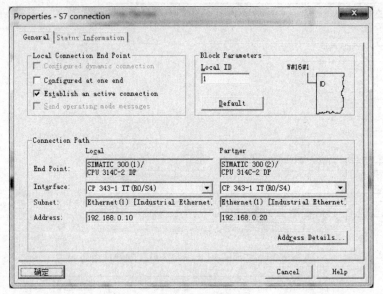

图 8-15　S7 连接属性

3）通信双方的其中一个站（本例中为 CPU 314C-2 DP）为 Client 端，选中"Establish an active connection"复选框；另一个站（本例中为 CPU 314C-2 PtP）为 Server 端，在相应属性中不激活。

4）如果选中了"TCP/IP"复选框，站与站之间的连接将使用 IP 地址进行访问，否则将使用 MAC 地址进行访问。

5）"One-way"表示单边通信，如果选中该复选框，则双边通信的功能块 FB12 "BSEND"和 FB13 "BRCV"将不再使用，需要调用 FB14 "PUT"和 FB15 "GET"。

6）设置好后保存编译并下载到各 PLC 中。

（4）编写程序。

1）双边通信。由于选择了双边通信的方式，故在编程时需要调用 FB12 "BSEND"和 FB13 "BRCV"，即通信双方均需要编程，一端发送，则另外一端必须接收才能完成通信。

FB12 "BSEND"和 FB13 "BRCV"可以在指令库"Libraries"→"SI-MATIC_NET_CP"→"CP 300"中可以控制，如图 8-16 所示。

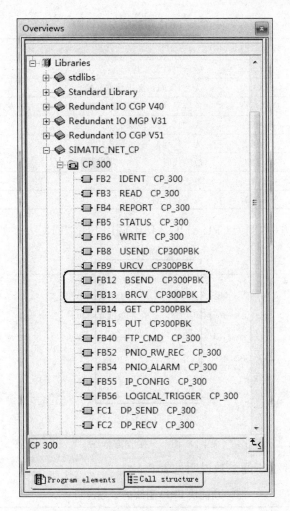

图 8-16 指令库

首先,发送方(本例中为CPU 314C-2 DP)调用 FB12 "BSEND",如图 8-17 所示。

"ID" 在网络参数设置时确定,而 "R_ID" 在编程时由用户自定义,相同的 "R_ID" 的发送/接收功能块才能正确地传输数据。例如,发送方的 "R_ID" =1,则接收方的 "R_ID" 也应设为 1。功能块 FB12 引脚的参数说明见表 8-3。

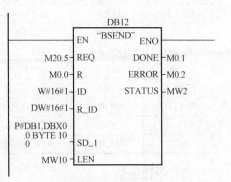

图 8-17 发送方程序

表 8-3 功能块 FB12 引脚的参数说明

引脚名	数据类型	参数说明
REQ	BOOL	上升沿触发工作
R	BOOL	为"1"时，终止数据交换
R _ ID	DWORD	连接号，相同的连接号的功能块互相对应发送/接收数据
DONE	BOOL	为"1"时，发送完成
ERROR	BOOL	为"1"时，有故障发生
STATUS	WORD	故障代码
SD _ 1	ANY	发送数据区
LEN	WORD	发送数据的长度

另外，接收方(本例为 CPU 314C-2 PtP)调用 FB13"BRCV"，如图 8-18 所示。

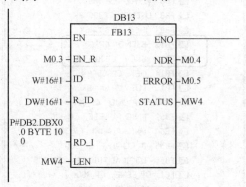

图 8-18　接收方程序

功能块 FB13 引脚的参数说明见表 8-4。

表 8-4 功能块 FB13 引脚的参数说明

引脚名	数据类型	参数说明
EN _ R	BOOL	为"1"时，准备接收
ID	WORD	连接 ID
R _ ID	DWORD	连接号，相同的连接号的功能块互相对应发送/接收数据
NDR	BOOL	为"1"时，接收完成
ERROR	BOOL	为"1"时，有故障发生
STATUS	WORD	故障代码
RD _ 1	ANY	接收数据区
LEN	WORD	接收到的数据长度

2）单边通信。

此时，在 S7 连接属性中需要设定"One-way"方式，如图 8-19 所示。

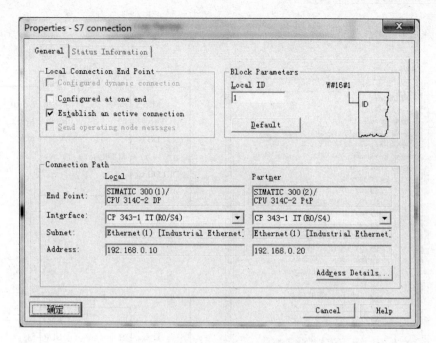

图 8-19 单边通信的 S7 属性设置

当使用"One-way"方式，只需要本地侧的 PLC 调用 FB14"PUT"和 FB15"GET"，即可向通信对方发送数据或读取对方的数据。

FB14"PUT"和 FB15"GET"同样可以在指令库"Libraries"→"SIMATIC_NET_CP"→"CP 300"中找到，如图 8-20 所示。

首先调用 FB15 进行数据发送，如图 8-21 所示；接着调用 FB14 读取对方 PLC 中的数据，如图 8-22 所示。

功能块 FB14"PUT"和 FB15"GET"引脚的参数说明分别见表 8-5 与表 8-6。

表 8-5 功能块 FB14 引脚的参数说明

引 脚 名	数 据 类 型	参 数 说 明
REQ	BOOL	上升沿触发工作
ID	WORD	地址参数 ID
NDR	BOOL	为"1"时，接收到新数据
ERROR	BOOL	为"1"时，有故障发生
STATUS	WORD	故障代码
ADDR_1	ANY	从通信对方的数据地址中读取数据
RD_1	ANY	本站接收数据区

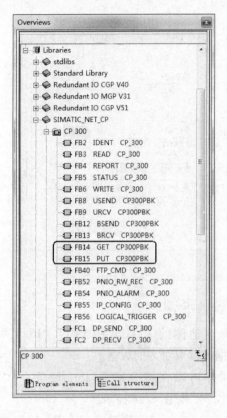

图 8-20 指令库

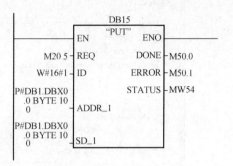

图 8-21 发送数据

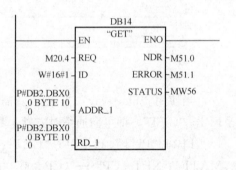

图 8-22 读取数据

表 8-6 功能块 FB15 引脚的参数说明

引 脚 名	数据类型	参数说明
REQ	BOOL	上升沿触发工作
ID	WORD	地址参数 ID
DONE	BOOL	为"1"时，发送完成
ERROR	BOOL	为"1"时，有故障发生
STATUS	WORD	故障代码
ADDR_1	ANY	通信对方的数据接收区
SD_1	ANY	本站发送数据区

问 58　什么是 MPI？

答：MPI（Multi Point Interface，多点接口）的设计面向 PG/OP 连接，即连接 PG（调试和测试）和 OP（操作员面板）。此外，MPI 接口还可用于将多台 CPU 联网，进行 S7 基本通信或 S7 通信。

问 59　MPI 的特点是什么？

MPI 物理接口符号 PROFIBUS 符合 RS-485（EN 50170）接口标准。MPI 网络的通信速率为 19.2kbit/s～12Mbit/s。S7-200 只能选择 19.2kbit/s 的通信速率，S7-300 通常默认设置为 187.5kbit/s，只有能够设置为 PROFIBUS 接口的 MPI 网络才支持 12kbit/s 的通信速率。

在 SIMATIC S7/M7/C7 系列 PLC 上都集成有 MPI 接口，MPI 的基本功能是作为 S7 的编程接口，还可以进行 S7-300/400 之间、S7-300/400 与 S7-200 之间的小数据量的通信，是一种应用广泛、经济、不用作连接组态的通信方式。

问 60　MPI 的地址有哪些？

答：仅用 MPI 构成的网络，称为 MPI 网。接入到 MPI 网的设备称为一个节点，不分段的 MPI 网（无 RS-485 中继器的 MPI 网）最多可以有 32 个网络节点。MPI 网上的每个节点都有一个网络地址，称为 MPI 地址。节点地址号不能大于给出的最高 MPI 地址。S7 设备在出厂时对一些装置给出了默认的 MPI 地址（见表 8-7）。

表 8-7　　　　　　　　　　　　　MPI 网络设备的缺省地址

节点（MPI 设备）	缺省 MPI 地址	最高 MPI 地址
PG/PC	0	
OP/TP	1	15
CPU	2	

问 61　什么是全局数据通信？

答：全局数据（GD）通信方式是以 MPI 网为基础而设计的。在 S7 中，利用全局数据可以建立分布式 PLC 间的通信联系，不需要在用户程序中编写任何语句。S7 程序中的 FB、FC、OB 都能用绝对地址或符号地址来访问全局数据，最多可以在一个项目中的 15 个 CPU 之间建立全局数据通信。

问 62 如何应用全局数据通信原理？

答：在 MPI 分支网上实现全局数据共享的两个或多个 CPU 中，至少有一个是数据的发送方，有一个或多个是数据的接收方。发送或接收的数据称为全局数据，或称为全局数。具有相同 Sender/Receiver（发送者/接收者）的全局数据，可以集合成一个全局数据包（GD Packet）一起发送。每个数据包用数据包号码（GD Packet Number）来标示，其中的变量用变量号码（Variable Number）来标示。参与全局数据包交换的 CPU 构成了全局数据环（GD Circle），每个全局数据环用数据环号码（GD Circle Number）来标示。例如，GD 2.1.3 表示 2 号全局数据环、1 号全局数据包中的 3 号数据。

在 PLC 操作系统的作用下，发送 CPU 在它的一个扫描循环结束时发送全局数据，接收 CPU 在它的一个扫描循环开始时接收全局数据。这样，发送全局数据包中的数据，对于接收方来说是"透明的"。也就是说，发送全局数据包中的信号状态会自动影响接收数据包；接收方对接收数据包的访问，相当于对发送数据包的访问。

问 63 全局数据通信的数据结构是什么？

答：全局数据可以由位、字节、字、双字或相关数组组成，它们被称为全局数据的元素，一个全局数据包由一个或几个全局数据元素组成，最多不能超过 24B。在全局数据包中，相关数组、双字、字、字节、位等元素的字节数见表 8-8。

表 8-8　　　　　　　　　全局数据元素的字节数

数据类型	类型所占存储字节数/B	在 GD 中类型设置的最大数量
相关数组	字节数＋两个头部说明字节	一个相关的 22 个字节数组
单独的双字	6	四个单独的双字
单独的字	4	六个单独的双字
单独的字节	3	八个单独的双字
单独的位	3	八个单独的双字

问 64 全局数据环有几种？

答：全局数据环中的每个 CPU 都可以发送数据到另一个 CPU 或从另一个 CPU 接收数据。全局数据环有以下两种。

（1）环内包含两个以上的 CPU，其中一个发送数据包，其他的接收数据。

（2）环内只有两个 CPU，每个 CPU 既可发送数据又可接收数据。

S7-300 PLC 的每个 CPU 最多可以参与四个不同的数据环，在一个 MPI 网上最多可以有 15 个 CPU 通过全局数据通信来交换数据。

其实，MPI 网络进行全局数据通信的内在方式有两种：一种是一对一方式，当全局数据环中仅有两个 CPU 时，可以采用全双工点对点方式，不能有其他 CPU 参与，只能两者独享；另一种是一对多（最多四个）广播方式，其中一个 CPU 发送数据，其他接收数据。

问 65　全局数据通信应用的过程是什么？

答：应用全局数据通信，就要在 CPU 中定义全局数据块，这一过程也称为全局数据通信组态。在对全局数据进行组态前，需要先执行下列任务。

（1）定义项目和 CPU 程序名。

（2）用全局数据单独配置项目中的每个 CPU，确定其分支网络号、MPI 地址、最大 MPI 地址等参数。

在用 STEP 7 开发软件包进行全局数据通信组态时，由系统菜单"选项"中的"定义全局数据"命令进行全局数据表组态，具体组态步骤如下。

（1）在全局数据空表中输入参与全局数据通信的 CPU 代号。

（2）为每个 CPU 定义并输入全局数据，指定发送全局数据。

（3）第一次存储并编译全局数据表，检查输入信息语法是否为正确数据类型及是否一致。

（4）设定扫描速率，定义全局数据通信状态双字。

（5）第二次存储并编译全局数据表。

问 66　MPI 网络如何组建？

答：（1）网络结构。用 STEP 7 软件包中的组态功能为每个网络节点分配一个 MPI 地址和最高地址，最好标在节点外壳上，然后对 PG、OP、CPU、CP、FM 等包括的所有节点进行地址排序，连接时需在 MPI 网的第一个及最后一个节点接入通信终端匹配电阻，往 MPI 网添加一个新节点时，应该切断 MPI 网的电源。MPI 网络示意图如图 8-23 所示，图中分支虚线表示只在启动或维护时才接到 MPI 网的 PG 或 OP。为了适应网络系统的变化，可以为一台维护用的 PG 预留 MPI 地址 0，为一台维护用的 OP 预留地址 1。

（2）MPI 网络连接器。连接 MPI 网络时常用到两个网络部件：网络连接器

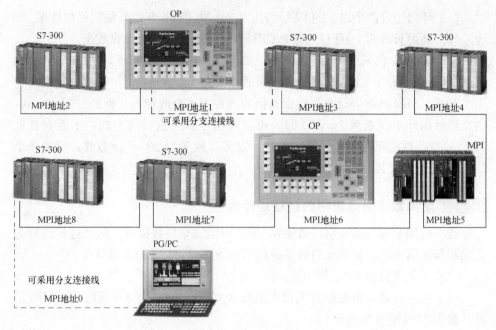

图 8-23 MPI 网络示意图

和网络中继器。网络连接器采用 PROFIBUS RS-485 总线连接器，连接器插头分为两种，一种具有 PG 接口，一种不具有 PG 接口，如图 8-24 所示。为了保证网络通信质量，总线连接器或中继器上都设计了终端匹配电阻。组建通信网络时，在网络拓扑分支的末端节点需要接入浪涌匹配电阻。

图 8-24 网络连接器

（a）具有 PG 接口的标准连接器；（b）无 PG 接口的连接器

（3）网络中继器。对于 MPI 网络，节点间的连接距离是有限制的，从第一个节点到最后一个节点最长距离为 50m，对于一个要求较大区域的信号传输或分散控制的系统，采用两个中继器可以将两个节点的距离增大到 100m，通过 OLM 光纤可扩展到 100km 以上，但两个节点之间不应再有其他节点，如图 8-25 所示。

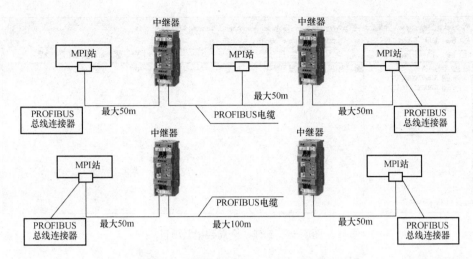

图 8-25　利用中继器延长网络连接距离

问 67　利用 SIEP 7 组态 MPI 通信网络的步骤是什么？

答： 通过 MPI 可实现 S7 系列 PLC 之间的三种通信方式：全局数据包通信、无组态连接通信和组态连接通信。下面以全局数据包通信为例介绍 MPI 网络的组态。

本例通过 MPI 网络配置，实现两个 CPU 315-2 DP 之间的全局数据通信，组态步骤如下。

（1）生成 MPI 硬件工作站。

1）打开 STEP 7，首先执行菜单命令"文件"→"新建"，创建一个 S7 项目，并命名为"全局数据"。选中"全局数据"项目名，然后执行菜单命令"插入"→"站点"→"SIMATIC 300 站点"，在此项目下插入两个 S7-300 系列的 PLC 站，如图 8-26 所示。

2）在"全局数据"项目结构窗口中单击"SIMATIC 300（1）"，然后在对象窗口中双击"硬件"，进入 SIMATIC 300（1）的"HWConfig"界面，在此界面中拖入机架（Rail）、电源（PS 307 2A）和 CPU（CPU 315-2 DP），完成硬件组态，用同样的方法完成 SIMATIC 300（2）的硬件组态，如图 8-27 所示。

（2）设置 MPI 地址。单击 CPU 315-2 DP，配置 MPI 地址和通信速率，两个站点的 MPI 地址分别设置为 2 号和 4 号，通信速率为 187.5kbit/s，如图 8-28 所示，完成后单击"确定"按钮，保存并编译硬件组态。最后将硬件组态数据下载到相应的 CPU。

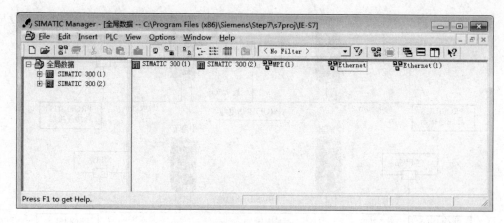

图 8-26　新建"全局数据"项目

S...	Module	Order number	Firmware	MPI address	I add...	Q address	Co...
1	PS 307 5A	6ES7 307-1EA00-0AA0					
2	CPU 315-2 DP	6ES7 315-2AG10-0AB0	V2.6	2			
X2	DP				2047*		
3							
4							

图 8-27　SIMATIC 300 的硬件组态

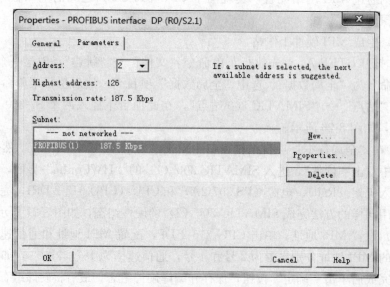

图 8-28　设置 MPI 地址和通信速率

（3）连接网络。用 PROFIBUS 电缆连接 MPI 节点后，接着就可以与所有的 CPU 建立在线连接。可以用 SIMATIC 管理器中的"组态网络"功能来测试。

（4）生成全局数据。

1）单击工具图标，弹出"NetPro"窗口，如图 8-29 所示。

2）在"NetPro"窗口中右击 MPI 网络线，在弹出的窗口中执行菜单命令"定义全局数据"，进入全局数据组态画面。

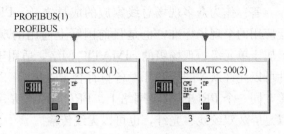

图 8-29 "NetPro"窗口

3）双击 GDID 右侧的灰色区域，从弹出的对话框内选择需要通信的 CPU，CPU 栏共有 15 列，意味着最多可以有 15 个 CPU 参与通信。

4）在每个 CPU 栏底下填写数据的发送区和接收区，如 SIMATIC 300（1）站发送区为 DB1.DBB0～DB1.DBB20，可以填写为 DB1.DBB0：20，然后单击工具按钮，选择 SIMATIC 300（1）站为发送器。

5）SIMATIC 300（2）站的接收区为 DB1.DBB0～DB1.DBB20，可以填写为 DB1.DBB0：20，并自动设为接收器。

6）地址区可以为 DB、M、I、Q 区，对于 S7-300 最大长度为 22B。发送器与接收器的长度要一致，本例中通信区为 21B。

7）单击工具按钮，对所做的组态执行编译存盘，编译以后，每行通信区都会自动产生 GD ID 号，图 8-30 中产生的 GD ID 号为 GD 1.1.1。

8）把组态数据分别下载到各个 CPU 中，这样数据就可以相互交换。

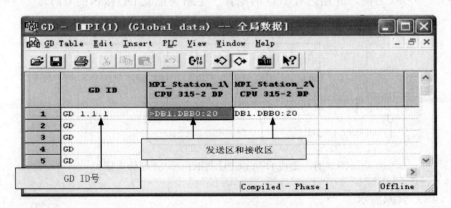

图 8-30 全局数据组态

问 68 **什么是 PROFIBUS 通信？由哪几部分组成？**

答：作为众多现场总线家族的成员之一，PROFIBUS 是在欧洲工业界最广泛应用的个现场标准，也是目前国际上通用的现场总线标准之一。PROFIBUS 是属于单元级、现场级的 SIMATIC 网络，适用于传输中、小量的数据。其开放性可以允许众多的厂商开发各自符合 PROFIBUS 协议的产品，这些产品可以连接在同一个 PROFIBUS 网络上。PROFIBUS 是一种电气网络，物理传输介质可以是屏蔽双绞线、光纤，也可以无线传输。

PROFIBUS 主要由现场总线报文（PROFIBUS-FMS）、分布式外围设备（PROFIBUS-DP）和过程控制自动化（PROFIBUS-PA）三部分组成。

问 69 **利用 I/O 口实现直接 PROFIBUS 通信包括哪几方面的内容？**

答：直接利用 I/O 口实现小于四个字节直接 PROFIBUS 的通信方法包括两方面的内容：一是用装载指针访问实际 I/O 口，如主站与 ET200M 扩展 I/O 口之间的通信；二是用装载指令访问虚拟 I/O 口，如主站与智能从站的 I/O 口之间的通信。

问 70 **CPU 集成 DP 口与 ET 200M 之间远程的通信如何配置？**

答：ET200 系列是远程 I/O 站，为减少信号电缆的敷设，可以在设备附近根据不同的要求放置不同类型的 I/O 站，如 ET 200M、ET 200B、ET 200X、ET 200S 等。ET 200M 适合在远程站点 I/O 点数量较多的情况下使用。下面将以 ET 200M 为例，介绍远程 I/O 的配置。主站为集成 DP 接口的 CPU。

（1）硬件连接。集成 DP 口 CPU 与 ET 200M 硬件连接如图 8-31 所示。

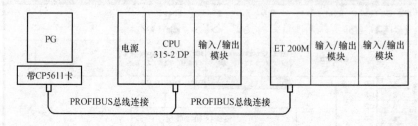

图 8-31　集成 DP 口 CPU 与 ET 200M 硬件连接

（2）资源需求。

1）带集成 DP 口的 S7-300 系列的 CPU 315-2 DP 作为主站。

2）从站为带 I/O 模块的 ET 200M。

3）MPI 网卡 CP5611。

4）PROFIBUS 总线连接器及电缆。

5）STEP 7 V5.2 系统设计软件。

问 71 网络组态及其参数如何设置？

答：（1）按图 8-31 连接 CPU 315C-2 DP 集成的 DP 接口与 ET 200M 的 PROFIBUS-DP 接口。先用 MPI 电缆将 MPI 卡 CP5611 连接到 CPU 315-2 DP 的 MPI 接口，对 CPU 315-2 DP 进行初始化，同时把 ET 200M 的 "BUS ADDRESS" 拨盘开关的 PROFIBUS 地址设定为 4，如图 8-32 所示，即把数字 "4" 左侧对应的开关拨向右侧即可；如果设定 PROFIBUS 地址为 6，则把 "2"、"4" 两个数字左侧对应的开关拨向右侧，依此类推。

（2）在 STEP 7 中新建一个 "ET 200M 作为从站的 DP 通信" 的项目。首先插入一个 S7-300 站，然后双击 "Hardware" 选项，弹出 "HW Config" 窗口。单击 "Catalog" 图标打开硬件目录，按硬件安装次序和订货号依次插入机架、电源、CPU 等进行硬件组态，如图 8-33所示。

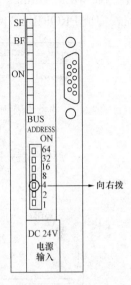

图 8-32 设定 ET 200M 的 PROFIBUS

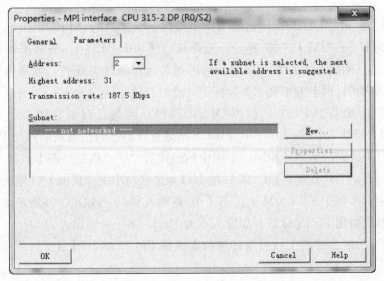

图 8-33 CPU 315-2 DP 的 PROFIBUS 网络参数配置

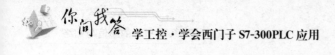

（3）插入 CPU 同时，弹出 PROFIBUS 组态界面，单击"New"按钮，新建 PROFIBUS（1），组态 PROFIBUS 站地址为"2"，单击按钮组态网络属性，选择"Network Settings"标签，进行参数设置，如图 8-34 所示，单击"OK"按钮，完成 PROFIBUS 网络创建，同时界面出现 PROFIBUS 网络。

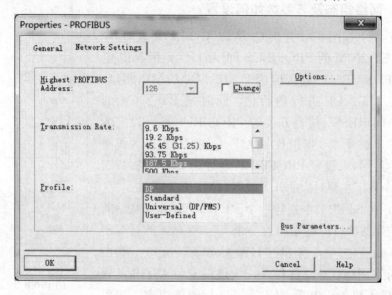

图 8-34 PROFIBUS-DP 的"Network Settings"参数设置（1）

（4）在 PROFIBUS-DP 选项中，通过展开右侧的"PROFIBUS-DP"→"ET 200M"→"IM 153-1"路径，选择接口模块 IM 153-1，将其添加到 PROFIBUS（1）网络上，如图 8-35 所示，添加是通过拖拽完成的，如果位置有效，则会在鼠标指针的上方出现"＋"标记，此时释放"IM 153-1"。

图 8-35 加载 IM 153-1 至 PROFIBUS（1）网络过程示意图，定义了 ET 200M 接口模块 IM 153-2 的 PROFIBUS 站地址，组态的站地址必须与 IM 153-2 上拨码开关设定的站地址相同，本例中站地址为"4"。然后组态 ET 200M 的 I/O 模块，设定 I/O 地址，ET 200M 的 I/O 地址区与中央扩展的 I/O 地址需一致，不能冲突，本例中 ET 200M 上组态了 16 点输入和 16 点输出，开始地址为"1"，访问这些点时用 I 区或 Q 区，如输入点为 I1.0，第一个输出点为 Q1.0，实际使用时 ET 200M 所带的 I/O 模块好像与集成在 CPU 315-2 DP 上的一样，编程非常简单。

（5）在释放鼠标左键的同时，会弹出图 8-36 所示对话框，在该对话框中进

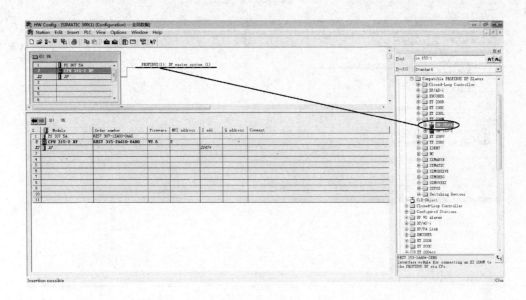

图 8-35 加载 IM 153-1 至 PROFIBUS (1) 网络过程示意图

行 IM 153 的 PROFIBUS 网络参数配置。

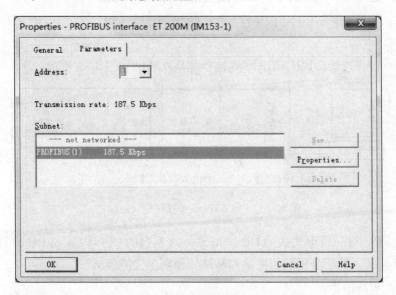

图 8-36 IM 153 的 PROFIBUS 网络参数配置

(6) 硬件组态结果如图 8-37 所示。

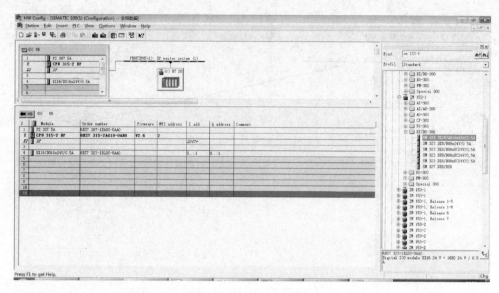

图 8-37　CPU 315-2DP、ET 200M 的 I/O 模块配置

问 72　**通过 CPU 集成 DP 口连接智能从站如何配置?**

答: 下面将建立一个以 CPU 315-2 DP 为主站、CPU 313C-2 DP 为智能从站的通信系统。

(1) 硬件连接。PROFIBUS 连接智能从站硬件如图 8-38 所示。

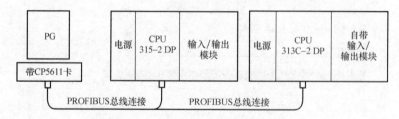

图 8-38　PROFIBUS 连接智能从站硬件

把 CPU 315-2 DP 集成的 DP 口和 S7-300 系列的 CPU 313C-2 DP 的 DP 口按图 8-38 连接,然后分别组态主站和从站,原则上先组态从站。

(2) 资源需求。

1) 带集成 DP 口的 S7-300 系列的 CPU 315-2 DP 作为主站。

2) 从站为带 I/O 模块的 ET 200M。

3) MPI 网卡 CP5611。

4）PROFIBUS 总线连接器及电缆。

5）STEP 7 V5.2 系统设计软件

（3）网络组态及参数设置。

1）组态"从站"硬件。

①在 STEP 7 中新建一个"主站与智能从站的通信"的项目。首先插入一个 S7-300 站，然后双击"Hardware"选项，进入"HW Config"窗口。单击"Catalog"图标打开硬件目录，按硬件安装次序和订货号依次插入机架、电源、CPU 等进行硬件组态。

②插入 CPU 时会同时弹出 PROFIBUS 组态界面，如图 8-39 所示。单击"New"按钮新建 PROFIBUS（1），组态 PROFIBUS 站地址，本例中为"4"。

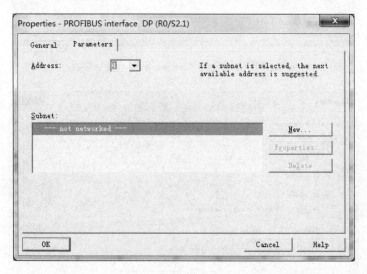

图 8-39　CPU 313C-2 DP 的 PROFIBUS 网络参数配置（1）

③单击按钮组态网络属性，选择"Network Settings"标签，进行网络参数设置，在本例中设置 PROFIBUS 的传输速率为 1.5Mbit/s，行规为"DP"，如图 8-40 所示。

④在网络属性对话框中的"Operating Mode"标签中选中"DP slave"单选按钮，如果选中其下的复选框，则编程器可以对从站编程，即这个接口既可以作为 DP 从站，同时还可以通过这个接口监控程序。诊断地址为 1 022，选择默认值，如图 8-41 所示。

⑤选择"Configuration"标签，单击按钮新建一行通信的接口区，如图 8-42 所示。

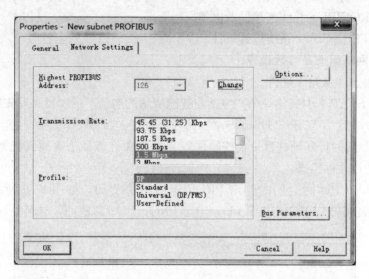

图 8-40　PROFIBUS-DP 的 "Network Setting" 参数设置（2）

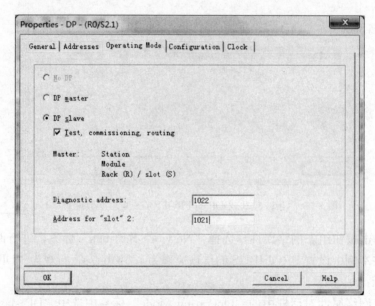

图 8-41　配置 CPU 313C-2 DP 为智能从站

对图 8-42 的 "Configuration" 标签中参数意义说明如下。

• Row：行编号。

• Mode：通信模式，可选 "MS"（主从）和 "DX"（直接数字）。

• Partner DP AddrDP：通信伙伴的 DP 地址。

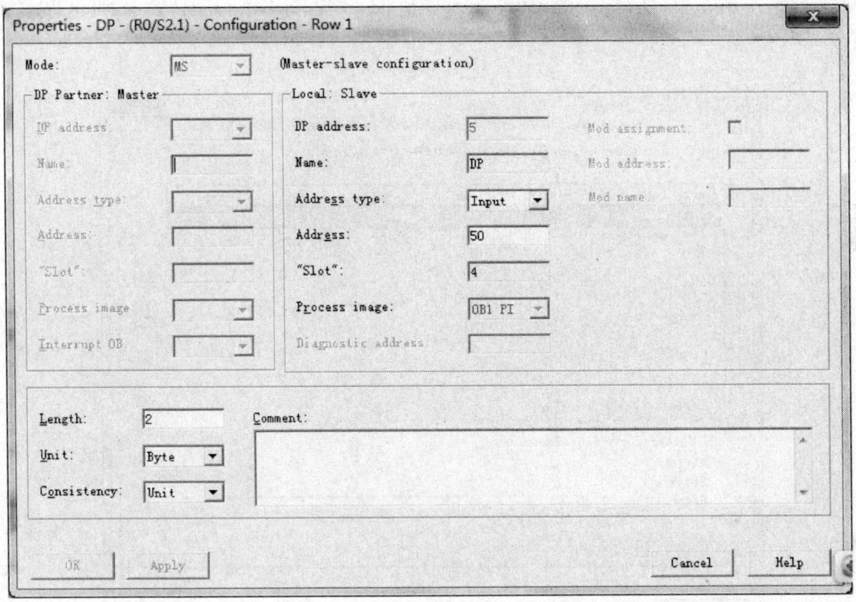

图 8-42　CPU 313C-2 DP 的 PROFIBUS 网络参数配置

- Partner AddrDP：通信伙伴的输入/输出地址。
- Local addr：本站的输入/输出地址。
- Length：连续的输入/输出地址区的长度。
- Consistency：数据的连续性。

在图 8-42 中定义 S7-300 从站的通信接口区，通信接口区参数见表 8-9。

表 8-9　　　　　　　　　　　　　　通信接口区参数

参　数　名	参　数　说　明
Address type	选择 "Input" 对应 I 区，"Output" 对应 Q 区
Length	设置通信区域的大小，最多 32 字节
Unit	选择是按字节还是按字来通信
Consistency	选择 "Unit" 是按在 "Unit" 中定义的数据格式发送，即按字节或字发送；若选择 "All" 表示打包发送，每包最多 32 字节。

⑥设置完成后单击 "OK" 按钮，可再加入若干行通信数据，通信区的大小与 CPU 型号有关，最大为 244 字节。图 8-42 中主站的接口区是虚的，不能操作，等到组态主站时，虚的选项框将被激活，可以对主站通信参数进行设置，在本例中分别设置一个 Input 区和一个 Output 区，其长度均设置为两字节。

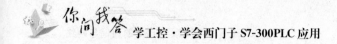

⑦设置完成后，在"Configuration"标签（见图 8-43）中会看到这两个通信接口区。

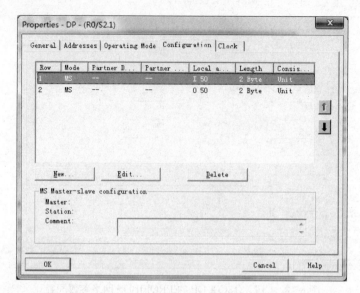

图 8-43　"Configuration"标签

2）组态"主站"硬件。

①组态完从站后，以同样的方式建立 S7-300 主站并组态，本例中设置站地址为 2，并选择与从站相同的 PRIFBUS 网络，如图 8-44 所示。

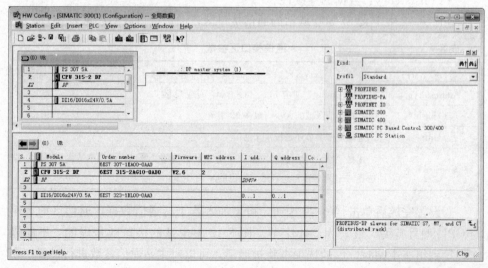

图 8-44　CPU 315-2 DP 主站组态

②打开硬件目录，在"PROFIBUS DP→Configuration Station"文件夹中选择 CPU 31x，将其拖动到 DP 主站系统的 PROFIBUS 总线上，从而将其连接到 DP 网络上，如图 8-45 所示。

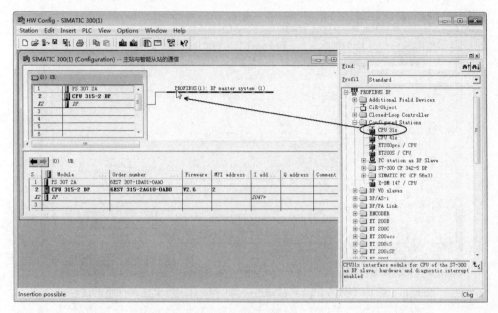

图 8-45　将 CPU 313C-2 DP 从站连接到 CPU 315-2 DP 主站 DP 网络

③此时弹出"DP slave properties"对话框，在其中的"Connection"标签中选择已经组态过的从站，如果有多个从站，逐个连接，组态完的 CPU 313C-2 DP从站可在列表中看到，单击"Connect"按钮将其连接至网络，如图 8-46 所示。

④然后选择"Configuration"标签，设置主站的通信接口区。从站的输出区与主站的输入区相对应，从站的输入区与主站的输出区相对应，如图 8-47 所示。

⑤结果如图 8-48 所示。配置完以后，用 MPI 接口分别下载到各自的 CPU 中初始化接口数据。在本例中，主站的 QB50、QB51 的数据将自动对应从站的数据区 IB50、IB51，从站的 QB50、QB51 对应主站的 IB50、IB51。

问 73　系统功能的 PROFIBUS 通信如何应用？

答：在组态 PROFIBUS-DP 通信时常常会见到参数"Consistency"（数据的一致性），如图 8-47 所示，如果将 Consistency 设置为"Unit"，数据的通信将以在参数"Unit"中定义的格式——字或字节来发送和接收。例如，主站以字节格

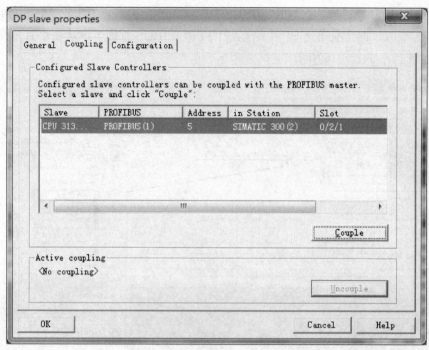

图 8-46　将 CPU 313C-2 DP 从站连接到 CPU 315-2 DP 主站网络的过程

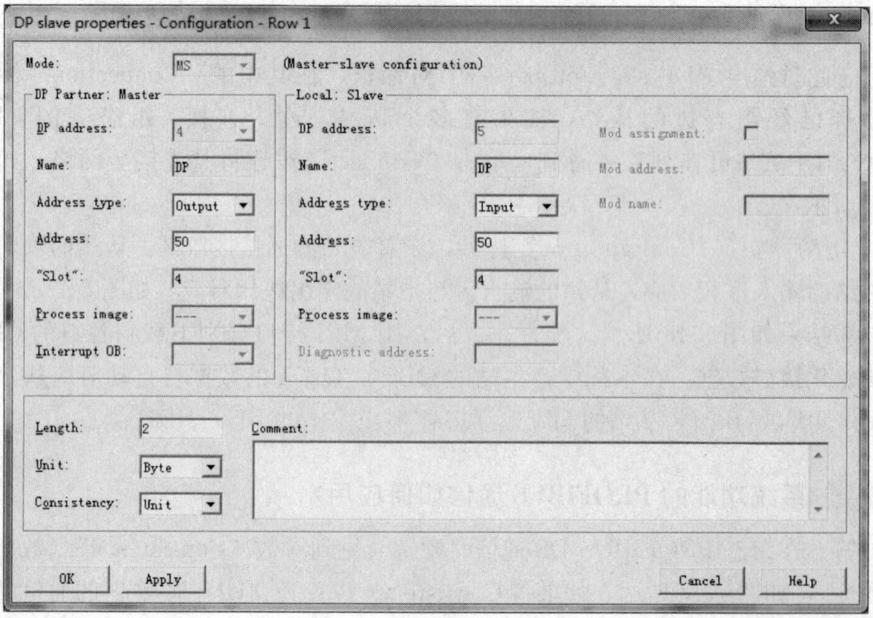

图 8-47　主、从站之间的输入/输出区设置

式发送 20 字节，从站将逐个接收并处理这 20 字节。若数据到达从站接收区不在同一时刻表，从站可能不在一个循环周期处理接收区的数据，如果想要保持数据的一致性，在一个周期处理这些数据就要选择参数"All"，有的版本是参数"Total Length"，当通信数据大于 4 字节时，要调用 SFC15 为数据打包，调用 SFC14 为数据解包，这样数据以数据包的形式一次性完成发送、接收，保证了数据一致性。下面将介绍 SFC14、SFC15 的应用，本例中以 S7-300 的CPU 315-2 DP作为主站，CPU 313C-2 DP 作为从站。

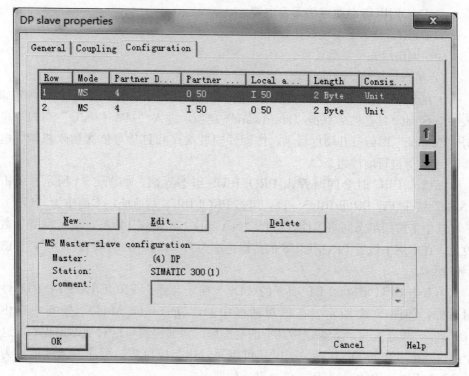

图 8-48 主、从站之间的输入/输出接口区配置结果

（1）硬件连接。PROFIBUS 连接智能从站硬件如图 8-49 所示。把 CPU 315-2 DP 集成的 DP 口和 CPU 313C-2 DP 的 DP 口按图 8-49 连接，然后分别组态主站和从站，原则上先组态从站。

（2）资源需求。

1）带集成 DP 口的 S7-300 系列的 CPU 315-2 DP 作为主站。

2）从站为带 I/O 模块的 ET 200M。

3）MPI 网卡 CP5611。

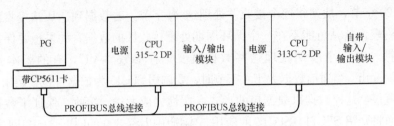

图 8-49　PROFIBUS 连接智能从站硬件

4）PROFIBUS 总线连接器及电缆。

5）STEP 7 V5.2 系统设计软件。

（3）网络组态及参数设置。

1）组态"从站"硬件。

①在 STEP 7 中新建一个"系统功能 SFC14、SFC15 应用"的项目。首先插入一个 S7-300 站，然后双击"Hardware"选项，进入"HW Config"窗口。单击"Catalog"图标打开硬件目录，按硬件安装次序和订货号依次插入机架、电源、CPU 等进行硬件组态。

②插入 CPU 时会同时弹出 PROFIBUS 组态界面，如图 8-39 所示。单击"New"按钮新建 PROFIBUS（1），组态 PROFIBUS 站地址，本例中为"4"。

③单击按钮组态网络属性，选择"Network Settings"标签，进行网络参数设置，在本例中设置 PROFIBUS 的传输速率为 1.5Mbit/s，行规为"DP"，如图 8-40 所示。

④双击 CPU 313C-2 DP 项下的"DP"项，会弹出 PROFIBUS-DP 的属性对话框，如图 8-41 所示，在该对话框中的"Operating Mode"标签中选中"DP slave"单选按钮，如果选中其下的复选框，则编程器可以对从站编程，即这个接口既可以作为 DP 从站，同时还可以通过这个接口监控程序。诊断地址为 1 022，为 PROFIBUS 诊断时，选择默认值即可。

⑤选择"Configuration"标签，单击按钮组态通信的接口区，如输入区 IB50～IB69 共 20 字节，"Consistency"属性设置为"All"，如图 8-50 所示。

⑥在本例中组态从站通信接口区为输入 IB50～IB69，输出 QB50～QB69。单击"OK"按钮确认后，可再加入若干行通信数据。全部通信区的大小与 CPU 型号有关。组态完成后下载到 CPU 中。

2）组态"主站"硬件。

①以同样的方式组态 S7-300 主站，配置 PROFIBUS-DP 的站地址为"2"，与从站选择同一条 PROFIBUS 网络，如图 8-51 所示，然后打开硬件目录，在

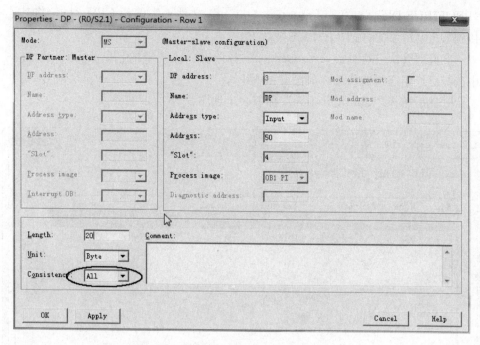

图 8-50 配置 CPU 313C-2 DP 为智能从站

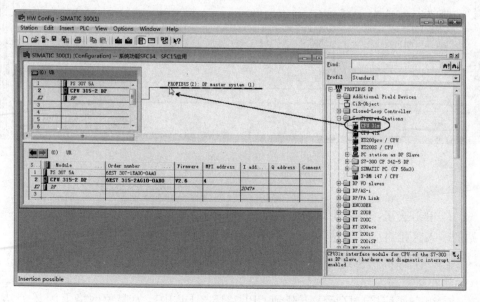

图 8-51 组态 CPU 313C-2 DP 主站

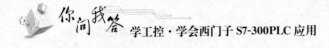

"PROFIBUS DP" → "Configuration Station" 文件夹中选择 CPU 31x,将其连接到 DP 主站系统的 PROFIBUS 总线上。

②此时弹出 "DP slave properties" 对话框,在其中的 "Connection" 标签中选择已经组态过的从站,如图 8-46 所示。

③然后选择 "Configuration" 标签,出现图 8-52 所示的界面。

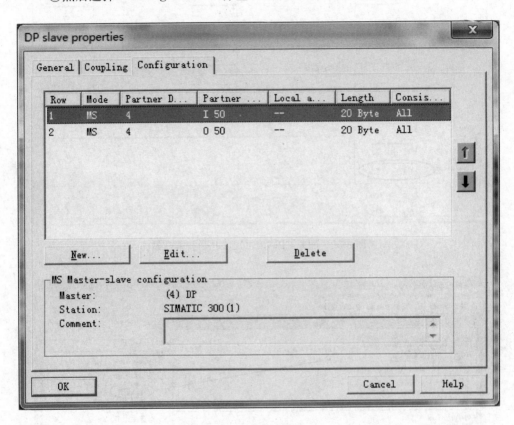

图 8-52　设置主站通信接口

④单击按钮,设置主站的通信接口区,如图 8-53 所示,从站的输出区与主站的输入区相对应,从站的输入区与主站的输出区相对应,本列中主站 QB50~QB69 对应从站 IB50~IB69,从站 IB50~IB69 对应主站 QB50~QB69,如图 8-53所示。

⑤组态通信接口区后,下载到 CPU 315-2 DP 中,为避免网络上因某个站点掉电使整个网络不能正常工作,要在 S7-300 中编写 OB82、OB86、OB122

组织块。

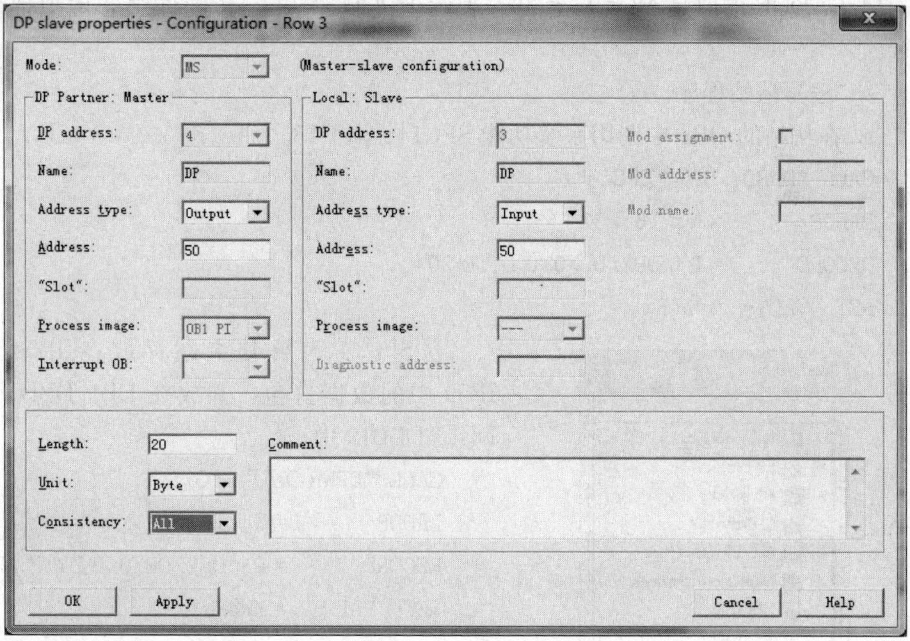

图 8-53　配置输入/输出接口区

（4）通信编程。

1）编写主站程序。

a. 在系统块中找到 SFC14、SFC15，如图 8-54 所示，并在 OB1 中调用。

CALL "DPRD _ DAT"

LADDR 　　：＝W♯16♯32

RECORD 　　：＝P♯DB1. DBX0. 0 BYTE 20

RET _ VAL ：＝MW2

b. SFC14 解开主站存放在 IB50～IB69 的数据包并放在 DB1. DBB0～DB1. DBB19 中。

CALL "DPWR-DAT" SFC15

LADDR 　　：＝W♯16♯32

RECORD 　　：＝P♯DB2. DBX0. 0 BYTE 20

RET _ VAL ：＝MW4

c. SFC15 为存放在 DB2. DBB0～DB2. DBB19 中的数据打包，通过 QB50～

QB69 发送出去。

d. LADDR 的值是 W♯16♯32，表示十进制"50"，和硬件组态虚拟地址一致。

2）编写从站程序。

a. 在从站的 OB1 中调用系统功能 SFC14、SFC15。

CALL "DPRD _ DAT" SFC14

LADDR   : = W♯16♯32

RECORD   : = P♯DB2. DBX0. 0 BYTE 20

RET _ VAL : = MW4

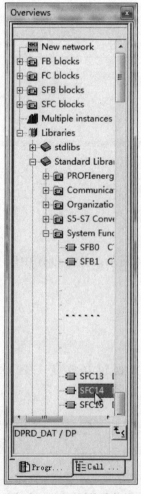

图 8-54　调用系统功能块

b. SFC14 为解开主站存放在 IB50～IB59 中的数据打包，并放在 DB1. DBB0～DB1. DBB19 中。

CALL "DPWR-DAT" SFC15

LADDR   : = W♯16♯32

RECORD   : = P♯DB2. DBX0. 0 BYTE 20

RET _ VAL : = MW4

c. SFC15 给存放在 DB2. DBB0～DB2. DBB19 中的数据打包，通过 QB50～QB69 发送出去。

d. 程序参数说明及主从站的数据区对应关系见表 8-10、表 8-11。

表 8-10　　　　程序参数说明

参数名	参 数 说 明
LADDR	接口区起始地址
RET _ VAL	状态字
RECORD	通信数据区，一般为 ANY 指针格式
Consistency	设置为"Unit"是按在"Unit"中定义的数据格式发送，即按字节或字发送；若设置为"All"表示打包方式发送，每包最多 32 字节。

表 8-11　　　　　　　　　　　主从站的数据区对应关系

主站数据	传输方向	从站数据
输入：DB1. DBB0～DB1. DBB19	←	输出：DB2. DBB0～DB2. DBB19
输出：DB2. DBB0～DB2. DBB19	→	输入：DB1. DBB0～DB1. DBB19

问 74　**CP342-5 如何实现 PROFIBUS 通信？**

答：CP342-5 是 S7-300 系列 PROFIBUS 通信模块，对于没有集成 PROFI-BUS 通信端口的 CPU（如 CPU 313C 等），可以通过 CP 342-5 的过渡实现 PRO-FIBUS 通信。

CP 342-5 可以作为主站或从站，但不能"同时"作为主站和从站，而且只能在 S7-300 的中央机架上使用。

S7-300 系统的 I 区和 Q 区有限，通信时会有所限制。CP 342-5 与 CPU 上集成的 DP 接口不一样，它对应的通信接口区不是 I 区的 Q 区，而是虚拟的通信区，需要调用 CP 通信功能 FC1、FC2。

问 75　**CP 342-5 作为主站，通过 FC1、FC2 实现 PROFIBUS 通信的步骤是什么？**

答：（1）资源需求。

1）带集成 DP 口的 S7-300 系列的 CPU 315-2 DP 作为主站。

2）从站为带 I/O 模块的 ET 200M。

3）MPI 网卡 CP5611。

4）PROFIBUS 总线连接器及电缆。

5）STEP 7 V5.2 系统设计软件。

（2）硬件连接。CP 342-5 作为主站的硬件连接如图 8-55 所示。

（3）网络组态及参数设置。

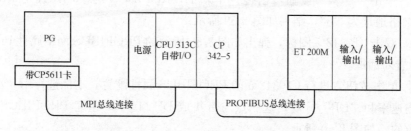

图 8-55　CP 342-5 作为主站的硬件连接

1）组态主站。

a. 在 STEP 7 中新建一个项目，命名为"CP342_5 作为主站"，右击后，在弹出的快捷菜单中选择"Insert New Object"→"SIMATIC 300 Station"命令，插入 S7-300 站，如图 8-56 所示，本例采用 CPU 313C。

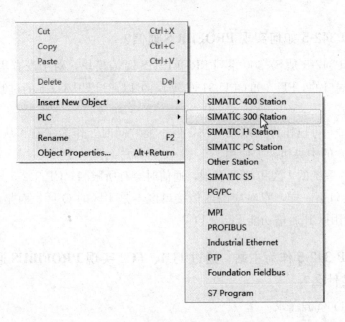

图 8-56　插入 S7-300 主站

b. 双击"Hardware"选项，进入"HW Config"窗口。单击"Catalog"图标打开硬件目录，按硬件安装次序和订货号依次插入机架、电源、CPU 及 CP 342-5等进行硬件组态，如图 8-57 所示。

c. 在插入 CP 342-5 的同时，弹出如图 8-58 所示的对话框，在该对话框中进行基于 CP 342-5 的 PROFIBUS 硬件组态。

d. 单击"New"按钮，创建一个新的 PROFIBUS 网络，并设定 PROFI-BUS 网络地址为"8"，结果如图 8-59 所示。

e. 双击 CP 342-5 图标，弹出如图 8-60 所示的 PROFIBUS 网络属性 Properties 设置对话框。

f. 单击按钮，进行 CP 342-5 的 PROFIBUS 属性配置，本例选择 1.5Mbit/s 的传输速率和"DP"行规，这一点与带集成 DP 口 CPU 组建 PROFIBUS 网络是一致的，如图 8-40 所示。

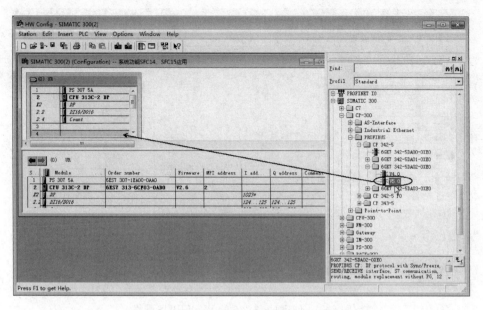

图 8-57 将 CP 342-5 添加到主站 CPU 中

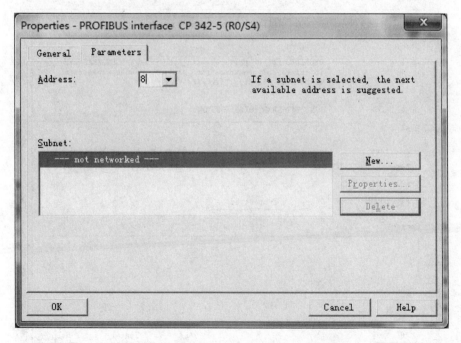

图 8-58 基于 CP342-5 的 PROFIBUS 硬件组态

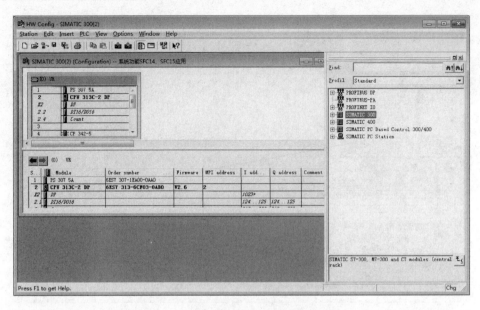

图 8-59　创建 CP 342-5 的 PROFIBUS 网络

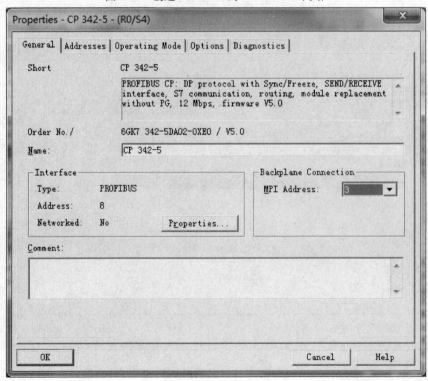

图 8-60　CP 342-5 的 PROFIBUS 网络属性 Properties 设置

g. 选择 "Operating Mode" 标签，选中 "DP master" 单选按钮，如图 8-61 所示。

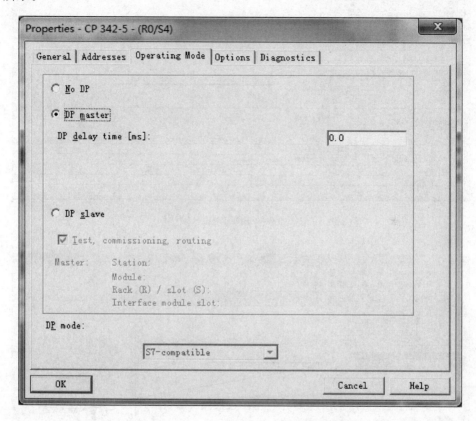

图 8-61 设定 CP 342-5 为 PROFIBUS 主站

h. 单击 "OK" 按钮确认，主站组态完成，如图 8-62 所示。

2）组态从站。

a. 在 "HW Config" 窗口中单击 "Catalog" 图标打开硬件目录，依次选择 "PROFIBUS-DP" → "DP V0 Slaves" → "ET 200M"，如图 8-63 所示。

b. 将 ET 200M 添加到 PROFIBUS 网络上，同时弹出图 8-64 所示的参数设置窗口，将 PROFIBUS 地址设定为 "10"，并进行网络属性 "Properties" 设置。

c. 单击 ET 200M 图标，并为其配置两字节输入和两字节输出，路径为 "PROFIBUS-DP" → "DP V0 Slaves" → "ET 200M" → "ET 200M（IM153-1)"。型号规格由实验条件决定，本例中采用 6ES7 321-7BH00-0AB0 模块作为输入，6ES7 322-1HH00-0AA0 模块作为输出，如图 8-65 所示，输入/输出的地址

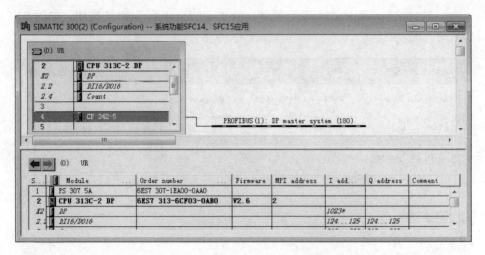

图 8-62   CP 342-5 的 PROFIBUS 网络组态结果

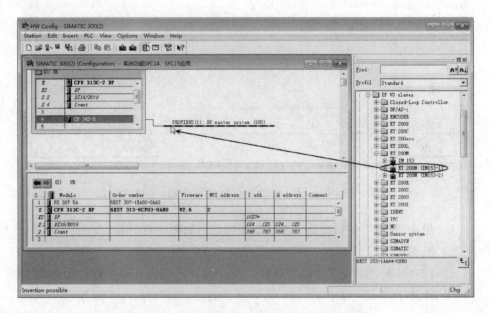

图 8-63   将 ET 200M 添加到 CP 342-5 主站系统中

均从 0 开始，组态完成后，编译存盘下载到 CPU 中。

　　ET 200M 只是 S7-300 虚拟地址映射区，而不占用 S7-300 实际 I/Q 区。虚拟地址的输入区、输出区在主站上要分别调用 FC1（DP_SEND）、FC2（DP_RECV）进行访问，如果修改 CP 342-5 的从站开始地址，如输入输出地址从 2 开

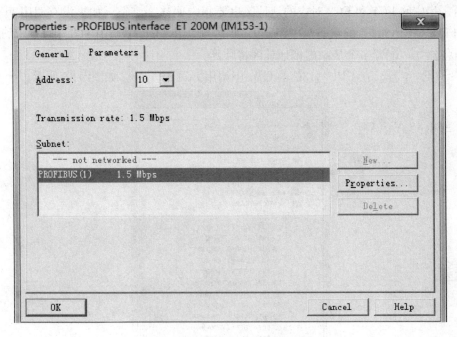

图 8-64　进行 ET 200M 参数设置

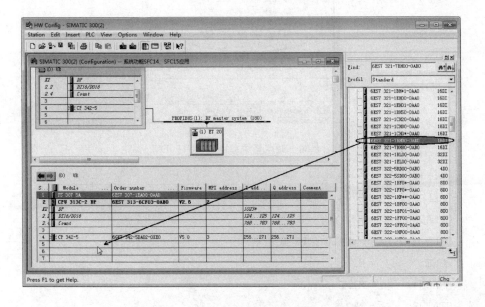

图 8-65　为 ET 200M 配置输入/输出模块

始，相应的 FC1 和 FC2 对应的地址区也要相应偏移 2 字节。如果没有调用 FC1 和 FC2，CP 342-5 的状态灯"BUSF"将闪烁，在 OB1 中调用 FC1 和 FC2 后通信将建立，配置多个从站虚拟地址区将顺延。

（4）编程。在 CPU 313C 的 OB1 中调用 FC1 和 FC2，如图 8-66 所示。

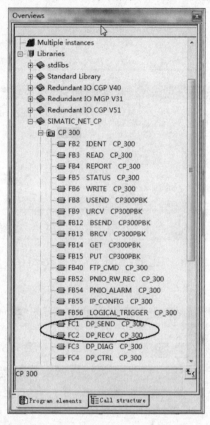

图 8-66　调用系统程序块 FC1、FC2

具体程序如下。

```
CALL "DP_SEND"        FC1
CPLADDR  ：=W#16#100
SEND     ：=P#M20.0 BYTE 2
DONE     ：=M1.1
ERROR    ：=M1.2
STATUS   ：=MW2
CALL "DP_RECV"        FC2
```

CPLADDR   ：＝ W ♯ 16 ♯ 100

RECV   ：＝ P ♯ M22.0 BYTE 2

NDR   ：＝ M1.3

ERROR   ：＝ M1.4

STATUS   ：＝ MW4

DPSTATUS ：＝ MB6

程序参数说明见表 8-12。

表 8-12   **程序参数说明**

参 数 名	参数说明
CPLADDER	CP 342-5 的地址
SEND	发送区，对应从站的输出区
RECV	接收区，对应从站的输入区
DONE	发送完成一次产生一个脉冲
NDR	接收完一次产生一个脉冲
ERROR	错误位
STATUS	调用 FC1、FC2 时产生的状态字
DPSTATUS	PROFIBUS-DP 的状态字

MB22、MB23 对应从站输入的第一个字节和第二个字节，即 MB22 对应 IB0，MB23 对应 IB1；MB20、MB21 对应"从站"输出的第一个字节和第二个字节，即 MB20 对应 QB0，MB21 对应 QB1。

在本例中，ET 200M 连接了两个模块：输入模块 6ES7 321-7BH00-0AB0，输出模块 6ES7 322-1HH00-0AA0，实际硬件地址配置如图 8-70 所示，如果要实现从站 I0.0 对 Q0.0 的控制，可编写图 8-67 所示的程序。

图 8-67   程序

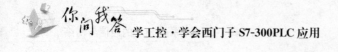
其中，M22.0 对应 I0.0，M20.0 对应 I0.0，而 I0.0、Q0.0 并未出现在程序中，这就是虚拟地址的含义，实际使用时要用心体会。

连接多个从站时，虚拟地址将向后延续和扩大，调用 FC1、FC2 只考虑虚拟地址的长度，而不会考虑各个从站的站地址。

如果虚拟地址的起始地址不为 0，那么调用 FC 的长度也将会增加，假设虚拟地址的输入区开始为 4，长度为 10 字节，那么对应的接收区偏移 4 字节，相应长度为 14 字节，接收区的第五个字节对应从站输入的第一个字节，如接收区为"P♯M0.0 BYTE 14"，即 MB0～MB13 为接收区，偏移 4 字节后，MB4～MB13 与从站虚拟输入区一一对应，编完程序下载到 CPU 中，通信区 PROFI-BUS 的状态灯将不会闪烁。

问 76 **CP 342-5 作为从站，通过 FC1、FC2 实现 PROFIBUS 通信如何操作？**

答：（1）资源需求。

1）带集成 DP 口的 S7-300 系列的 CPU 315-2 DP 作为主站。

2）从站为带 I/O 模块的 ET 200M。

3）MPI 网卡 CP5611。

4）PROFIBUS 总线连接器及线缆。

5）STEP 7 V5.2 系统设计软件。

（2）硬件连接。

CP 342-5 作为从站的硬件连接如图 8-68 所示。

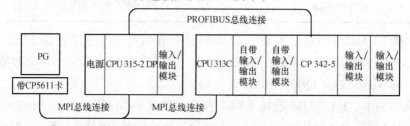

图 8-68　CP 342-5 作为从站的硬件连接

（3）网络组态及参数设置。

1）组态从站。

①在 STEP 7 中新建一个项目，命名为"CP 342-5 作为从站"，右击后，在弹出的快捷菜单中选择"Insert New Object"→"SIMATIC 300 Station"，插入 S7-300 站（见图 8-56），本例采用 CPU 313C。

②双击"Hardware"选项，进入"HW Config"窗口，单击"Catalog"图标打开硬件目录，接硬件安装次序和订货号依次插入机架、电源、CPU 及 CP 342-5 等进行硬件组态。

③在插入 CP 342-5 的同时，弹出如图 8-58 所示的对话框，设置 PROFIBUS 网络地址为"6"，然后单击"New"按钮，生成 PROFIBUS（1）网络，如图 8-69所示。

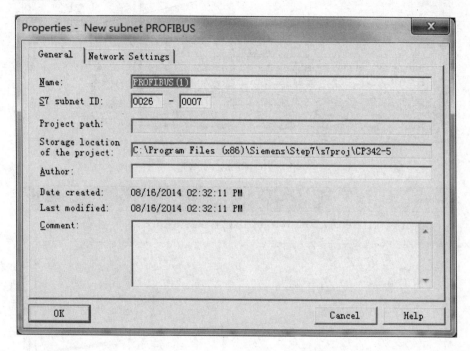

图 8-69　生成 PROFIBUS（1）网络

④选择"Network Settings"标签，如图 8-40 所示，进行基于 CP 342-5 的 PROFIBUS 硬件组态的属性设置。本例选择 1.5Mbit/s 的传输速率和"DP"行规，这一点与带集成 DP 口 CPU 组建 PROFIBUS 网络是一致的，单击"OK"按钮确认。

⑤为了方便，完成 CP 342-5 的插入后，在 CP 342-5 后面的 5、6 两槽依次插入两个 I/O 模块，结果如图 8-70 所示，具体型号规格由实例条件决定。

⑥双击图 8-70 中的 CP 342-5 单元，在弹出的 CP 342-5 属性对话框中选择"Operating Mode"标签，选中"DP slave"单选按钮，如图 8-71 所示。

⑦CP 342-5 的通信地址如图 8-72 所示，单击"OK"按钮确认，从站组态完成。

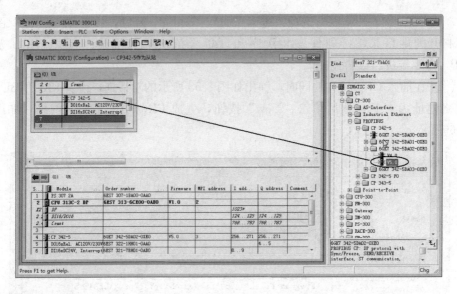

图 8-70　CP 342-5 单元

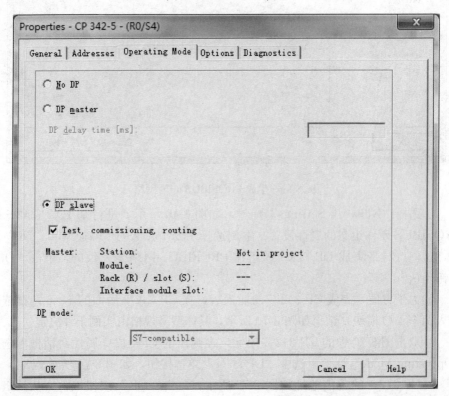

图 8-71　设置 CP 342-5 为 DP 从站

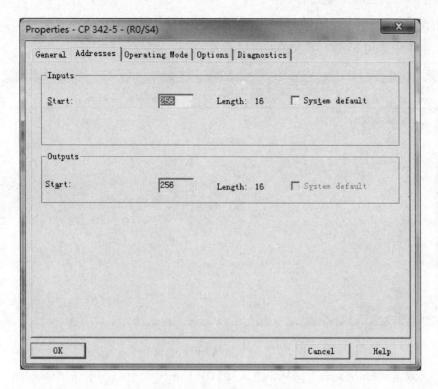

图 8-72 CP 342-5 的 DP 通信地址

2）组态主站。

①在图 8-73 所示窗口中双击"CP 342-5 作为从站"图标，在弹出的快捷菜

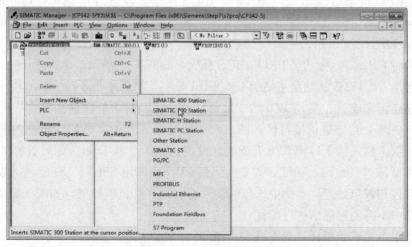

图 8-73 准备组态 CP 342-5 实验主站 CPU 315-2 DP

单中选择"Insert New Object"→"SIMATIC 300 Station"命令，插入 S7-300
站，本例中选用 S7-300 系列的 CPU 315-2 DP 作为主站，如图 8-74 所示。

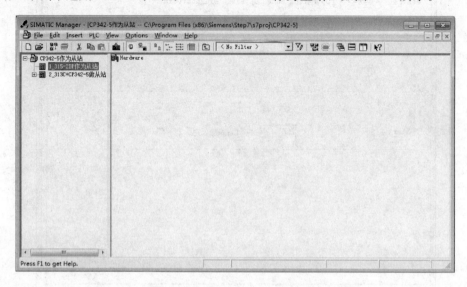

图 8-74　插入主站 CPU 315-2 DP

②双击"Hardware"图标，进入"HW Config"窗口。单击"Catalog"图
标打开硬件目录，按硬件安装次序和订货号依次插入机架、电源、CPU 等进行
硬件组态。插入 CPU 时要同时组态 PROFIBUS，选择与从站同一条的 PROFI-
BUS 网络，并设置主站 PROFIBUS 地址为"2"，如图 8-75 所示。

③CPU 组态后会出现一条 PROFIBUS 网络，在硬件中选择"Configured
Stations"，从"S7-300 CP 342-5"文件夹中选择与订货号、版本号相同的 CP
342-5，如图 8-76 所示。

④将 CP 342-5 拖动至 PROFIBUS 释放，如图 8-77 所示，单击"couple"按
钮，连接 CP 342-5 从站至主站的 PROFIBUS 上，结果如图 8-78 所示。

⑤连接完成后，在 S7-300 的"HW Config"界面中的硬件列表中，单击从
站 CP 342-5，组态通信接口区，插入两字节的输入和两字节的输出，如图 8-78
所示，双击插入的 I/O 模块可进行地址设定，如图 8-79 所示。如果选择的输入
输出类型是"Total Length"，需要在主站 CPU 中调用 SFC14、SFC15 对数据包
进行打包和解包处理，本例中选择的输入输出为"Unit"类型，如图 8-87 所示。
在主站中不需要对通信进行编程。

⑥组态完成后编译存盘下载到 CPU 中，可以修改 CP5611 参数。从图 8-80
中可以看出，主站的通信区已经建立，主站发送到从站的数据区为 QB1、QB2，

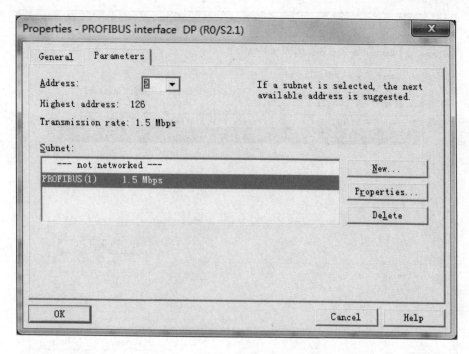

图 8-75　设置主站 PROFIBUS 参数

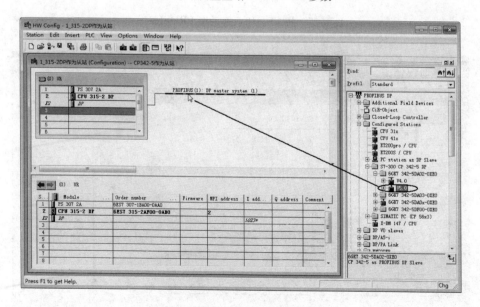

图 8-76　插入主站 CPU 315-DP

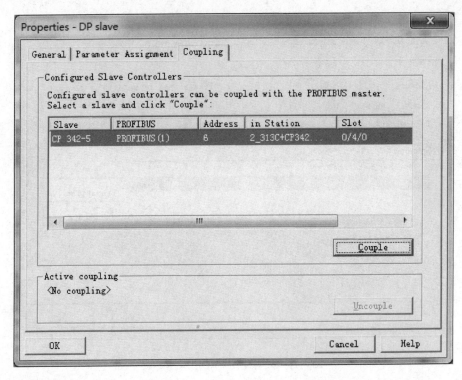

图 8-77 将 CP 342-5 拖动至 PROFIBUS

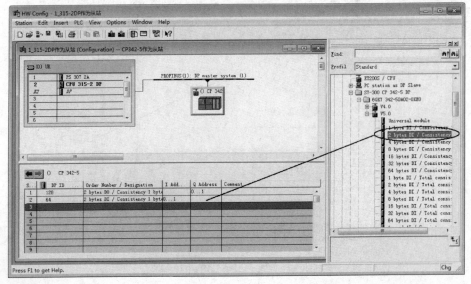

图 8-78 CP 342-5 插入主站 PROFIBUS

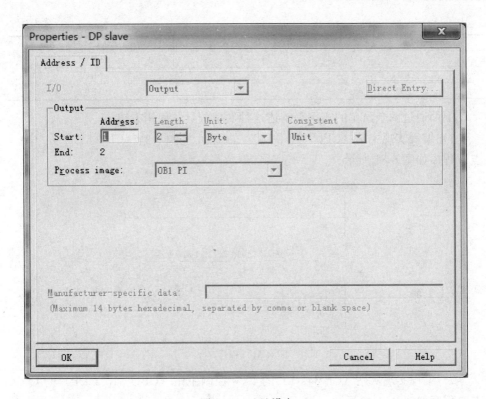

图 8-79 地址设定

图 8-80 CP 342-5 中插入的 I/O 模块参数设置

主站接收从站的数据区为 IB1、IB2。从站需要调用 FC1、FC2 建立通信区，具体方法下面要详细介绍。

（4）编程。在 CPU 313C 的 OB1 中调用 FC1 和 FC2，如图 8-66 所示，程序参数、说明见表 8-12，其图、表、程序均与 CP 342-5 作为主站通信时相同。

MB22、MB23 对应主站输出的第二个字节和第三个字节，MB20、MB21 对应主站输入的第二个字节和第三个字节，主站和从站关系见表 8-13。

表 8-13 主站和从站的关系

主站 CPU 315-2 DP	信号传递方向	从站 CP 342-5
IB1	←	MB20

主站 CPU 315-2 DP	信号传递方向	从站 CP 342-5
IB2	←	MB21
QB1	→	MB22
QB2	→	MB23

下面通过两个简单的实例来阐述这种通信的具体使用方法。

1) 编程实现主站（CPU 315-2 DP）的 I0.0 控制从站（CP 342-5）的 Q0.0 点，程序如图 8-81 所示。

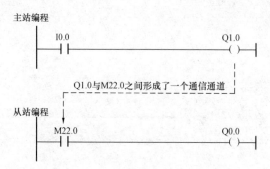

图 8-81　程序一

2) 编程实现从站（CP 342-5）的 I0.0 控制主站（CPU 315-2 DP）的 Q0.0 点，程序如图 8-82 所示。

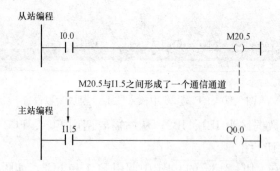

图 8-82　程序二

问 77　多个 S7-300 之间的 PROFIBUS 通信如何实现?

答： 多个 S7-300 之间的 PROFIBUS 通信方法在实际工业控制非常普遍。本例以一个 CPU 315-2 DP 为主站，两个 CPU 313C-2 DP 为从站，讲解多个 CPU 之间的通信方法。

（1）资源需求。

1）带集成 DP 口的 S7-300 系列的 CPU 315-2 DP 作为主站。

2）带集成 DP 口的 S7-300 系列的 CPU 313C-2 DP 作为从站。

3）MPI 网卡 CP5611。

4）PROFIBUS 总线连接器及电缆。

（2）硬件连接。硬件连接如图 8-83 所示。

（3）网络组态及参数设置。

1）新建项目。在 STEP 7 中新建一个项目，命名："多个 CPU 之间 PROFI-BUS 通信"，右击后，在弹出的快捷菜单中选择 "Insert New Object" → "SI-MATIC 300 Station" 命令，插入 S7-300 站，本例采用 CPU 313C-2 DP。

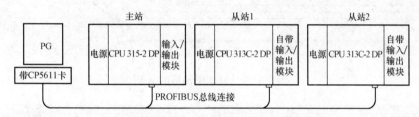

图 8-83　多个 CPU 之间 PROFIBUS 通信硬件连接

2）硬件配置。

①配置从站 1。双击 "Hardware" 选项，进入 "HW Config" 窗口。单击 "Catalog" 图标打开硬件目录，按硬件安装次序和订货号依次插入机架、电源、CPU 等进行硬件组态。在插入 CPU 313C-2 DP 的同时，弹出如图 8-39、图 8-40 所示对话框，设定 PROFIBUS 地址为 "4"，然后单击按钮，新建一条 PROFI-BUS 网络，并设定基本参数，单击 "OK" 按钮，结果如图 8-84 所示。

双击图 8-93 中的 "DP" 图标，弹出图 8-41 所示对话框，选择 "Operating Mode" 标签，选中 "DPslave" 单选按钮。

然后选择 "Configuration" 标签，进行从站接口区的配置，结果如图 8-85 所示，本例中采用 "Unit"、"Byte" 通信数据配置方法。

②配置从站 2。从站 2 的配置过程和从站 1 的配置过程基本相同，从站接口区的配置结果如图 8-86 所示。本例设置从站 2 的 PROFIBUS 站地址为 "6"，采用 "Unit"、"Byte" 通信数据配置模式。

③配置主站。组态完从站后，以同样的方式建立 S7-300 站（CPU 为 315-2 DP）并组态，本例设置主站 PROFIBUS 站地址为 "2"，并选择与从站相同的 PROFIBUS网络，如图 8-87 所示。

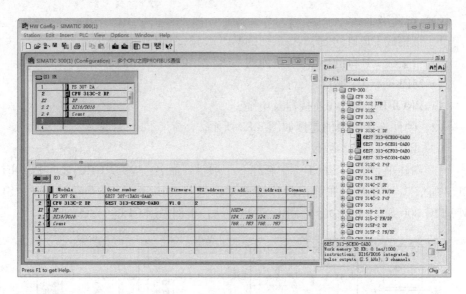

图 8-84　从站 1 添加后的结果

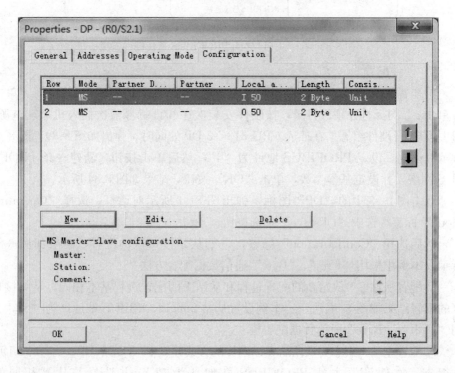

图 8-85　从站 1 输入/输出区配置结果

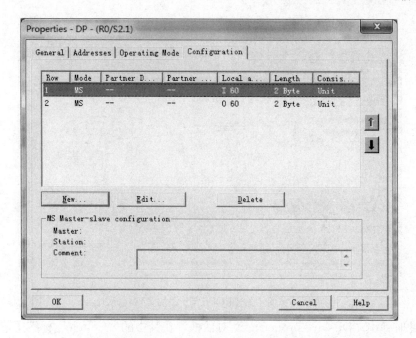

图 8-86 从站 2 输入/输出区配置结果

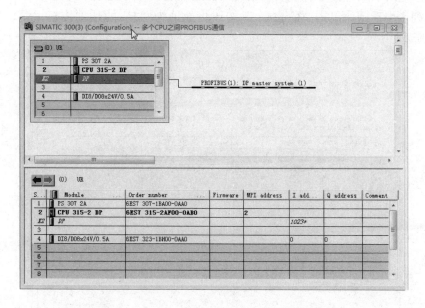

图 8-87 主站 PROFIBUS 配置

打开硬件目录，在"PROFIBUS DP→Configuration Station"文件夹中选择 CPU 31x，将其拖动到 DP 主站系统的 PROFIBUS 总线上，从而将其连接到 DP

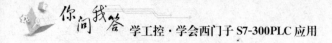

网络上，如图 8-88 所示。

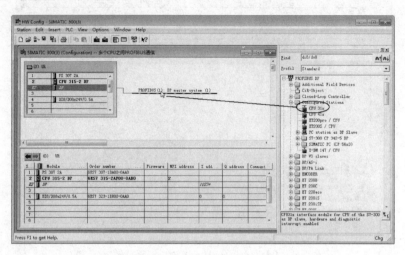

图 8-88　向主站 PROFIBUS 添加 S7-300 从站

此时弹出"DPslave properties"对话框，在其中的"Couple"标签中选择已经组态过的从站，如果有多个从站时，要逐个连接，已经组态完的 S7-300 从站可在列表中看到，单击"Connect"按钮将地址为"4"的从站接至主站，如图 8-89所示。

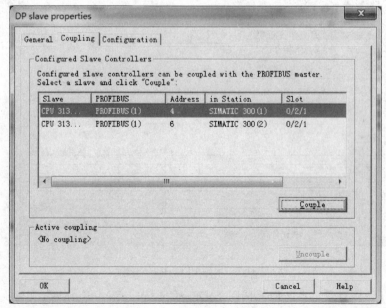

图 8-89　将从站连接至主站

然后选择"Configuration"标签，选择从站，如图 8-90 所示，单击任一行 I/O 配置，进行输入/输出区域的配置，如图 8-91 所示。

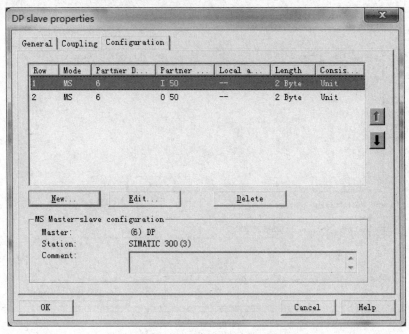

图 8-90 从站输入/输出区域选择

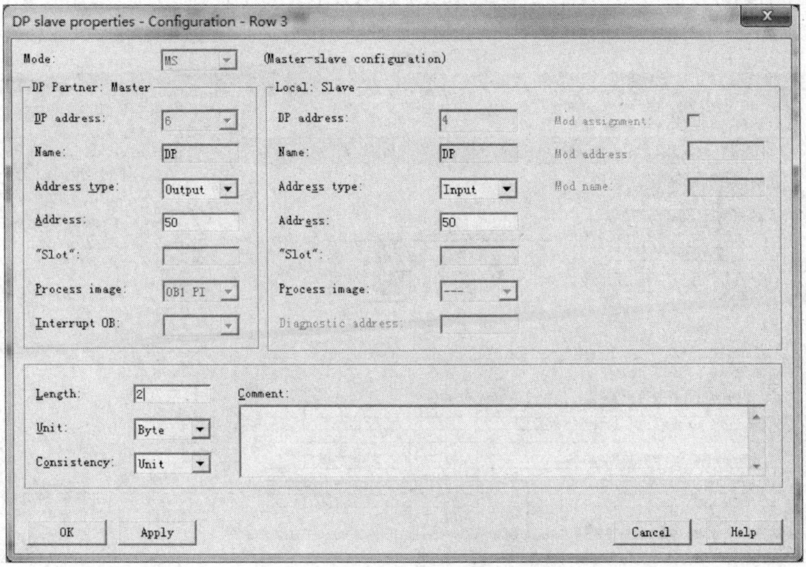

图 8-91 从站输入/输出区域配置

配置结果如图 8-92 所示。

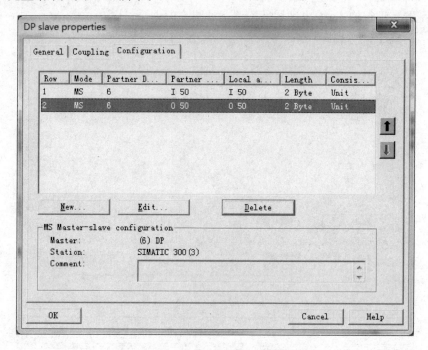

图 8-92 从站输入/输出区域配置结果

用同样的方法，把从站 2 也连接到 PROFIBUS DP 网络上，结果如图 8-93 所示。

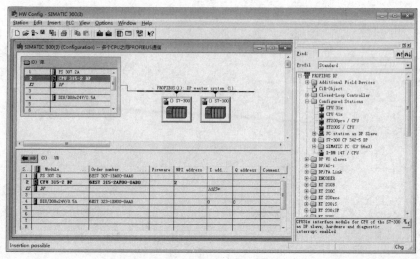

图 8-93 多个 CPU 通信配置硬件连接结果

配置完以后，用 MPI 接口分别下载到各自的 CPU 中初始化接口数据，在本例中，主站与从站 1、2 的通信区域对应关系见表 8-14、表 8-15。

表 8-14　　　　　　　　　　　主站和从站 1 关系

主站	信号传递方向	从站 1	主站	信号传递方向	从站 1
IB50	←	QB50	QB50	→	IB50
IB51	←	QB51	QB51	→	IB51

表 8-15　　　　　　　　　　　主站和从站 2 关系

主站	信号传递方向	从站 2	主站	信号传递方向	从站 2
IB60	←	QB60	QB60	→	IB60
IB61	←	QB61	QB61	→	IB61

（4）编程。

为避免网络上某一个站点掉电使整个网络不能工作，需要在几个 CPU 中加入 OB82、OB86、OB122 等组织块，必要时还要对其进行编程。

1）编程实现主站 I0.0 对从站 1Q0.0 的控制，程序如图 8-94 所示。

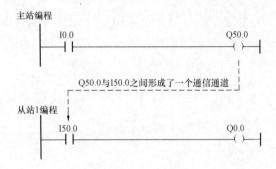

图 8-94　程序一

2）编程实现主站 I0.0 对从站 2Q0.0 的控制，程序如图 8-95 所示。

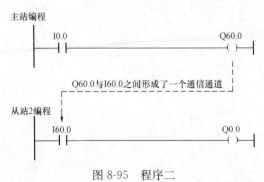

图 8-95　程序二

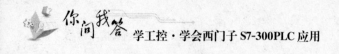

3）编程实现从站 1I0.0 对从站 2Q0.0 的控制。程序如图 8-96 所示。

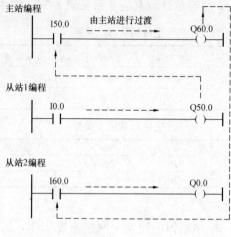

图 8-96　程序三

应 用 实 例

问 1 停车场车辆控制系统的系统要求是什么？

答：设计一个具有 10 个车位的停车场车辆控制系统。设置三盏灯，第一盏灯 H1 亮，表示停车场车辆"全空"；第二盏灯 H2 亮，表示停车场"有空位"；第三盏灯 H3 亮，表示停车场车辆"已满"。当司机看到三盏灯的状态，就知道停车场有无空位，是否能停车。

为了对停车场内的车辆计数，在入口处安装了传感器 S1。在出口处安装了传感器 S2。当停车场全空时，"全空"指示灯 H1亮，允许车辆停放；当停车场的车辆在 1～9辆时，"有空位"指示灯 H2 亮，告诉司机允许车辆停放；当停车场停车满 10 辆时，

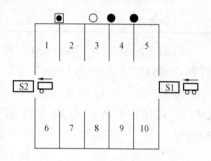

图 9-1 停车场示意图

"已满"指示灯 H3 亮，提醒司机停车场没有空位，不能停车。停车场示意图如图 9-1 所示。

问 2 停车场车辆控制系统的系统设计如何操作？

答：停车场车辆控制系统 PLC 的 I/O 接线图如图 9-2 所示。

S0 是计数器复位按钮，车辆进入停车场，S1 传感器检测到后，计数器加计数输入信号 I0.1 有一个上升沿；车辆开出停车场，S2 传感器检测到后，计数器

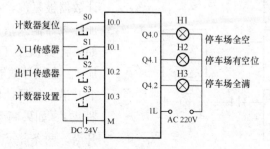

图 9-2 停车场车辆控制系统 PLC 的 I/O 接线图

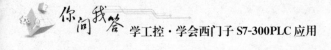

减计数输入端信号 I0.2 有一个上升沿。计数器设置端信号是 I0.3，停车场"全空"指示灯 H1 由 Q4.0 驱动，停车场"有空位"指示灯 H2 由 Q4.1 驱动，停车场"已满"指示灯 H3 由 Q4.2 驱动。停车场车辆控制 S7-300 系列 PLC 的 I/O 分配表见表 9-1。

表 9-1   **停车场车辆控制 S7-300 系列 PLC 的 I/O 分配表**

输入设备	输入地址	输出设备	输出地址
计数器复位按钮 S0	I0.0	停车场"全空"指示灯 H1	Q4.0
入口处传感器 S1	I0.1	停车场"有空位"指示灯 H2	Q4.1
出口处传感器 S2	I0.2	停车场"已满"指示灯 H3	Q4.2
计数器设置按钮 S3	I0.3		

启动"SIMATIC Manager"并创建一个名为"停车场车辆控制"的项目，打开"SIMATIC 300 Station"文件夹，双击"Hardware"图标可组态硬件，数字量输出/输入绝对地址为 I0.0～I0.7、I1.0～I1.7、Q4.0～Q4.7、Q5.0～Q5.7。创建一个名为"停车场车辆控制"的功能块"FC1"，打开"FC1"可编写程序。

问 3   **停车场车辆控制系统的程序设计如何进行？**

答： 停车场车辆控制梯形图程序如图 9-3 所示，在程序中用到了 PLC 的计数器指令、比较指令，同时使用了符号编程的方法。

（1）在"设置"输入端"S"的上升沿，将预置值输入端 PV 指定的预置值（设定为 25）。送入加减计数器。复位输入 R 为 1 时，计数器被复位，计数值被清 0，在加计数器输入信号 CU 的上升沿，如果计数值小于预设值，计数器加 1。在减计数器输入信号 CD 的上升沿，如果计数值大于 0，计数器减 1；如果两个计数输入均为上升沿，两条指点令均被执行，计数器保持不变。当计数值大于 0

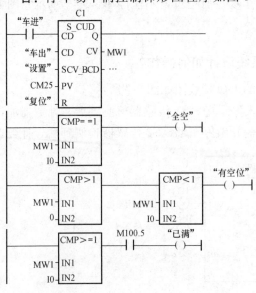

图 9-3 停车场车辆控制梯形图程序

时，输出信号 Q 为 1；当计数值为 0 时，输出信号 Q 也为 0，CV 输出十六进制的当前计数值。

（2）比较器。对两个输入 IN1 和 IN2 进行比较，如果比较结果为真，则 RLO 为 1。在本例中要求指示停车场"全空"、"有空位"和"已满"三个状态，所以选用等于、大于、小于和大于等于四种类型的比较器。

（3）符号编程。在 STEP 7 中，每一个输入和输出都具有由硬件组态预定义的一个绝对地址，符号是绝对地址的别名，绝对地址可以由用户所选择的任意符号名替代，使用符号编程可以大大改善程序的可读性，使调试更加方便。

在已建的"停车场车辆控制"项目窗口中的 S7 Program（1）文件夹中可以看到符号表"Symbols"，如图 9-4 所示，双击"Symbols"，将其打开，可以看到符号表当前包括已定义的组织块"OB1"和功能块"FC1"。在符号表中输入所选择的符号内容、相应的绝对地址和注释，完成一行后按 Enter 键，随后会自动增加新的一行，用这种方式可以为停车车辆控制程序所需的所有输入和输出的绝对地址分配符号名，停车场车辆控制符号表如图 9-5 所示。

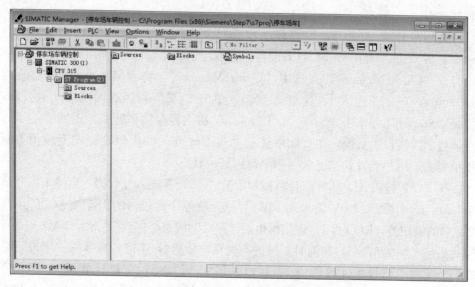

图 9-4 项目中的符号表

在开始项目编程之前，首先按照项目要求设计好所用的绝对地址，并创建一个符号表，以利于后面的编程和维护工作，增加程序的可读性，简化程序的调试和维护。

利用菜单中的"Symbolic Representation"按钮，可在绝对地址和符号之间

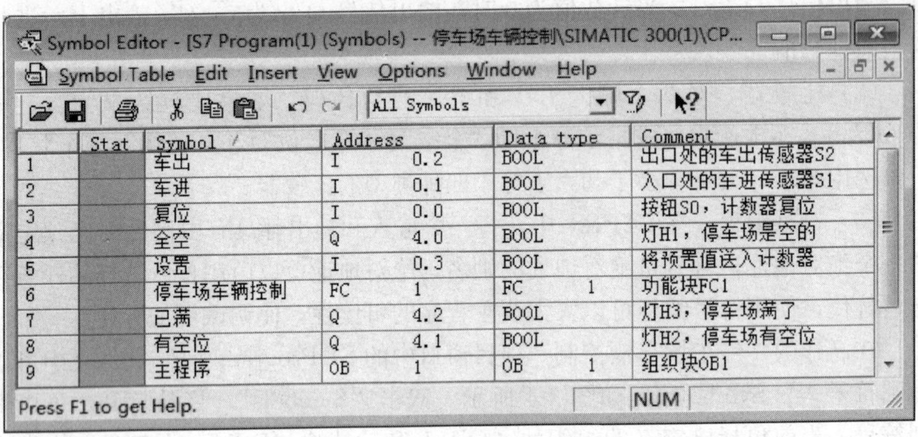

	Stat	Symbol /	Address		Data type		Comment
1		车出	I	0.2	BOOL		出口处的车出传感器S2
2		车进	I	0.1	BOOL		入口处的车进传感器S1
3		复位	I	0.0	BOOL		按钮S0，计数器复位
4		全空	Q	4.0	BOOL		灯H1，停车场是空的
5		设置	I	0.3	BOOL		将预置值送入计数器
6		停车场车辆控制	FC	1	FC	1	功能块FC1
7		已满	Q	4.2	BOOL		灯H3，停车场满了
8		有空位	Q	4.1	BOOL		灯H2，停车场有空位
9		主程序	OB	1	OB	1	组织块OB1

图 9-5　停车场车辆控制符号表

转换。

(4) 闪烁灯。如果停车场车辆已满，希望指示灯 H3 闪烁，可通过 STEP 7 软件实现。

选用存储器 M100.5，保存程序并返回主页面，打开“SIMATIC 300 Station”，并双击“Hardware”打开硬件，再双击“CPU 315”，弹出菜单，在菜单中打开“Clock Memory”并选中“Clock Memory”，将“Memory Byte”改为 100（可在 0～255 选择，在这里选 100），单击“OK”按钮返回硬件配置页面，打开“Station”并单击“Save and Compile”将内容存储和转换，返回“停车场车辆控制”项目主页面，主页面中显示“System data OB1 FC1”。打开模拟器做模拟实验，用户能看到“已满”指示灯闪烁的状态。

按下设置按钮 S3，将加减计数器预置值“C＃25”送入计数器，当停车场“全空”时，C1 计数器的 CV 输出端 MW1 为 0，使等于比较器的 IN1 端为“0”，与 IN2 端的值相等，RLO 为 1，输出继电器“全空”接通，“全空”指示灯 H1 亮。

当停车场的车为 1～9 辆时，每进一辆车，传感器 S1 使计数器的“车进”端有一个正跳变信号，计数器加 1；每出一辆车，传感器 S2 使计数器的“车出”端有一个正跳变沿，计数器减 1，CV 端 MW1 在 1～9 变化，此值大于 0 小于 10，大于比较器和小于比较器的 RLO 均为 1，输出继电器“有空位”接通，使指示灯 H2 亮。

当计数器 CV 端的 MW1 值大于等于 10 时，小于比较器的 RLO 为 0。“有空位”对应的指示灯 H2 灭，同时大于等于比较器的 RLO 为 1，输出继电器“已满”，在 M100.5 的控制下，以 1Hz 的频率振荡，“已满”指示灯 H3 闪烁。

问 4 **深孔镀铬控制系统的系统要求是什么？**

答：整个深孔镀铬系统由三台整流电源、四个控制柜、11 个镀槽及相并配套管路（见图 9-6）组成。三台电流整流柜是深孔镀铬过程中的电源供应设备，其中两台整流电源的最大输出电流为 15 000A，分别给镀槽中的 5a♯ 和 5c♯ 槽供电；另外一台整流电源的最大输出电流为 12 000A，给预处理槽 2♯、3♯、4♯ 槽供电。

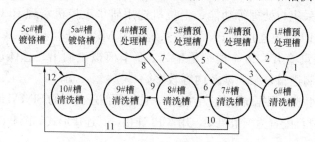

图 9-6 各槽布置及运行顺序

完整的工艺执行过程根据工艺要求在控制柜中手动设置好当前工作槽的状态（温度、液位）后，再将工件放入槽中，然后手动设置电流、工作时间等。在当前工作槽中执行完规定的工作时间后，将工件放入下一槽中，如此反复执行直至最后的槽。

控制内容及要求如下所述。

（1）运行模式。该套控制系统要有三种运行模式：自动运行模式、手动运行模式及远程监视。

（2）生产过程的监控。整个工艺流程实现自动控制并对现场生产设备的运行状态进行实量动画模拟，对生产过程中的主要参数进行实时动态显示，对下一工作槽状态进行判别，如果不满足工艺要求则采用声、光提示，只有当操作人员确认时，方可继续执行工艺流程。

（3）电源自动控制。对电源的调流、换向及通断要求实现自动控制，在电流自动调节的过程中要控制好由电源电动机惯性引起的电流超调现象，从而保证电流调节的快速性和精确性。

（4）温度自动控制。工作槽的温度控制采用温度控制仪，自动系统只需采集温度控制仪相应的温度数据并进行监视即可，具体的温度调节参数通过人工设定。

（5）水路系统控制。完成对冷却水的降温，使溶液温度能满足生产工艺的要求及对相应的槽进行喷淋自动控制。

（6）气路系统控制。实现气体搅拌槽内溶液的自动控制。

（7）诊断功能。实时监控系统故障，以便尽早发现问题、解决问题，尽可能避免意外情况发生，提高系统运行的可靠性。

问 5 **深孔镀铬控制系统的系统设计过程是什么？**

答： 深孔电镀自动控制系统框图如图 9-7 所示。下位机 PLC 完成所有的逻辑控制、数据采集与处理等功能。上位机选用研华工控机实现 PLC 程序的编制和调试，用 MPI 电缆连接与 PLC。该系统采用 MPI 协议，共有 108 个开关量输入、62 个开关量输出、28 个模拟量输入、2 个模拟量输出。总体说来，该系统控制量多，控制逻辑复杂，涉及内容较多。

（1）硬件组成。根据统计的控制点数，选用西门子公司的 SIMATIC S7-300 系列的 PLC，系统硬件配置为三组机架，用 MPI 连接，其连接形式如图 9-8 所示。

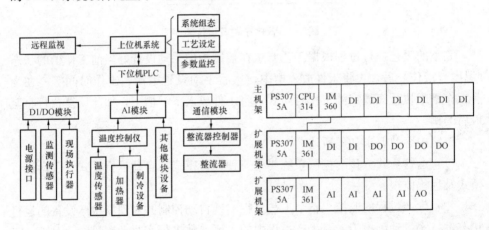

图 9-7　深孔电镀自动控制系统框图　　　图 9-8　深孔电镀自动控制系统硬件组态图

系统中数字量输入模块的型号为 SM 321（DI16×DC 24V），数字量输出模块的型号为 SM322（DO16×DC 24V/0.5A），模拟量输入模块型号为 SM331（AI8 × 12bit），模拟量输出模块型号为 SM332（AO4 × 12bit），通信卡为 CP5611。

（2）软件组成。编程软件采用西门子公司的 STEP 7 V5.4，通过该软件用户可以进行系统配置和程序编写、调试，以及在线诊断 PLC 硬件状态、控制 PLC 和 I/O 通道的状态等。

组态软件采用西门子公司的 WinCC V6.0，WinCC 是基于 32 位操作系统的面向对象的应用软件，它提供了基于全面开放式接口的解决方案，具有标准的应用程序接口，标准接口 ODBC 和 SQl 能够访问 WinCC 所集成的过程数据，还可以通过脚本语言直接使用 Window 提供的功能强大的 Win32 API。

（3）通信功能的实现。系统采用 S7-300 系列 PLC，CP5611 MPI 通信模板，上位机与 PLC 用 MPI 电缆连接，采用 MPI 协议，为使上位工控机与下位 PLC 成功实现通信，先对 CP5611 初始化，再在 WinCC 的变量管理模块中添加名称为 SIMATIC S7 PROTOCOL SUIT 的驱动器，接着在 MPI 通道中新建驱动程序连接，设置相应的 S7 网络参数，这样通信通道就建成了，之后的具体工作是新建变量（Tag），将外部变量与 PLC 的位存储器、输入、输出中的位（Bit）或字（Word）连接起来，通过 WinCC 内部函数 GetTag、SetTag 实现 WinCC 与 PLC 交换数据。

（4）监控系统的实现。按照深孔镀铬工艺要求，需要同时运行两套工艺，即在第一套工艺运行到如图 9-6 所示的 5a♯ 或 5c♯ 镀铬槽时，第二套工艺启动，开始下一个深孔的电镀工作，两套工艺互不影响。并且对于不同的深孔，其工艺参数（各槽的温度、液位高度、电流大小、工作时间等）不同，需要时可以随时修改。考虑到上述原因，该系统采用上位机（WinCC）作出控制决策，下位机（PLC）执行现场控制。可以直接在上位机进行工艺参数的修改。

WinCC 包括六个主要的功能编辑器，即图形设计编辑器、全局脚本编程器、报警存档编辑器、变量存储编辑器、报表设计编辑器、用户管理和项目安全编辑器。其中，以图形设计编辑器和全局脚本编辑器最为关键。监控界面划分为两个区域：一个为画面显示区域；另一个为操作区域。其中，画面显示区域由多

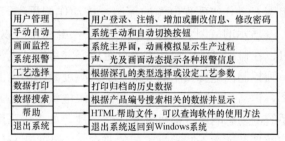

图 9-9　监控界面功能示意图

个不同层的画面窗口叠加而成，操作区域则由多个按钮组成，其功能及布局，如图 9-9 所示。

问 6　深孔镀铬控制系统的程序设计如何进行？

答： 在编程方式上采用结构化编程，将整个系统分成 14 个相对独立的部分，每个槽和电源都作为独立的部分，这些部自成体系，可以单独运行，也可以同时运行。在 WinCC 中"全局脚本→C_Script→项目函数"处为每一个独立的部分建立一个项目函数，在控制过程中只需要调用相应的项目函数即可。

（1）工艺控制流程设计。工艺控制程序通过在监控画面中任意对象的"属性"→"几何"处组态一个 C 动作来实现，这样做的目的是使用触发器变量控制程序的扫描周期，为了不影响该对象的几何属性，在组态的 C 动作结束时要返回当前位置的属性值，工艺控制程序开始的触发条件由"工艺选择"界面的"工艺启动"按钮和 1♯ 槽接近开关信号同时确定。整个工艺控制程序就是按照工艺顺序调用编写好的各个槽的项目函数，以其中一个槽为例，其控制流程如图9-10 所示。

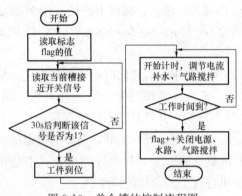

图 9-10　单个槽的控制流程图

工艺开始时首先读取 flag 的值，判断需要调用哪个槽的代码，系统共有 11 个槽，flag 取值为 0～11，从当前槽出来时 flag++，准备下一个槽的调用，整个工艺完成后 flag 初始化。

（2）电源控制算法设计。电源控制程序不在工艺控制程序中调用，和工艺控制程序一样，通过在监控画面中任意对象的"属性"→"几何"处组态 C 动作来实现电源的控制，该动作调用编写好的电源控制项目函数并由图9-10 所示的"调节电流"信号触发，电源也可以单独运行，在"手动"状态下可以在监控界面中输入电流设定值，并单击"电流调节"按钮，就可以实现电源单独控制。电源控制的关键是要大幅度减小因电源电动机转动惯性引起的电流超调，提高控制精度，通过采集该电源电流全程输出过程中的电流特性曲线得知，系统的动态响应过程呈现非线性特性，如直接采用直线函数近似全过程，输出电流的精度远远不能满足工艺的要求，为此采用分段线性控制策略，在每一个线性段内电源电动机转动近似匀速且在该段内由电动机惯性引起的电流超调值近似相等，通过实验可以采集每个段内的电流超调值，这样就可以计算出精确的电流调制时间，利用时间的控制实现电流的精确控制，由采集的数据计算出的五个分段点的数据，见表 9-2，其中 $t(i)$ 表示电流从 0 上升到 $y(i)$ 时的时间，通过实验可以采集到每个近似线性段内的电流超调量，这里记为 $y(i)$。

表 9-2　　　　　　　　　　　　　　　分段线性段点记录

分段点	0	1	2	3	4	5
电流值	$y(0)$	$y(1)$	$y(2)$	$y(3)$	$y(4)$	$y(5)$
时间值	$t(0)$	$t(1)$	$t(2)$	$t(3)$	$t(4)$	$t(5)$

在电流上升调节的过程中，首先判断电流设定值 YS 所在的分段区间 $[y(i)，y(i+1)]$，从理论上说，电流调节时间 t 等于设定值 YS 所在区间的低段点的时间值 $t(i)$ 加上分段区间内按线性模型计算出的时间，再减去电流从 0 上升至当前电流值 YC 所对应的时间，考虑到电源电动机的惯性，实际调节时应将设定值减去超调值 $[y(s)=YS-Y(i)]$，由此确定的电流上升过程分段线性脉宽模型为

$$
\begin{cases}
t(1) = t(i) + \text{int}\left[\dfrac{YS - y(i)}{y(i+1) - y(i)} \times \Delta t(i)\right][YS = YS - Y(i)] \\
t(2) = t(k) - \text{int}\left[\dfrac{YC - y(k)}{y(k+1)9y(k)}\right](0 < k \leqslant i) \\
t = t(1) - t(2)
\end{cases}
\tag{9-1}
$$

式中　$t(k)$ ——当前电流值 YC 所在分段区间 $[y(k)，y(k+1)]$ 的低段点所对应的时间值；

$\Delta t(i)$ ——设定电流值所在分段区间的时间差；

$\Delta t^{\cdot}(k)$ ——当前电流所在分段区间的时间差。

对于电流下降过程也需要通过分析采集数据以建立同样的模型。电源控制流程如图 9-11 所示。

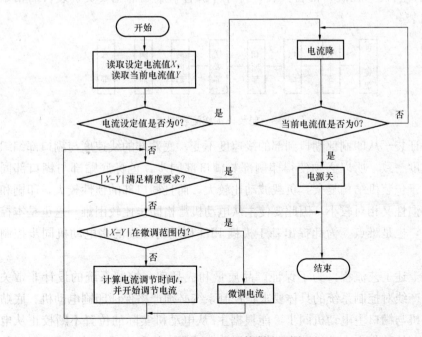

图 9-11　电源控制流程图

本系统采用 WinCC 组态软件和 S7-300 系列 PLC 作为恢复深孔电镀系统自动控制的工具，不仅缩短了工程的开发和维护周期，提高了系统的可靠性和稳定性，并节省了工程的开发费用，系统投入运行后大大减轻了工人的工作量且产品合格率高，受到用户的好评。

问7 **包装机同步控制系统的系统要求是什么？**

答： 在工业生产中，以纸、塑料薄膜、复合材料为包装材料的生产线得到越来越广泛的应用，包装材料的准确传送显得尤为关键，特别是在多级传动电动机同步运行控制中，各传动电动机在启动、加速和停机的过程中要求多级传动电动机能够及时地同步运行。该系统以包装机生产线为背景，介绍 PLC 在同步控制中的应用。

该生产线利用聚丙烯编织布（PP）、聚乙烯薄膜（PE）等材料作为制袋布，袋长为 660～1020mm，袋宽为 450～700mm，都可任意调节；90～180mm 规格任意调节，采用四套色印制，生产速度为 60 袋/min，包括印刷和糊口两个工程，包装机的工作流程示意图如图 9-12 所示。印刷工段主要负责将编织袋卷进行塑编袋的四种颜色的正反面着墨印刷，然后经送袋部袋子进入糊口工段并转向，在阀口部将其袋口打开并折叠，底贴部主要负责袋口的粘贴并成型出袋。

图 9-12 包装机工作流程图

为保证袋子从印刷部糊口到部的线速度不变，底贴部的线速度与糊口部编织袋的线速度一致，所以必须使得印刷部与糊口部同步，色标底贴部与糊口部同步。但由于包装机结构复杂，负载波动比较大，而且糊口部的惯性较大，印刷和底贴部的惯性又相对较小，因此要使主从电动机严格同步比较困难，这也是本控制的难点，也是难点，为此提出基于模糊 PID 和现场总线的多电动机同步控制方案。

根据上述工艺流程，为了保证产品质量和成品率，控制系统的设计非常关键，本生产线对控制系统的具体要求是控制系统必须严格保证印刷电动机、底贴色标电动机与糊口主电动机同步，能根据主/从电动机实际的位置不断校正从电动机转速，使其与主电动机同步；保证主从电动机启停和加减速时的响应时间差不超过 200ms。

深孔镀铬控制系统的系统设计过程是什么？

答：采用西门子 CPU 313C-2 DP 为核心的控制系统，配备一个触摸屏、一个糊口操作台、一个印刷操作台、一个变频柜。触摸屏采用西门子 SIMATIC TP270B 并作为人机界面，主要完成工艺参数的显示、控制参数的设置、控制操作、历史数据的记录等；以糊口操作台为主站，配备一个 CPU 313C-2 DP、两个 DO 和一个带诊断功能的 DI 主展模块，主要完成现场同步信号的采集、工程单位变换、回路控制和联锁控制算法、控制信号输出等功能；印刷操作台通过 ET 200M 与主站进行通信，并配有两个 DO、一个 AI、一个印刷变频器，主要完成现场温度的采集、电动机联锁控制的输出、急停等；变频柜配有四台变频器，每台变频器通过专用通信卡与 S7-300 站进行通信，实现电动机启停和加减速控制；所有工作站之间的通信采用 PROFIBUS-DP 现场总线来实现，本控制系统的硬件组成如图 9-13 所示。

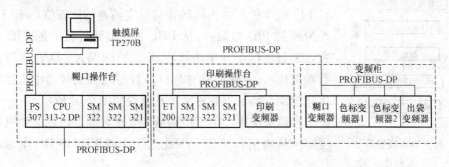

图 9-13 深孔镀铬控制系统硬件结构图

由于该包装机生产线比较复杂，切刀、凸轮等不规则器件比较多，因此每次停车这些器件所处的位置都不一样，从而导致再次开车时的负载不尽相同。例如，停机停在切刀的刀口处时，开机时的负载就比平时大，反之则小。而通常的 PID 控制算法针对恒负载对象，其参数一旦整定好就固定不变。对于这条生产线，若依然采用传统 PID 控制器，就难以满足工艺要求，而且整定出的参数只能是针对包装机某次停车时的负载最优，并不能使得全局最优。为此，通过反复摸索和试验，这里采用模糊控制技术与 PID 控制相结合的控制思想（所谓的模糊 PID 控制算法），用于对电动机转速的准确控制，达到比较满意的控制效果。

模糊 PID 控制器是一种在常规 PID 控制器的基础上，应用模糊集合理论建立参数并通过查表的方法，以实现对于不同的误差和误差变化率在线调整比例、

积分和微分系统，使其根据对象的变化而变化，以满足工业控制的要求。由于模糊 PID 控制器可以根据实际被控对象的变化，通过其规则库不断地自动整定 PID 参数，因此可以解决本套设备负载变化较大的问题。为此选用增量式旋转编码器与变频器形成闭环控制，PLC 通过 PROFIBUS-DP 总线从变频器速度通信口上读取实际转速，并与给定转速比较产生误差 $|e|$，误差变化率 $|e_c|$，模糊推理机通过误差和误差变化率得出新的比例、积分和微分系数，再经过 PROFIBUS-DP 修改变频 PID 参数以实现模糊 PID 控制。

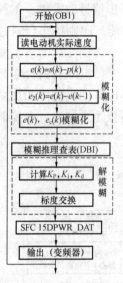

图 9-14 模糊算法流程图

对于模糊控制规则的制定，需要以实际的工程经验为依据，对于不同的 $|e|$ 和 $|e_c|$，被控对象对参数 K_p、K_i 和 K_d 有不同的要求。

以实际的工作经验得出的不同负载下最优的 PID 参数为依据，建立数据块（DBI）。PLC 通过查表的方式，根据模糊化后不同的误差和误差变化率，按照规则 "If $|e|$ is A and $|e_c|$ is B, then K_p is C，K_i is D，K_d is E（其中 A 和 B 为实际转速与给定转速的比较值，C、D、E 为新的 PID 参数）。从 DBI 中找出新负载下的 PID 参数，通过西门子专用功能块 SFC 15DPWR＿DAT（写参数功能块），将整定后的 PID 参数写入到变频器中，达到优化控制，满足工业要求，其流程如图 9-14 所示。

在该系统中，由于控制精度要求较高，因此电动机速度必须从通信口给定，因此选用 PROFIBUS-DP 作为通信媒介。

以糊口操作台为主站，印刷操作台、五台变频器为从站，分别设置不同的站地址，使得 PLC 和变频器、操作台之间建立主、从关系。由于 CPU 313C-2 DP 有自带的 DP 通信口，因此触摸面板可以通过 PROFIBUS-DP 与 PLC 进行通信，即从触摸面板输入工艺参数，由 TP 270B 经过 MPI 口传递给 PLC，PLC 经过数据运算处理通过 PROFIBUS-DP 将数据发送给各个变频器来控制各电动机转速，PLC 再从变频器、温度变送器等采集有关数据，通过计算传给 TP 270B 进行显示。

问 9 深孔镀铬控制系统的程序设计分为几部分？如何操作？

答：程序采用模块化设计，分为主程序、子程序和中断程序三大部分。主程序根据不同的条件随时调用不同的子程序，如采样子程序、温度控制子程序、

PID 调用子程序等。在具体调用这些子程序时，只需赋予子程序接口的具体参数和存储地址，这样可大大提高代码的使用效率，并减少了代码的编写量，提高了程序的可移植性。由于本生产线对实时性要求较高，因此中断采用优先级较高的硬件中断（OB40），即当印刷信号、糊口信号、色标信号、定位信号中任何一个到来时，立即产生硬件的中断并调用高速定时器定时，以计算两个信号之间的时间差，调用同步调速控制算法，实现印刷与糊口部、底贴色标与糊口部传动电动机的同步，其算法如图 9-15 所示。

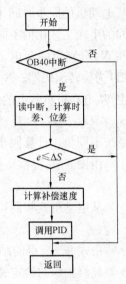

图 9-15　同步控制算法

　　同步控制实现的方法，由于本条生产线分印刷和糊口两个部分，分别由两台电动机拖动，每台电动机配备一个 ACS800 变频器；底贴部由一台色标电动机拖动，并配备一台 ACS800 变频器与糊口主电动机同步运行，其底贴的长度可以从触摸屏设定。生产时，糊口电动机为主单元，印刷电动机、色标电动机为从单元，总体的车速快慢，完全由糊口主电动机决定。生产过程中从单元要随时调整速度，保持与主单元同步运行，即在两个工段中，编织袋保持一致的线速度。为了保证电动机的同步运行，在印刷部切刀处、糊口转向处、底贴处安装接近开关，其信号由带诊断功能的 SM321 采集并送给 PLC，并且给每台电动机配备一个增量式旋转编码器，实现单回路 PID 闭环控制，其控制原理如图 9-16 所示。

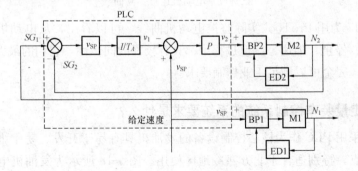

图 9-16　同步控制原理图

　　图 9-16 中，SG_1 和 SG_2 为一组接近开关信号时间（如糊口与印刷信号），主要用于确定电动机的具体位置；v_{SP} 为主电动机（糊口电动机）给定速度；T_A 为根据生产要求所设定的从电动机同步时间，本条生产线车速为 60 袋/min，所以

从电动机的同步时间不能超过 1s，一般取 900ms；P 为主从电动机速度比，不同的生产工艺比值不同，需要根据实际的生产工艺进行测量，即 $P = N_1/N_2$（N_1 和 N_2 分别为两台电动机给定值）；BP 为变频器；M 为三相异步交流电动机；ED 为旋转编码器；N 为电动机实际转速。假设 ΔS 为同步允许位差范围，根据主/从电动机负载上的接近开关信号时间，可以得出主从电动机的实际位差 $e = v_{SP} \mid SG_1 - SG_2 \mid$，若 $rSP \mid SG_1 - SG_2 \mid < \Delta S$，则系统同步，不需要调节；反之则系统不同步，计算同步速度补偿量，进行同步补偿。

由图 9-16 很容易得出从电动机的补偿速度

$$v_1 = v_{SP} \mid SG_1 - SG_2 \mid /T_A \tag{9-2}$$

从电动机变频器得到的最终的调整速度

$$v_2 = P[v_{SP} - v_{SP}(SG_1 - SG_2)/T_A] \tag{9-3}$$

由式 9-3 所得的结果不断修正变频器的给定速度，将编码器检测到的实际速度与此修正后的给定速率相比较，来调整实际速度的大小，以满足实际工业生产要求，实际的控制结果如图 9-17 所示。

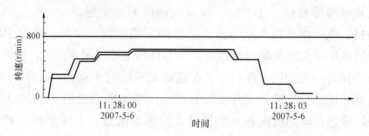

图 9-17　电动机运行实际曲线

图 9-17 为用 ProTool 实际监控电动机曲线，可以看出，从电动机与主电动机在启动、停止、加速、减速过程中都具有较好的同步性，它们的最大时差不超过 100ms，完全可以满足工业控制要求。

问 10　定量装车控制系统的系统要求是什么？

答：采用 PLC 作为核心控制设备的发油机具有易于开发、易于维护、故障率低的特点，特别适合于北方寒冷地区使用。图 9-18 所示为发油机电控系统结构图，由四部分组成：上位机、PLC 柜、操作器、现场人员联动按钮、静电溢油装置等一次仪表。

系统功能如图 9-19 所示，上位机的功能是开票、提单管理等；PLC 的功能是提单的存储、验证、交易记录的产生、数据采集、过程控制等；操作器主要的

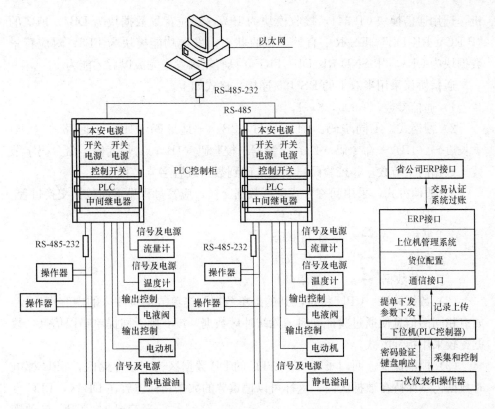

图 9-18　PLC 发油系统结构图　　　　图 9-19　PLC 发油
系统功能图

功能是提单的输入、操作器参数的设置和数据的显示等。现场启停按钮、防静电溢油装置等一次仪表与 PLC 联锁，达到安全控制的目的。

问 11 **定量装车控制系统的系统设计如何进行?**

答: 定量装车控制系统示意图如图 9-20 所示。

PLC 完成的主要任务有与上位机的数据交换、数据验证，人机界面，过程控制及掉电保护等。

(1) 与上位机的数据交换。PLC 与 PC 间通过 RS-485 转 RS-232 通信方式联

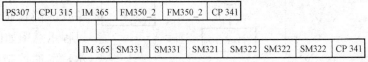

图 9-20　定量装车控制系统示意图

机，选用通信模块 CP 341，接收模块为 FB7，对应背景数据块为 DB7，FB7 的 "P-RCV-RK-DB".EN-R 一直处于接收状态。发送功能模块为 FB8，对应背景数据块为 DB8，"P-SND-RK-DB".REQ 只有正确发送完成以后才能为 1。

通信协议采用半双工的 RS-485 连接，格式如下。

1）通信参数。9 600，8，1，n

2）帧格式。①同步码：ffH，ccH（2B）＋地址码（1B）＋回路号（1B）＋长度码（1B）＋命令码（1B）＋数据＋校验码（1B）；②长度码：命令码字节数＋数据的字节数；③校验码：从地址码到数据最后字节之和；

3）通信方式，采用问答方式进行数据交换，应答过程见下面数据交换过程。

```
      PC 机              PLC
1 循检    ►◄    上传状态
2 循检    ►◄    上传数据
3 下传数据►◄    应答 68H
```

（2）数据验证。CPU 将接收到的提单数据与提单数据缓冲区的内容作比较，如有相同的信息便通过验证同时清除缓冲区数据，没有则返回提单错误信息，数据比较采用指针方式。

（3）掉电保护。西门子 S7-300 PLC 的 DB 数据区为记录存储区，CPU 掉电时数据仍然保持在数据区内，这样可以把重要的数据和标志放在 DB 区，PLC 重新启动时，CPU 自动恢复到断电前状态，当然在 OB100 中要作判断，记录数据不能被初始化，在实际工程中通过反复测试，完全可实现以上目的。

（4）过程控制。逻辑控制是 PLC 的强项。本例的控制要求是发油的精度不大于 0.3%、质量计算、清除水击现象及故障保护，其控制过程示意图如图 9-21 所示，发油控制的流程框图如图 9-22 所示。

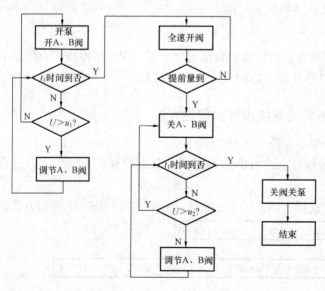

图 9-21　发油控制流程示意图

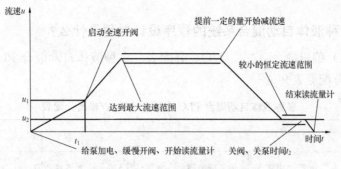

图 9-22　发油控制的流程框图

问 12　多种液体自动混合系统的要求是什么？

答：多种液体自动混合系统要求如下：

（1）需用 PLC 进行控制。

（2）按照参考给定的示意图及控制要求进行设计、安装和调试。

问 13　多种液体自动混合系统的设计过程是什么？

答：初始状态为 Y1、Y2、Y3、Y4 电磁阀和搅拌机均为 OFF，液面传感器 L1、L2、L3 均为 OFF。

（1）按下启动按钮，电磁阀 Y1 接通为 ON，开始注入液体 A。

（2）当注入高度至 L2 时（此时 L2 和 L3 均为 ON），停止液体 A 的注入（Y1 为 OFF），同时开启液体 B 电磁阀 Y2（Y2 为 ON），注入液体 B。

（3）当液面升至 L1（L1 为 ON），停止注入，并开启搅拌机，搅拌时间为 10s。

（4）停止搅拌后放出混合液体（Y4 为 ON），液面降至 L3 后，再经 5s 停止放出（Y4 为 OFF），结束一次循环返回液体 A 的注入开始第二次循环。

（5）按下停止按钮，当前循环结束后停止操作，回到初始状态。

多种液体自动混合控制系统示意图如图 9-23 所示。

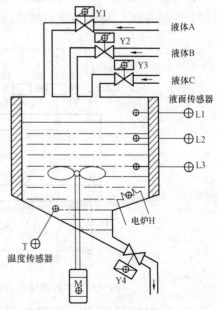

图 9-23　多种液体自动混合
控制系统示意图

问 14 多种液体自动混合系统的程序设计过程是什么？

答：（1）编辑输入/输出（I/O）分配表。多种液体自动混合 PLC 控制系统输入/输出分配见表 9-3。

表 9-3　　　　　多种液体自动混合 PLC 控制系统输入/输出分配表

输　入			输　出		
元器件代号	元器件功能	输入继电器	元器件代号	元器件功能	输出继电器
SB1	启动按钮	I0.0	Y1	电磁阀	Q124.0
SB2	停止按钮	I0.1	Y2	电磁阀	Q124.1
L1	液位检测	I0.2	Y4	电磁阀	Q124.2
L2	液位检测	I0.3	KM	电动机 M	Q124.3
L3	液位检测	I0.4			

（2）输入/输出（I/O）接线图。用西门子 S7-300 系列 PLC 实现多种液体自动混合控制的输入/输出接线如图 9-24 所示。

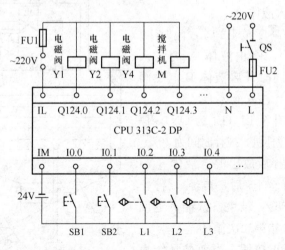

图 9-24　多种液体自动混合控制的输入/输出接线图

（3）根据控制要求编写 PLC 程序。按照上述要求编制梯形图如图 9-25 所示。

QB100:
程序段1: 标题:

注释:

```
    M10.0                                      M0.0
 ───┤/├────┬───────────────────────────────────( S )───
           │
           │                                   M0.1
           ├───────────────────────────────────( R )───
           │
           │                                   M0.2
           ├───────────────────────────────────( R )───
           │
           │                                   M0.3
           ├───────────────────────────────────( R )───
           │
           │                                   M0.4
           ├───────────────────────────────────( R )───
           │
           │                                   M0.5
           └───────────────────────────────────( R )───
```

QB1:
程序段1: 标题:

注释:

```
    I0.1        M0.0                           M1.0
 ───┤ ├────┬───┤/├───────────────────────────( )───
           │
    M1.0   │
 ───┤ ├────┘
```

程序段2: 标题:

注释:

```
    M0.5        T1          M1.0        M0.1        M0.0
 ───┤ ├────────┤ ├────┬─────┤ ├────┬───┤/├────────( )───
                      │            │
    M0.0              │            │
 ───┤ ├───────────────┘            │
```

图 9-25   多种液体自动混合控制 PLC 梯形图 1

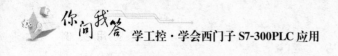

程序段3: 标题:

注释:

```
      M0.0      I0.0      I0.4          M0.2      M0.1
      ─┤├──     ─┤├──     ─┤/├──       ─┤/├──    ──( )──

      M0.5       T1      M1.0
      ─┤├──    ─┤├──    ─┤/├──

      M0.1
      ─┤├──
```

程序段4: 标题:

注释:

```
      M0.1      I0.3      M0.3      M0.2
      ─┤├──    ─┤├──    ─┤/├──   ──( )──

      M0.2
      ─┤├──
```

程序段5: 标题:

注释:

```
      M0.2      I0.2      M0.4      M0.3
      ─┤├──    ─┤├──    ─┤/├──   ──( )──

      M0.3
      ─┤├──
```

程序段6: 标题:

注释:

```
      M0.3       I0      M0.5      M0.4
      ─┤├──    ─┤├──    ─┤/├──   ──( )──

      M0.4
      ─┤├──
```

图 9-25　多种液体自动混合控制 PLC 梯形图 2

程序段7：标题：

注释：

```
   M0.4        I0.4        M0.0        M0.1        M0.5
 ──┤├────────┤/├────┬─────┤/├────────┤/├────────( )──
   M0.5                │
 ──┤├──────────────────┘
```

程序段8：标题：

注释：

```
   M0.1                                          Q124.0
 ──┤├──────────────────────────────────────────( )──
```

程序段9：标题：

注释：

```
   M0.2                                          Q124.1
 ──┤├──────────────────────────────────────────( )──
```

程序段10：标题：

注释：

```
   M0.3                                          Q124.3
 ──┤├──────────────────────────────────────────( )──
```

程序段11：标题：

注释：

```
   M0.4                                          Q124.2
 ──┤├────────┬─────────────────────────────────( )──
   M0.5      │
 ──┤├──────────┘
```

图 9-25　多种液体自动混合控制 PLC 梯形图 3

程序段12: 标题:

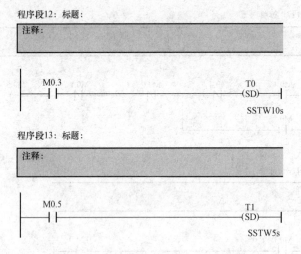

程序段13: 标题:

图 9-25　多种液体自动混合控制 PLC 梯形图 4

（4）写出语句表。

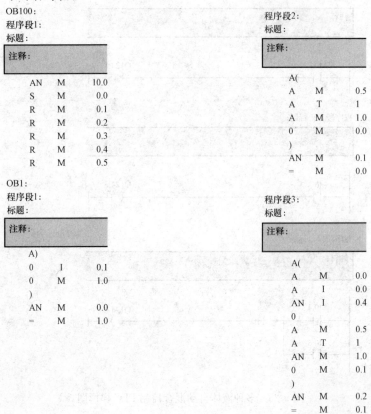

程序段4:
标题:

注释:

```
A(
A      M      0.1
A      I      0.3
0      M      0.2
)
AN     N      0.3
=      M      0.2
```

程序段5:
标题:

注释:

```
A(
A      M      0.2
A      I      0.2
0      M      0.3
)
AN     M      0.4
=      M      0.3
```

程序段6:
标题:

注释:

```
A(
A      M      0.3
A      T      0
0      M      0.4
)
AN     M      0.5
=      M      0.4
```

程序段7:
标题:

注释:

```
A(
A      M      0.4
AN     I      0.4
0      M      0.5
)
AN     M      0.0
AN     M      0.1
=      M      0.5
```

程序段8:
标题:

注释:

```
A      M      0.1
=      Q      124.0
```

程序段9:
标题:

注释:

```
A      M      0.2
=      Q      124.1
```

程序段10:
标题:

注释:

```
A      M      0.3
=      Q      124.3
```

程序段11:
标题:

注释:

```
0      M      0.4
0      M      0.5
=      Q      124.2
```

程序段12:
标题:

注释:

```
A      M      0.3
L      S5T#10s
SD     T      0
```

程序段13:
标题:

注释:

```
A      M      0.5
L      S5T#5s
SD     T      1
```

问 15 **恒压供水控制系统的特点是什么?**

答:随着现代城市开发的不断发展,传统的供水系统越来越无法满足用户供水需求,变频恒压供水系统是现代建筑中普遍采用的一种供水系统。变频恒压供水系统的节能、安全、高质量的特性使其越来越广泛用于工厂、住宅及消防供水系统。恒压供水是指用户端在任何时候,无论用水量的大小,总能保持网管中水压的基本恒定。变频恒压供水系统利用 PLC、传感器、变频器及水泵机线组成闭环控制系统,使管网压力保持恒定,代替了传统的水塔供水控制方案,具有自动化程序高、高效节能的优点,在小区供水和工厂供水控制中得到广泛应用,并取得了明显的经济效益。

问 16 **恒压供水控制系统的要求是什么?**

答:为满足保持网管中水压的基本恒定,通常采用具有 PID 调节功能的控制器,根据给定的压力信号和反馈的压力信号,控制变频器调节水泵的转速,实现网管恒压的目的。变频恒压供水控制系统的原理如图 9-26 所示。

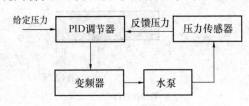

图 9-26 变频恒压供水控制系统原理图

变频恒压供水系统的工作过程是闭环调节的过程。压力传感器安装在网管上,将网管系统中的水压变换为 4～20mA 或 0～10mA 的标准电信号,送到 PID 调节器中。PID 调节器将反馈压力信号和给定压力信号相比较,经过 PID 运算处理后,仍以标准信号的形式送到变频器并作为变频器的调速给定信号。也可以将压力传感器的信号直接送到具有 PID 调节功能的变频器中,进行运算处理,实现输出频率的改变。

问 17 **恒压供水控制系统的设计过程是什么?**

答:恒压供水系统变频器拖动水泵控制方式可根据现场具体情况进行系统设计。为提高水泵的工作效率,节约用电量,通常采用一台变频器拖动多台水泵的控制方式。当用户用水量小时,采用一台水泵变频控制的方式,随着用户用水量的不断提高,当第一台水泵的频率达到上限时,将第一台水泵进行工频运行,同时投入第二台水泵进行变频运行;若两台水泵不能满足用户用水量的要求,按同样的原理逐台加入水泵。当用户用水量减少时,将运行的水泵切断,前一台水泵由工频变为变频运行。

（1）设计电路，采用 PLC 和变频器对如图 9-27 所示恒压供水系统进行控制。

1）当用水量较小时，KM1 得电闭合，启动变频器，KM2 得电闭合，水泵电动机 M1 投入变频运行。

2）随着用水量的增加，当变频器的运行频率达到上限值时，KM2 失电断开，KM3 得电闭合，水泵电动机 M1 投入工频运行；KM4 得电闭合，水泵电动机 M2 投入变频运行。

3）在电动机 M2 变频运行 5s 后，当变频器的运行频率达到上限值时，KM4 失电断开，KM5 得电闭合，水泵电动机 M2 投入工频运行；KM6 得电闭合，水泵电动机 M3 投入变频运行。电动机 M1 继续工频运行。

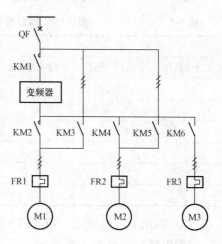

图 9-27　恒压供水主电路原理图

4）随着用水量的减小，在电动机 M3 变频运行时，当变频器的运行频率达到下限值时，KM6 失电断开，电动机 M3 停止运行；延时 5s 后，KM5 失电断开，KM4 得电闭合，水泵电动机 M2 投入变频运行，电动机 M1 继续工频运行。

5）在电动机 M2 变频运行时，当变频器的运行频率达到下限值时，KM4 失电断开，电动机 M2 停止运行；延时 5s 后，KM3 失电断开，KM2 得电闭合，水泵电动机 M1 投入变频运行。

6）压力传感器将管网的压力变为 4～20mA 的电信号，经模拟量模块输入 PLC，PLC 根据设定值与检测值进行 PID 运算，输出控制信号经模拟量模块至变频器，调节水泵电动机的供电电压和频率。

（2）选用元器件。恒压供水 PLC 控制的主要元器件及功能见表 9-4。

表 9-4　　　　　　　　　恒压供水 PLC 控制的主要元器件及功能

代号	名称	功能	代号	名称	功能
SB1	按钮	启动按钮	KM4	接触器	M2 变频运行
KM1	接触器	变频器运行	KM5	接触器	M2 工频运行
KM2	接触器	M1 变频运行	KM6	接触器	M3 变频运行
KM3	接触器	M2 工频运行	SP	压力变送器	压力变送器

问 18 恒压供水控制系统的程序设计过程是什么？

答：（1）I/O 分配表。首先要进行 I/O 点的分配，见表 9-5。

表 9-5　　　　　　　恒压供水 PLC 控制系统输入/输出分配表

输　入			输　出		
元器件代号	元器件功能	输入继电器	元器件代号	元器件功能	输出继电器
SB1	启动按钮	I0.0	KM1	变频器运行	Q0.1
19、20 端	变频器下限频率	I0.1	KM2	M1 变频器运行	Q0.2
21、22 端	变频器上限频率	I0.2	KM3	M1 工频器运行	Q0.3
			KM4	M2 变频器运行	Q0.4
			KM5	M2 工频器运行	Q0.5
			KM6	M3 变频器运行	Q0.6

（2）画出 I/O 接线图。用西门子 S7-300 系列 PLC 和变频器实现恒压控制的输入/输出接线，如图 9-28 所示。

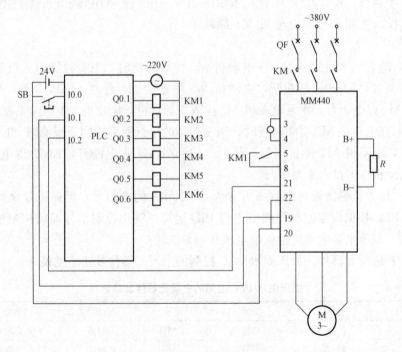

图 9-28　恒压供水控制变频调速系统原理图

（3）编写梯形图，如图 9-29 所示。

QB100:恒压供水
程序段7:标题:

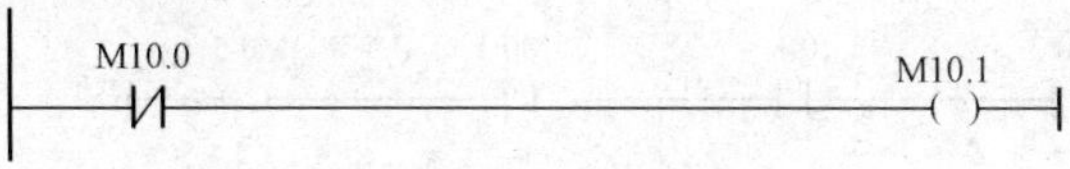

```
    M10.0                                              M10.1
─────┤/├──────────────────────────────────────────────( )───
```

QB1:"恒压供水"
程序段1:标题:

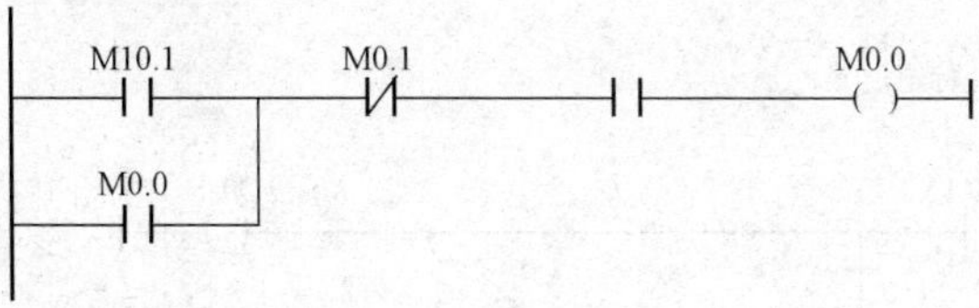

```
    M10.1           M0.1                               M0.0
─────┤├─────┬───────┤/├──────────────────┤├────────────( )───
            │
    M0.0    │
─────┤├─────┘
```

程序段2:标题:

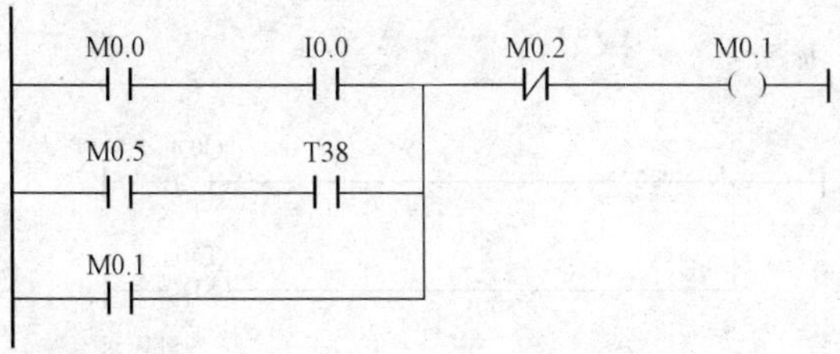

```
    M0.0            I0.0                M0.2           M0.1
─────┤├─────────────┤├──────┬───────────┤/├────────────( )───
                           │
    M0.5            T38    │
─────┤├─────────────┤├──────┤
                           │
    M0.1                   │
─────┤├────────────────────┘
```

程序段3:标题:

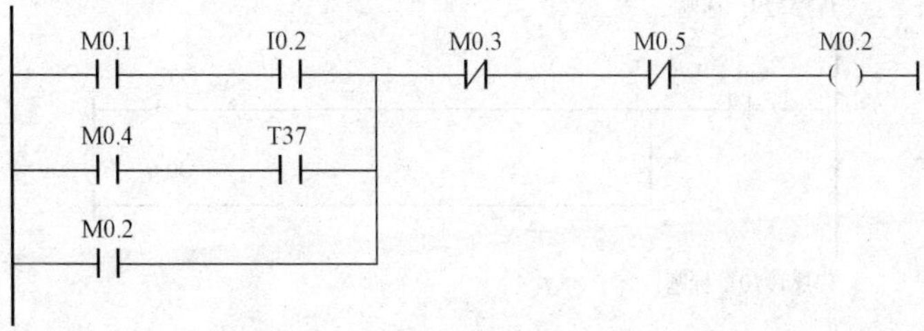

```
    M0.1            I0.2                M0.3           M0.5           M0.2
─────┤├─────────────┤├──────┬───────────┤/├────────────┤/├────────────( )───
                           │
    M0.4            T37    │
─────┤├─────────────┤├──────┤
                           │
    M0.2                   │
─────┤├────────────────────┘
```

程序段4:标题:

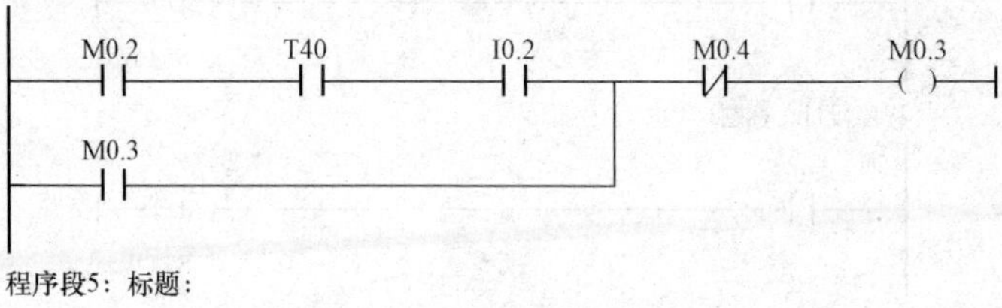

```
    M0.2            T40             I0.2            M0.4           M0.3
─────┤├─────────────┤├──────────────┤├──────┬───────┤/├────────────( )───
                                           │
    M0.3                                   │
─────┤├────────────────────────────────────┘
```

程序段5:标题:

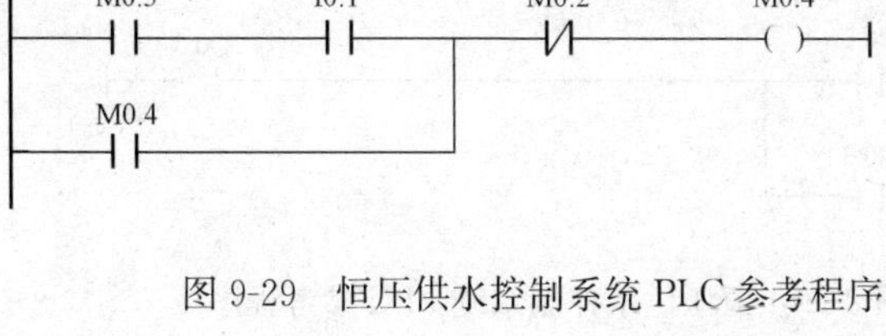

```
    M0.3            I0.1                M0.2           M0.4
─────┤├─────────────┤├──────┬───────────┤/├────────────( )───
                           │
    M0.4                   │
─────┤├────────────────────┘
```

图 9-29 恒压供水控制系统 PLC 参考程序 1

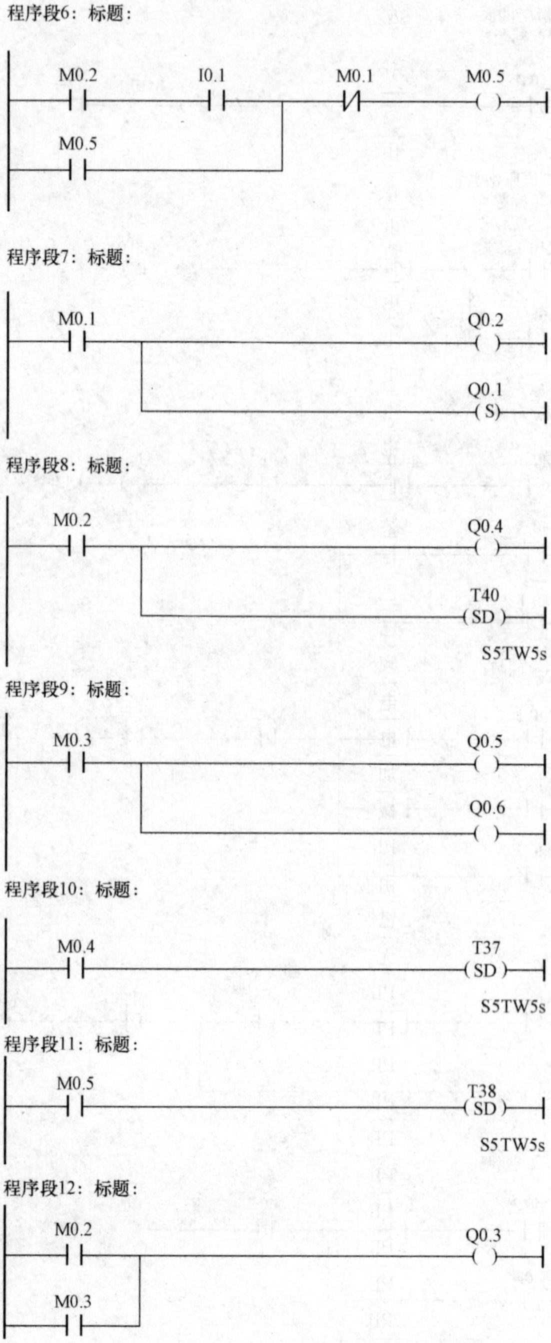

程序段6：标题：

```
    M0.2        I0.1         M0.1        M0.5
├───┤ ├───────┤ ├─────┬──────┤/├────────( )───┤
│                      │
│   M0.5               │
├───┤ ├────────────────┘
```

程序段7：标题：

```
    M0.1                               Q0.2
├───┤ ├─────────────────────────────( )───┤
│                                     Q0.1
└────────────────────────────────────(S)───┤
```

程序段8：标题：

```
    M0.2                               Q0.4
├───┤ ├─────────────────────────────( )───┤
│                                     T40
└────────────────────────────────────(SD)──┤
                                    S5TW5s
```

程序段9：标题：

```
    M0.3                               Q0.5
├───┤ ├─────────────────────────────( )───┤
│                                     Q0.6
└────────────────────────────────────( )───┤
```

程序段10：标题：

```
    M0.4                               T37
├───┤ ├─────────────────────────────(SD)──┤
                                    S5TW5s
```

程序段11：标题：

```
    M0.5                               T38
├───┤ ├─────────────────────────────(SD)──┤
                                    S5TW5s
```

程序段12：标题：

```
    M0.2                               Q0.3
├───┤ ├────────┬────────────────────( )───┤
│              │
│   M0.3       │
├───┤ ├────────┘
```

图 9-29 恒压供水控制系统 PLC 参考程序 2

（4）恒压供水控制系统变频器参数设置。MM440 变频器参数设置见表 9-6。

表 9-6　　　　　　　　恒压供水控制系统 MM440 变频器参数设置表

参数号	设定值	说　明
P003	3	用户访问所有参数
P0100	0	功率以 kW 表示，频率为 50Hz
P0300	1	电动机类型选择（异步电动机）
P0301	380	电动机额定电压（V）
P0305	3	电动机额定电流（A）
P0307	11	电动机额定效率（kW）
P0309	0.94	电动机额定效率（%）
P0310	50	电动机额定频率（Hz）
P0311	2950	电动机额定转速（r/min）
P0700	2	命令由端子排输入
P0701	1	端子 DINI 功能为 ON 接通正转
P0725	1	端子输入高电平有效
P0731	53.2	已达到最低频率
P0732	52. A	已达到最高效率
P1000	1	频率设定由 BOP 设置
P1080	10	电动机运行的最低频率
P1082	50	电动机运行的最高频率
P1120	5	加速时间（s）
P1121	5	减速时间（s）
P2200	1	PID 控制功能有效
P2240	60	由面板设定目标参数（%）
P2253	2250	已激活的 PID 设定值
P2254	70	无 PID 微调信号源
P2255	100	PID 设定值的增益系数
P2256	0	PID 微调信号的增益系数
P2257	1	PID 设定值斜坡上升时间
P2258	1	PID 设定值的斜坡下降时间
P2261	0	PID 设定值无滤波
P2264	755.0	PID 反馈信号由 AIN+ 设定
P2265	0	PID 反馈信号无滤波
P2267	100	PID 反馈信号的上限值（%）
P2268	0	PID 反馈信号的下限值（%）
P2269	100	PID 反馈信号的增益（%）
P2270	0	不用 PID 反馈器的数学模型
P2271	0	PID 传感器的反馈形式为正常

续表

参数号	设定值	说　　明
P2280	15	PID 比例增益系数
P2285	10	PID 积分时间
P2291	100	PID 输出上限（%）
P2292	0	PID 输出下限（%）
P2293	1	PID 限幅的斜坡上升/下降时间（*）

（5）恒压供水控制系统的元器件布置图如图 9-30 所示。

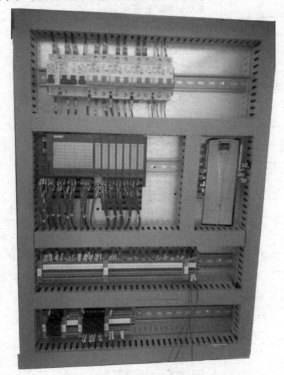

图 9-30　恒压供水控制调速系统布置图

问 19　机床改造电气系统的要求是什么？

答：（1）熟悉加工工艺流程，弄清老设备的继电器控制原理。其中包括：①控制过程的组成环节；②各环节的技术要求和相互间的控制关系；③输入/输出的逻辑关系和测量方法；④设备的控制方法与要求。

（2）列出机床电器所用元器件，根据现场信号、控制命令、作用等条件，确定现场输入/输出信号和分配到 PC 内与其相连的输入/输出端子号，并应绘出输入/输出（I/O）端子接线图。

（3）确定 PLC 机型，主要依据输入/输出形式和点数选择。

（4）根据控制流程，设计可编程序制器的梯形图，并由梯形图写出指令语句程序。

（5）将程序输入到 PLC 中并接线调试。

注意事项：

（1）对已成熟的继电器—接触器控制电路的生产机械，在改用 PLC 控制时，只要把原有的控制电路作适当改动，使之成为符合 PLC 要求的梯形图。

（2）原来继电器—接触器电路中分开画的交流控制电路和直流执行电路，在 PLC 梯形图中要合二为一。

（3）PLC 梯形图中，只有输出继电器可以控制外部电路及负载。

（4）每一个逻辑行的条件指令（动断、动合触点），其数目不限，但是每一个触点都要可供使用。

（5）每一个相同的条件指令可以使用无数次，而不像继电器控制只有有限的触点可供使用。

（6）接通外部执行元器件的输出指令地址号（输出继电器）也可以作为条件指令使用。

（7）一些简单、独立的控制电路（如机床中冷却泵电动机的控制电路），可以不进入 PC 程序控制。

问 20 机床改造电气系统的设计过程是什么？

答：与一般电气施工设计一样，PLC 控制系统施工设计也要完成以下工作。

（1）绘制完整的电路图。

（2）列出电气元器件清单。

（3）绘制电气柜内电器位置图、电器安装线互联图。

此外，还要做好并注意以下几点。

（1）画出电动机主电路及不进入 PLC 的其他电路。

（2）画出 PLC 输入/输出端子接线图。

1）按照现场信号与 PLC 软继电器编号对照表的规定，将现场信号线接在对应的端子上。

2）输入电路一般由 PLC 内部提供电源，输出电路需根据负载额定电压外接电源。

3）输出电路要注意每个输出继电器的触点容量及公共端（COM）的容量。

4）接入 PLC 输入端带触点的电气元器件一般尽量用动合触点。

5）执行电器若为感性负载，交流要加阻容器吸收回路，直流要加续流二极管。

6）输出公共端应加熔断器保护，以免负载短路引起 PLC 的损坏。

（3）画出 PLC 的电源进线图和执行电器供电系统控制。

1）电源进线处应设置紧急停止 PLC 的外接继电器控制。

2）若用户电网电压波动较大或附近有大的磁场干扰源，需在电源与 PLC 间加隔离变压器和电源滤波器。

（4）绘制电气柜结构设计及柜内电器的位置图。PLC 的主要单元和扩展单元可以和电源断路器、变压器主控继电器及保护电器一起安装在控制柜内，既要防水、防尘、防腐蚀，又要注意散热。若 PLC 的环境温度大于 55℃时，要用风扇强制冷却。PLC 与柜壁间的距离不得小于 100mm，与顶盖、底板间距离要在 150mm 以上。

（5）画现场布线图。PLC 系统应单独接地，其接地电阻应小于 100Ω，不可与支力电网共用接地线，也不可接在自来水管或房屋钢筋构件上，但允许多个 PLC 机或与弱电系统共用接地线，接地极应尽量靠近 PLC 主机。敷设信号线时，要注意与动和线分开敷设（最好保持 200mm 以上的距离），分不开时要加屏蔽措施，屏蔽要有良好接地设计，信号线要远离有较强的电气过渡现象发生设备（如晶闸管整流装置、电焊机等）。

PLC 安装必须具备充足的空间，以便对流冷却。PLC 的输入电源前端要有保护。由于 PLC 有自诊断功能，在进行调试及运行中，可进行程序检查、监视。PLC 的输入、输出状态都有相对应地址的发光二极管显示，当输入信号接通及条件满足有输出信号时，发光二极管亮，便于监视和维修。

在实际应用中调试复杂的机床，PLC 的优越性好，因为 PLC 的控制程序可变，从而为调试带来方便，并可大大缩短调试周期，提高运行可靠性，有较好的经济效益。

（1）技术要求。

1）根据任务，设计主电路图，列出 PLC 控制 I/O（输入/输出）口元器件地址分配表，设计梯形图及 PLC 控制 I/O（输入/输出）口接线图。

2）安装 PLC 控制线路，熟练正确地将所编程序输入 PLC；按照被控设备的动作要求进行安装调试，达到设计要求。

3）电路图如图 9-31 所示。

（2）设备、工具和材料准备。所需设备、工具及材料见表 9-7。

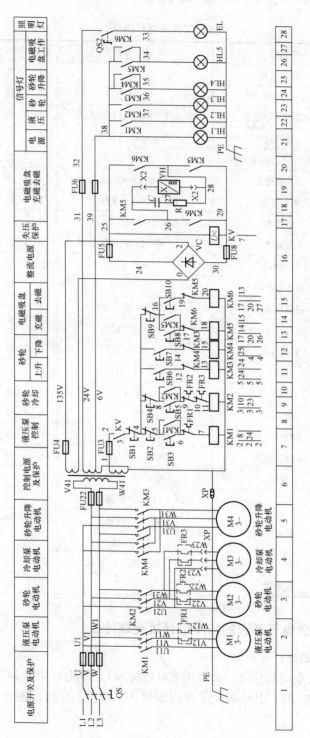

图 9-31 M7120 磨床电路图

375

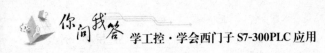

表 9-7　　　　　　　　　　　设备、工具及材料清单

序号	分类	名称	型号规格	数量	单位	备注
1	工具	电工工具		1	套	
2		万用表	MF47 型	1	块	
3		可编程序控制器	S7-300（CPU 314C-2 DP）	1	台	
4		计算机	Pentium4 或自选	1	台	
5		STEP 7 V5.4 编程软件	MPI	1	套	
6		安装绝缘板	600mm×900mm	1	块	
7		组合开关	HZ10-25P/3 或自选	1	只	
8		熔断器	RL1-60＋RL1-15	6	只	
9	器材	接触器	3TB43 或自选	7	只	
10		热继电器	JR36-20	3	只	
11		电压继电器		1	只	
12		控制变压器	JBK300 380/220	1	只	
13		三项异步电动机	Y80M2-2kW	4	只	
14		转换开关	LW5-16/3	2	只	
15		按钮	LA4-3H	12	只	
16		端子	D-20	1	排	
17		指示灯		6	只	
18		多股软铜线	BVR1/1.37mm²	10	m	主电路
19		多股软铜线	BVR1/1.13mm²	15	m	控制电路
20	消耗材料	软线	BVR7/0.75mm²	10	m	
21			M4×20 螺钉	若干	只	
22		紧固件	M4×20 螺钉	若干	只	
23			φ4 平垫圈	若干	只	
24			φ4 弹簧垫圈及 φ4 螺母	若干	只	
25		异型管		2	m	

问 21　机床改造电气系统的程序设计过程是什么？

答：（1）电路设计分析。

1）采用四台电动机拖动，即液压泵电动机 M1、砂轮电动机 M2、冷却电动机 M3、砂轮电机 M4，其中砂轮升降电动机 M4 可正、反转，四台电动机均用直接启动控制。

2）控制线路设有电压继电器 KV 闭合启动和总停止按钮 SB1。

3）按下液压泵电动机 M1 启动按钮 SB3 时，接触器 KM1 通电闭合并自锁，液压泵电动机 M1 启动运转；当按下液压电动机 M1 的停止按钮 SB2 时，液压泵电动机 M1 停止运转。

4）当按下砂轮电动机 M2 的启动按钮 SB5 时，接触器 KM2 通电闭合并自锁，砂轮电动机 M2 启动运转；按下砂轮电动机 M2 停止按钮 SB4 时，砂轮电动机 M2 停止运转。

5）冷却泵电动机 M3 的控制是在砂轮电动机 M2 启动运行后，通过接插件 KP 的插入和拔出控制其运行和停止的。

6）按钮 SB6 和 SB7 点动控制砂轮升降电动机 M4 的正反转。

7）电磁吸盘 YH 由按钮 SB8、SB9、SB10 控制其充磁和去磁。按下按钮 SB8，接触器 KM5 闭合，电磁吸盘 YH 充磁；按下按钮 SB9，电磁吸盘 YH 停止充磁；按下 SB10，接触器 KM6 闭合，电磁吸盘 YH 点动去磁。

（2）确定 I/O 点数。在改造中尽可能使用原有的电器，根据原有控制电路来计算 I/O 点数，其中按钮 12 个，热继电器三个，电压继电器一个，共计输入点数 16 个；接触器七个，共计输出点数七个。根据确定的 I/O 点数考虑留有一定的裕量，选择西门子公司的 CPU 313C-2 DP 型 PLC。M7120 型平面磨床 PLC 的 I/O 地址分配见表 9-8。

表 9-8　　　　　　M7120 型平面磨床 PLC 的 I/O 地址分配表

输入信号			输出信号		
名称	代号	输入点编号	名称	代号	输入编号
电压继电器	KV	I0.0	液压泵电动机 M1 接触器	KM1	Q124.0
总停止按钮	SB1	I0.1	砂轮电动机 M2 接触器	KM2	Q124.1
液压泵电动机 M1 停止按钮	SB2	I0.2	砂轮上升接触器	KM3	Q124.2
液压泵电动机 M1 启动按钮	SB3	I0.3	砂轮下降接触器	KM4	Q124.3
砂轮电动机 M2 停止按钮	SB4	I0.4	电磁吸盘充磁接触器	KM5	Q124.4
砂轮电动机 M2 启动按钮	SB5	I0.5	电磁吸盘去磁接触器	KM6	Q124.5
砂轮升降电动机 M4 上升按钮	SB6	I0.6	冷却泵电动机接触器	KM7	Q124.6

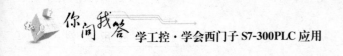

续表

输入信号			输出信号		
名称	代号	输入点编号	名称	代号	输入编号
砂轮升降电动机 M4 下降按钮	SB7	I0.7			
电磁吸盘 YH 充磁按钮	SB8	I1.0			
电磁吸盘 YH 充磁停止按钮	SB9	I1.1			
电磁吸盘 YH 去磁按钮	SB10	I1.2			
冷却泵电动机 M3 启动按钮	SB11	I1.3			
冷却泵电动机 M3 停止按钮	SB12	I1.4			
液压泵电动机 M1 热继电器	FR1	I1.5			
砂轮升电动机 M2 热继电器	FR2	I1.6			
冷却泵电动机 M3 热继电器	FR3	I1.7			

从表 9-8 中可以看到，各输入点和输出点不但保持了原有的控制信息，而且将冷却泵电动机 M3 从原来用插件 XP 控制改为了用按钮 SB11 和 SB12 控制其启动和停止。这样在对 M7120 型平面磨床进行 PLC 控制改造的同时，也改进了冷却泵电动机 M3 的控制。

（3）绘制 I/O 端子接线图。根据 I/O 分配结果，绘制端子接线图，如图9-32 所示。

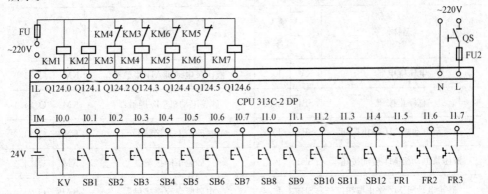

图 9-32　I/O 端子接线图

（4）编制梯形图。根据继电控制系统工作原理，结合 PLC 编程特点，编制 PLC 控制梯形图，如图 9-33 所示。

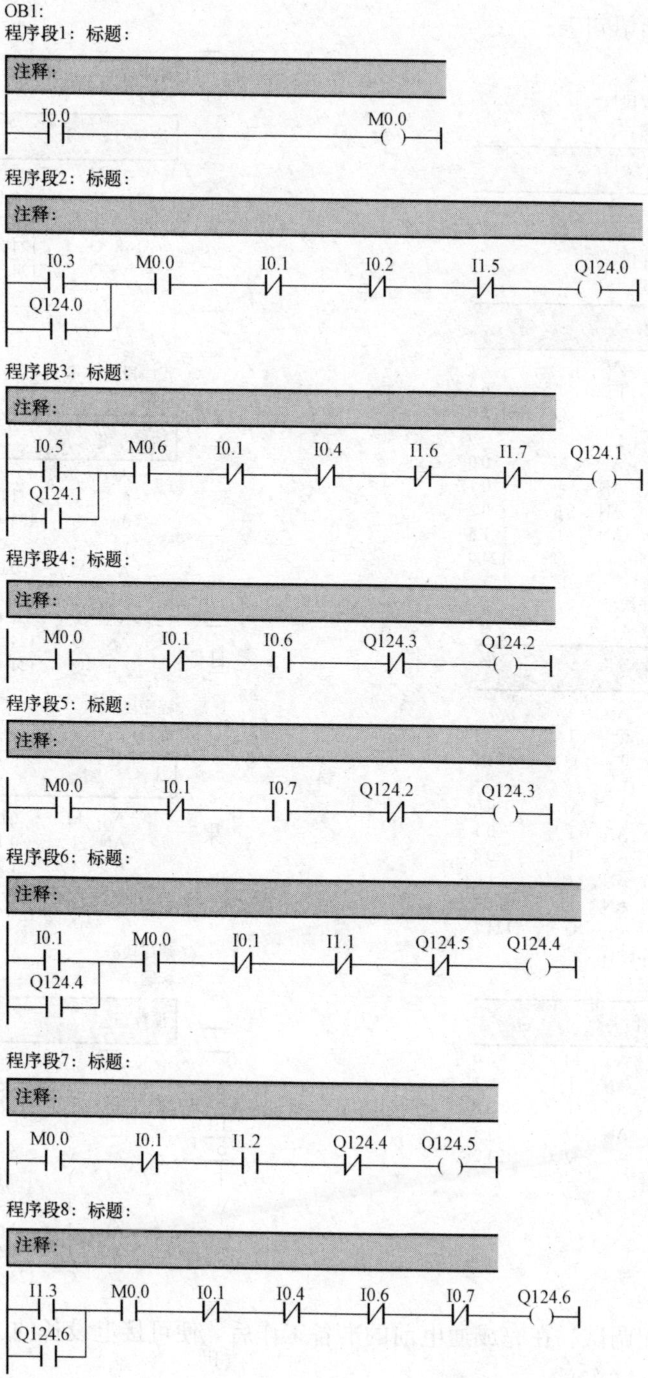

OB1:
程序段1：标题：

注释：

```
   I0.0                                        M0.0
 ──┤ ├──────────────────────────────────────( )──
```

程序段2：标题：

注释：

```
   I0.3      M0.0      I0.1      I0.2      I1.5      Q124.0
 ──┤ ├──┬──┤ ├────┤/├────┤/├────┤/├───( )──
   Q124.0 │
 ──┤ ├──┘
```

程序段3：标题：

注释：

```
   I0.5      M0.6      I0.1      I0.4      I1.6      I1.7      Q124.1
 ──┤ ├──┬──┤ ├────┤/├────┤/├────┤/├────┤/├───( )──
   Q124.1 │
 ──┤ ├──┘
```

程序段4：标题：

注释：

```
   M0.0      I0.1      I0.6      Q124.3      Q124.2
 ──┤ ├────┤/├────┤ ├────┤/├────( )──
```

程序段5：标题：

注释：

```
   M0.0      I0.1      I0.7      Q124.2      Q124.3
 ──┤ ├────┤/├────┤ ├────┤/├────( )──
```

程序段6：标题：

注释：

```
   I0.1      M0.0      I0.1      I1.1      Q124.5      Q124.4
 ──┤ ├──┬──┤ ├────┤/├────┤/├────┤/├───( )──
   Q124.4 │
 ──┤ ├──┘
```

程序段7：标题：

注释：

```
   M0.0      I0.1      I1.2      Q124.4      Q124.5
 ──┤ ├────┤/├────┤ ├────┤/├────( )──
```

程序段8：标题：

注释：

```
   I1.3      M0.0      I0.1      I0.4      I0.6      I0.7      Q124.6
 ──┤ ├──┬──┤ ├────┤/├────┤/├────┤/├────┤/├───( )──
   Q124.6 │
 ──┤ ├──┘
```

图9-33　M71220型平面磨床梯形图程序

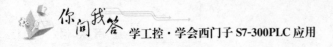

（5）写出语句表。

OB1:
程序段1:
标题:

注释:
```
      A    I      0.0
      M            0.0
_
```
程序段2:
标题:

注释:
```
      A(
0     I       0.3
0     Q      124.0
)
      A    M     0.0
      AN   I     0.1
      AN   I     0.2
      AN   I     1.5
      =    Q    124.0
```
程序段3:
标题:

注释:
```
      A(
0     I       0.5
0     Q      124.1
)
      A    M     0.0
      AN   I     0.1
      AN   I     0.4
      AN   I     1.6
      AN   I     1.7
      =    Q    124.1
```
程序段4:
标题:

注释:
```
      A    M     0.0
      AN   I     0.1
      A    I     0.6
      AN   Q   124.3
      =    Q   124.2
```

程序段5:
标题:

注释:
```
      A    M     0.0
      AN   I     0.1
      A    I     0.7
      AN   Q   124.2
      =    Q   124.3
```

程序段6:
标题:

注释:
```
      A(
0     I       1.0
0     Q      124.4
)
      A    M     0.0
      AN   I     0.1
      AN   I     1.1
      AN   Q   124.5
      =    Q   124.4
```

程序段7:
标题:

注释:
```
      A    M     0.0
      AN   I     0.1
      A    I     1.2
      AN   Q   124.4
      =    Q   124.5
```

程序段8:
标题:

注释:
```
      A(
0     I       1.3
0     Q      124.6
)
      A    M     0.0
      AN   I     0.1
      AN   I     1.4
      AN   I     1.6
      AN   I     1.7
      =    Q   124.6
```

（6）装配调试。在完成通电前的准备工作后，便可接上设备的工作电源，开始通电调试（试车）。

问 22 啤酒生产线传送控制系统的系统要求是什么?

答:有一条啤酒生产线,传送带电动机功率为 4kW,其示意图如图 9-34 所示,工艺流程如下。

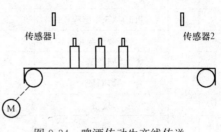

图 9-34 啤酒传动生产线传送控制示意图

按下起动按钮,电动机低速向右运行,根据工艺要求,当传感器 1 检测到瓶子后,若传感器 2 在 10s 内检测不到 12 个瓶子,则调整为中速;若在 15s 内检测不到 12 瓶子,则速度调整为高速。高、中、低速对应于 20、30、40Hz,在 1min 内无瓶,则停机。

问 23 啤酒生产线传送控制系统的系统设计过程是什么?

答:(1) 变频器选择。啤酒生产线的负载类型属于恒转矩负载,其功率为 4kW,电流为 8.7A。由于负载属于直接起动,三相异步电动机直接用工频起动时,起动电流为其额定电流的 5~7 倍。对于电动机功率小于 10kW 的电动机,直接起动时可按下式选取变频器,即

$$I_{ICN} \geq I_k/K_s \tag{9-4}$$

式中 I_k——在额定电压、额定频率下电动机起动时的堵转电流(A);

K_s——变频器的允许过载倍数,K_s 取值为 1.3~1.5。

因此,变频器的功率选择为 5.5kW;类型为恒转矩。

(2) PLC 选择。根据控制信号数量分析,应选择输入/输出 40 点的 PLC。

(3) 导线选择。根据经验,主电动机的导线横截面积 1mm² 可以通过 6A 电流,则对于 4kW 电动机,可计算出导线的横截面积应为 2.5mm²。控制信号导线电流单位是毫安级的。考虑到导线需要有一定的强度,因此选择导线横截面积 0.75mm²。所需设备、工具和材料准备见表 9-9。

表 9-9 设备、工具和材料准备

序号	分类	名称	型号规格	数量	单位	备注
1	工具	电工工具		1	套	
2		万用表	MF47 型	1	块	
3	器材	可编程控制器	S7-300(CPU 314C-2 DP)	1	台	
4		计算机	Pentium4 或自选	1	台	

序号	分类	名称	型号规格	数量	单位	备注
5		STEP7 V5.4 编程软件	MPI	1	套	
6		安装绝缘板	600mm×900mm	1	块	
7		断路器	Multi9 C65N D20 或自选	1	只	
8	器材	熔断器	RT28-32	5	只	
9		按钮	LA4-3H	2	只	
10		端子	D-20	1	排	
11		压力变送器	3051C 或自选	8	只	
12		接触器	NC3-09/220 或自选	6	只	
13			M4×20 螺钉	若干	只	
14	消耗	紧固件	M4×12 螺钉	若干	只	
15	器材		φ4mm 平垫圈	若干	只	
16			φ4mm 弹簧垫圈及 φ4mm 螺母	若干	只	
17		异型管		2	m	

问 24　啤酒生产线传送控制系统的程序设计过程是什么？

答：（1）确定 PLC 输入/输出地址。根据控制要求可知，输入信号有启动、停止，还有检测传感器；变频器的频率调整是通过 DIN1～DIN3 端子的组合状态来实现控制的，PLC 输入/输出地址分配见表 9-10。

表 9-10　　　　　　　　　　　**PLC 输入/输出地址分配**

输　　入		输　　出	
启动	I0.0	Q0.0	变频器端子 D1N1
停止	I0.1	Q0.1	变频器端子 D1N2
传感器 1	I0.2	Q0.2	变频器端子 D1N3
传感器 2	I0.3		

（2）绘制 PLC、变频器系统接线。PLC、变频器系统接线如图 9-35 所示。

（3）变频器参数设定。

P0010＝30；P3900＝1；P0970＝1；重新通电

P0010＝1；P0070＝2；P1000＝3；P3900＝1；重新通电

P0003＝2；P0700＝2；P0701＝17；P0702＝17；P0703＝17；

P1001＝15Hz；P1002＝30Hz；P1003＝20Hz；P1082＝50Hz；

P1120＝1.09s（斜坡上升时间）；P1121＝1.0s（斜坡下降时间）。

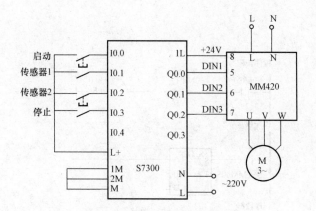

图 9-35 PLC、变频器系统接线

（4）程序编制。根据程序流程图编写 PLC 的梯形图，如图 9-36 所示。

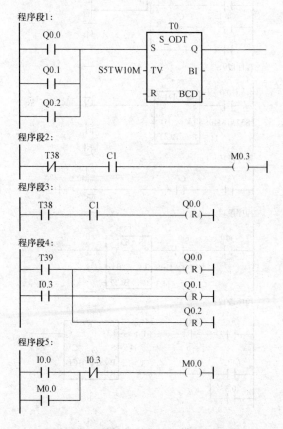

图 9-36 啤酒生产线传送控制梯形图 1

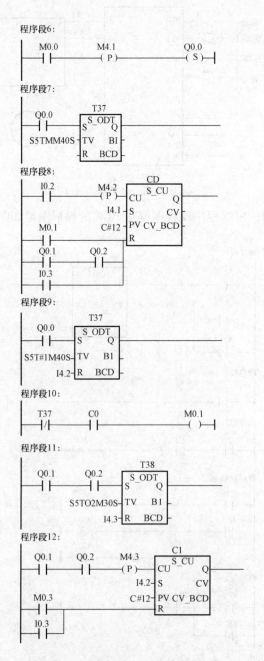

图 9-36 啤酒生产线传送控制梯形图 2

（5）系统调试。

1）接线。按如图 9-35 所示电路进行接线。

2）确认无误后接通电源，设置变频器相关运行参数。

问 25 定氧加铝工艺有什么作用？

答： 定氧加铝工艺是炼钢厂铝镇静钢冶炼过程的重要工序之一，对减少钢中的杂质，改善钢的品质，减少钢水在吹氩站的滞留时间，提高转炉与转机节奏的协调能力和转炉作业率起着重要的作用。某炼钢厂原来的定氧加铝控制系统有一台双流铝线机和一台单流铝线机。在运行过程中，该系统存在以下问题：双流铝线机由 PLC 进行控制，PLC 数字模块的输出通过继电器控制变频器及双流铝线机的阀门，变频器通过接收 PLC 的启动信号及电动机正反转信号对传动电机进行控制，使得控制系统存在较多的故障点，PLC 的模拟量输出模块的输出电流通过导线到达变频器，增加了系统的干扰；单流铝线机完全靠人工手动进行控制，增加了工人的劳动强度，同时存在工人误操作的潜在危险，对人的生命也构成威胁；双流机中有一流加碳线，另一流为单流机加铝线，由于现场环境比较恶劣，机械设备经常卡线、铝线重量不够等，使得铝线机不能正常工作，耽误钢水加铝脱氧时间，影响钢水质量，对后续生产产生消极影响，甚至使钢水回炉，造成巨大的经济损失。因此控制系统有必要进行改造，系统采用 S7-300 系列的 CPU 315-2 DP 作为控制装置，采用 PROFIBUS-DP 控制方式进行 MM440 及 PLC 之间的通信，采用 MM440 变频器对传动电动机实现网络控制。

问 26 S7-300 系列 PLC 在定氧加铝控制系统中应用的系统要求是什么？

答： 定氧加铝控制系统示意图如图 9-37 所示，定氧加铝的工艺如下：钢水出炉到达加铝站后，首先通过定氧仪测出钢水中的含氧量，并在上位机中设置加铝参数，同时发出一个启动信号，PLC 接收到启动信号后，立即伸出支撑杆，准确定位到钢水上方并延时 2s；接着 PLC 发出压下齿轮信号，以便传动电动机以 1.42kg/s 的速度带动铝线运动及传感器工作；然后 PLC 发出启动电动机信号，通过发送控制字到变频器及读

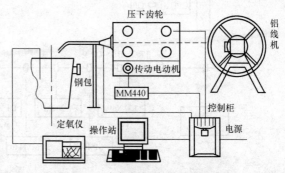

图 9-37　定氧加铝控制系统示意图

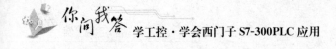

变频器的状态字来控制电动机,计数模块开始计数;最后计数达到时,PLC 发出停止信号,控制系统所有设备立即复位。

问 27 **S7-300 系列 PLC 在定氧加铝控制系统中应用的系统设计过程是什么?**

答: 定氧加铝控制系统由以下几个部分组成。

(1)主站 PLC。由于系统的控制规模不大,因此选用 S7-300 系列 PLC(CPU 315-2 DP)。

(2)分布式 I/O。选用模块化的 ET 200M 从站,带 DP 接口模块。

(3)总线传输介质。包含光纤和 RS-485 总线连接器。

(4)变频器。选用西门子 MICROMASTER 440(MM440)变频器,带 PROFIBUS 模块和制动电阻。

(5)传动设备。异步电动机及减速箱、齿轮。

(6)主要 I/O 设备。电磁阀、开关按钮、指示灯、传感器及控制柜的显示仪表。

系统采用 PROFIBUS-DP 现场总线形成 FCS 系统,配以西门子专用组态软件开发的上位机监控界面,而另外开发了一个数据传送程序,将现场生产的数据传送到计算机中心,使得各车间和生产职能部门能够通过网络直接了解到加铝的全过程,提高了全厂的生产效率,其网络拓扑结构如图 9-38 所示,以 S7-300 系

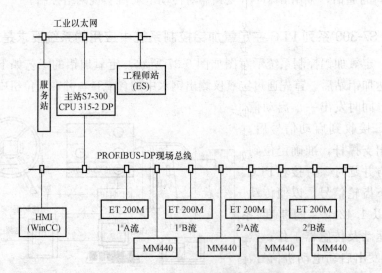

图 9-38　定氧加铝控制系统网络结构

列 PLC 作为 DP 主站，通过远程分布式 I/O 从站 ET 200M 对现场所有 DI/DO、AI/AO 设备进行连接与控制，同时主站通过 DP 总线与 MM440 变频器进行通信，实现对传动电动机的远程控制。

　　该系统具有手动和自动两种控制功能。当 PLC 控制柜上的手动/自动选择按钮在手动状态时，通过观察控制柜面板上的计数仪表及人工操作控制按钮进行控制；当 PLC 控制柜上的手动/自动选择按钮在自动状态时，主要以通信方式实现上位机对现场的控制。上位机通过 CP 5611 与 PLC 进行通信，对 CUP 315-2 DP 发送控制指令，控制并监测整个加铝过程。

　　CPU 315-2 DP 通过 PROFIBUS 总线与变频器进行通信来实现对现场的控制。按 VDI/VDE 3689 的规定，PROFIBUS-DP 通信的数据结构可以是 PPO 类型 1 或者是 PPO 类型 3，其含义实际上就是发送的数据总是过程数据〔发送报文中的控制字（STW）、设定值（HSW）和接收报文的状态字（ZSW）、实际值（HIW）〕。通信报文的 PZD 区（过程数据区）是为控制和监测变频器而设计的，在主站和从站中收到的 PZD 总是以最高的优先级加以处理。处理 PZD 的优先级高于处理 PKW 的优先级，而且总是传送接口上当前最新的有效数据，数据的结构和 PPO 的类型通常由主站确定。PROFIBUS 总线以类似于 USS 协议的方式对变频器进行控制和监测，控制系统程序流程如图 9-39 所示。

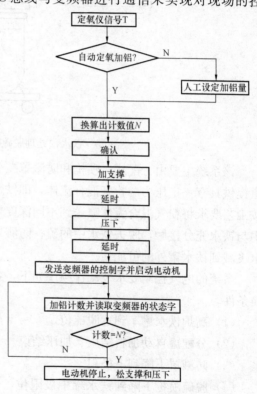

图 9-39　定氧加铝控制系统 PLC 程序流程图

问 28 **钢铁生产线系统的系统要求是什么？**

　　答： 某钢铁公司铁水预处理脱硫工艺主要包括粉料储存系统、供气系统、喷吹系统和除尘系统。其中，粉料储存系统主要是将脱硫剂粉料从料仓送出并经旋转给料器进入分配罐；供气系统主要对作为工作气源和载体气源的氮气进行预处理；除尘系统对铁水喷吹过程中产生的烟尘进行处理排放。整个工艺的关键是喷吹系统，如图 9-40 所示。

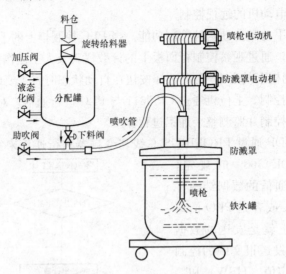

图 9-40　铁水预处理脱硫喷吹系统工艺图

该系统主要由分配罐、喷枪和防溅罩三分部组成。分配罐的功能是向喷枪管道提供具有一定压力的粉气混合流体，即铁水脱硫剂粉料和氮气；喷枪的功能是按工艺要求将粉气混合流体喷送到不同深度要求的铁水中，使脱硫剂在上浮过程中与铁水充分接触，脱去铁水中的硫；防溅罩的功能则是降低喷吹过程中产生铁水飞溅到铁水罐外的可能性。

系统的电气控制要求及动作顺序如下，各动作之间具有严格的连锁关系及转换条件。

（1）高炉铁水罐车到达脱硫位。

（2）分配罐自动加料结束、加压结束。

（3）防溅罩下降到下极限。

（4）脱硫喷枪下降到铁水罐中极限位，暂停 5s 后打开下料球阀、流态化阀和助吹阀开始喷吹，然后喷枪依次下降到下限 1、2、3 位，并在各点依次喷吹 3min，然后上升到下限 2 等待。

（5）当"喷吹结束信号"到，喷枪上升到中极限暂停，关闭下料球阀和流态化阀，5s 后关闭助吹阀，最后喷枪上升到其上极限位停车。

（6）防溅罩上升到上极限后通知现场操作人员开出铁水罐车。

另外，为了保证喷吹效果及安全，系统将实时检测分配罐及喷吹管的压力，当分配罐压力低于 0.50MPa，加压阀将自动打开加压，直至压力高于 0.58MPa 后关闭。在喷吹过程中，当喷吹管压力小于 0.45MPa，或分配罐压力低于 0.40MPa 时，系统将延时 5s 自动提枪（也可手动）并紧急停车、报警。

问 29　钢铁生产线系统的系统设计过程是什么?

答: (1) 控制系统的网络结构。该钢铁公司以前的铁水炉外脱硫系统共有两套，各由一台低档的 PLC 来完成简单的电气动作控制，传动电动机也只是作简单的正反转运行，自动化程度较低。针对新的工艺及控制要求，新系统采用了先进的西门子 PROFIBUS-DP 现场总线网络结构，如图 9-41 所示，S7-300 系列 PLC 作为 DP 主站，通过其远程分布式 I/O 从站 ET 200M 对现场所有 DI/DO、AI/AO 设备进行连接与控制。同时，主站通过 DP 总线与 MM440 变频器进行通信，实现了对传动电动机的远程控制。

另外，通过 PROFIBUS-DP，两套系统的实时运行状况、各 I/O 设备及变频器的实时参数都可送至主站 PLC，再由上位机 PC 的人机界面 HMI（WinCC V5.1 编写）实现对两套系统全面、直观的监控。主站 PLC 还可以通过通信处理器 CP 341-1 与其他系统的主站 PLC 进行工业以太网级的通信，从而实现全厂自动化网络的互联与互通。

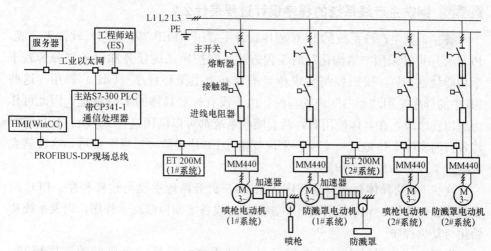

图 9-41　铁水炉外控制系统网络结构示意图

(2) 系统的具体配置。

1) 主站 PLC：由于系统的控制规模不大，因此选用 S7-300 系列 PLC

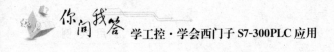

（CPU 315-2 DP）。

2）分布式 I/O：选用模块化的 ET 200M 作 DP 从站，带 IM153-1DP 接口模块。

3）总线传输介质：光纤、RS-485 总线连接器。

4）变频器：选用西门子 MICROMASTER 440（MM440）变频器，带 PROFIBUS 模板和制动电阻。

由于系统的传动对象都为典型的位能负载，因此传动装置必须具有很大的启动转矩、平滑的启动/停车曲线及良好的制支、定位性能。西门子 MM440 变频器适用于各种变速驱动装置。也非常适用于吊车和起重系统。选择 MM440 对电动机进行一对一的控制，并通过其 PROFIBUS 模板实现与主站 PLC 的 DP 通信，是一个很好的传动改造方案。

通过对负载转矩及电动机容量的计算，选择了带有电子制动器的三相鼠笼式感应电动机，包括两台喷枪电动机（15kW/6 极）和两台防溢罩电动机（11kW/4 级）。加以一定的裕量，选择了 3 相 AC380-400V/18.5kW 和 15kW 的 MM440 变频器各两台。

5）主要 I/O 设备：电磁阀、压力变送器、限位开关、按钮、指示灯及控制柜显示表盘等。

问 30　钢铁生产线系统的程序设计过程是什么？

答：钢铁生产线系统的 PLC 程序设计主要用 STEP 7（V5.2）软件来完成，PLC 程序设计采用"结构化"的编程方式，即按照系统任务和设备划分为若干个功能块（FB），按照控制要求相互配合并为主循环程序（OB1）调用。这些 FB 中的程序是用"形参"来编写的，由于没有针对具体的 I/O 地址，因此可作为通用程序块，在具体使用时，两套喷吹系统都可以调用这些 FB 块，且只需要将各自的实际 I/O 地址（实参）来代替相应 FB 块中的"形参"即可，这样就大大减少了程序编写的工作量。

这些 FB 块具体包括自动程序、控制台/机旁两地手动与检修程序、PLC 与变频器通信程序、显示报警程序、主要执行设备定期检修提示程序，以及系统初始化与复位程序。

当然，程序设计中最为关键的是自动程序，它是一个典型的顺序控制，按照系统的工艺及控制要求，自动程序的各步序之间都有严格的转换条件和连锁关系，以确保系统工艺的顺利完成。自动程序的流程图及说明如图 9-42 所示。

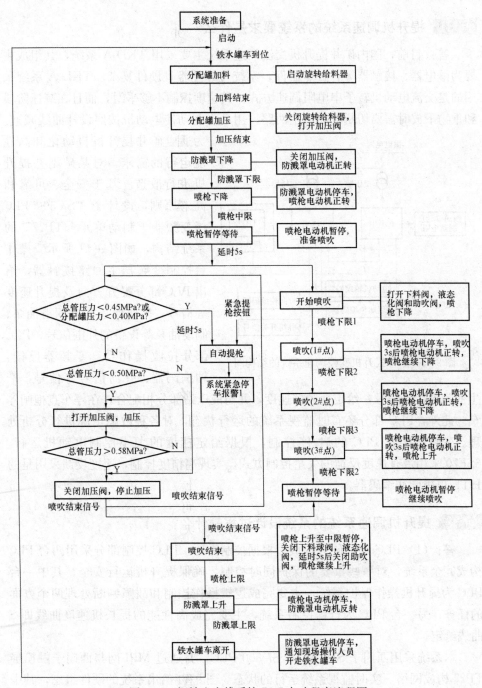

图 9-42　钢铁生产线系统 PLC 自动程序流程图

问 31 提升机调速系统的系统要求是什么？

答： 目前，国内矿井提升机交流调速系统主要采用 TKD-A 系统，其组成主要为继电器、接触器等有触点器件，系统可靠性差且硬件复杂。TKD-A 系统采用的是交流电动机转子串电阻调速方式，其速度控制不够平滑，而且在减速阶段和重物下放时需要切断电动机主回路，用动力制动使电动机按照设计曲线减速。

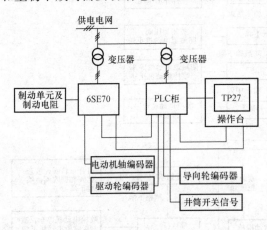

图 9-43 矿井提升机变频调速系统的结构图

为适应矿井提升机自动化和高性能运行的需求，对某矿副井提升机进行改造。基于安全、可靠和高效原则，设计了"S7-300 PLC＋变频器＋制动单元＋TP27"的系统结构，如图 9-43 所示。操作台控制变频器主回路接触器，给出 PLC 部分提升方向及提升速度等信号；操作台还控制润滑油泵、制动油泵等设备的外围信号，PLC部分拉收操作台、变频器反馈、轴编码器、井筒信号等信号，产生变频器运行信号，给定变频器速度，并与液压站部分相配合，在停车点抱闸停车。此外，PLC 部分还实时监视系统的运行状态，对各种故障情况进行分析处理。变频器接收 PLC 的启/停控制，根据给定速度的大小控制电动机运行。6SE70 采用带有速度反馈的矢量控制方式，实现高精度控制，速度反馈采用是的 HTL 单极脉冲编码器。

问 32 提升机调速系统的系统设计过程是什么？

答：（1）PLC 部分硬件构成。根据控制需要，PLC 控制部分采用两台 PLC 构成冗余系统，对一些重要的保护同时控制，确保提升机运行安全。其中一台 PLC 为提升机操作保护系统，主要完成逻辑操作控制和故障判断处理两个方面的任务；另一台 PLC 为行程控制系统，主要完成高性能的提长机速度曲线即 S 曲线给定。

本系统采用西门子 SIMAITC S7-300 PLC，并通过 MPI 网与西门子触摸屏 TP27 构成网络，实时监视系统运行的状态。图 9-44 给出系统的硬件组态，其中操作保护 PLC 的 MPI 地址为 2，行程控制 PLC 的 MPI 地址为 6，触摸屏 TP27

的地址为 1。操作保护 PLC 的组成主要为电源模块 PS 307 SA，CPU 314，两个输入模块 DI32×DC 24V，一个输出模块 DO16×Rel，两个计数器模块 FM350。行程控制 PLC 的组成类似，但多一个八路模拟量输入模块 AI8×12bit 和一个四路输出模块 AO4×12bit。

MPI

	D (0)UR1
1	PS 307 SA
2	CPU 314
3	
4	DI32×DC 24V
5	DI32×DC 24V
6	DI32×Rel AC 120V/230V
7	FM350 COUNTER
8	FM350 COUNTER
9	
10	
11	

	D (0)UR
1	PS 307 SA
2	CPU 314
3	
4	DO16×Rel,AC120V/230V
5	DI 32×DC 24V
6	AI8×12bit
7	AO4×12bit
8	FM350 COUNTER
9	FM350 COUNTER
10	
11	

图 9-44 提升机调速系统硬件组态

（2）编码器及 FM350 模块。编码器和 FM350 模块是整个系统正常运行的核心部件，其作用是根据脉冲计数确定提升机的位置和提升机实际速度。系统中采用 NEMICON NE-2048-2MD 旋转编码器，分别安装在提升机的导向轮和驱动轮上。FM350 模块可以接收四种类型的脉冲输入，本系统采用的是 5V encoder RS422、Symmetric 型，接线图如图 9-45 所示。

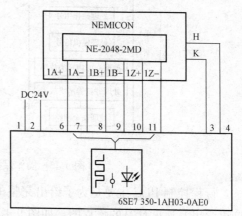

通过校正可以使提升机每次到达同一点为一固定脉冲。在减速段根据位移可以得到给定速度，根据单位时间内脉冲数据值差又可以得到提升机的实际速度，此处单位时间是指 STEP7 的中断组织块的周期，OB35

图 9-45 提升机调速系统编码器和 FM30 硬件连接

的周期为 20ms。检测到实际速度和位移以后，还可以对提升机一些重要的保护做出判断，如过卷、超速等。

问 33 提升机调速系统的程序设计过程是什么?

答: 系统 PLC 程序部分用到了主程序循环 OB1、循环中断 OB35、诊断中断 OB82、暖启动 OB100 等组织块,另外还用到了自定义的功能 FC、数据块 DB、系统功能 SFC 等。

操作保护 PLC 必须确保 PLC 安全运行,所以其程序中主要是对两大类故障的处理,其软件程序流程如图 9-46 所示。各个组织块之间的切换由 PLC 的操作系统负责,操作系统检测系统运行时间,如达到中断时间则调用一次 OB35,若发现有硬件故障,则调用 OB82。

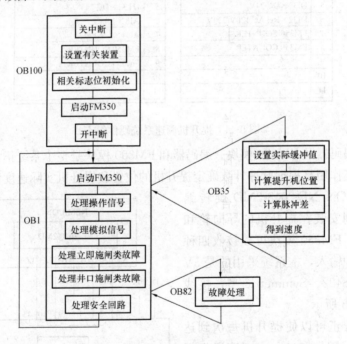

图 9-46 操作保护 PLC 流程图

行程控制 PLC 主要是为了给出完整的 S 型曲线,其程序结构和 PLC 类似。这里给出其速度计算的流程图,如图 9-47 所示,其中 v 表示实际速度,v_m 表示主令速度给定,v_i 表示根据"S 曲线"各阶段公式计算出来的速度给定,S 表示实际行程,S_{jsd} 表示实际减速点。在减速点之前速度 v_s 由主令给定,当主令变化时,实际速度跟随,设定动态跟随加速度为 0.8m/s,在减速点的时刻,计算出减速段的各特征位置,用来判断整个减速段各点所处的阶段。在减速之后,主令给定比理论计算给定速度小时,则按主令给定,否则按理论 S 曲线减速。在程序

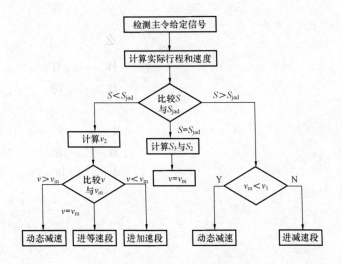

图 9-47　S曲线速度给定流程图

设计时，两个量比较还有滤波，在流程图中略去。

该矿副井提升机自从投入运行以来，运行良好，该系统的突出优点如下。

（1）基于双 PLC 结构的提升机调速系统设计功能完善，运行安全可靠，改原来系统减速段主令和制动闸配合减速为自动减速。

（2）S曲线速度给定使变频器能够控制提长机平滑运行，减少机械冲击，大大提高人员舒适度。变频器结合制动单元可以实现提升机四象限运行，解决了提升机下放回馈的问题。

（3）触摸屏上显示了罐笼位置，速度（给定速度、实际速度、包络线速度）、系统状态等，方便司机观察和操作。